现代建筑总承包施工技术丛书

现代医院工程总承包施工技术

中建三局第二建设工程有限责任公司　主编

中国建筑工业出版社

图书在版编目（CIP）数据

现代医院工程总承包施工技术/中建三局第二建设工程有限责任公司主编. —北京：中国建筑工业出版社，2016.2（2021.1重印）
（现代建筑总承包施工技术丛书）
ISBN 978-7-112-18851-2

Ⅰ.①现… Ⅱ.①中… Ⅲ.①医院-工程施工 Ⅳ.①TU246.1

中国版本图书馆CIP数据核字（2015）第299660号

本书主要讲述了现代医院工程总承包施工技术。全书共分为10章，深入浅出地介绍了现代医院工程的功能及设计特点；现代医院总承包管理；住院诊疗区施工技术；辅助诊疗区施工技术；门诊诊疗区施工技术；后勤区施工技术；电梯工程施工技术；医院特殊系统施工技术；工程案例；代表工程等内容。

本书适合广大建筑施工企业的管理人员、技术人员阅读使用。

* * *

责任编辑：岳建光　张伯熙
责任设计：李志立
责任校对：陈晶晶　姜小莲

现代建筑总承包施工技术丛书
现代医院工程总承包施工技术
中建三局第二建设工程有限责任公司　主编

*

中国建筑工业出版社出版、发行（北京西郊百万庄）
各地新华书店、建筑书店经销
北京红光制版公司制版
北京京华铭诚工贸有限公司印刷

*

开本：787×1092毫米　1/16　印张：11¾　字数：283千字
2016年3月第一版　2021年1月第二次印刷
定价：**38.00**元
ISBN 978-7-112-18851-2
（28122）

《现代医院工程总承包施工技术》
编　委　会

中建三局第二建设工程有限责任公司简介

中建三局第二建设工程有限责任公司1954年成立于重庆，1973年从贵州移师湖北，现总部设在湖北省武汉市，是世界500强企业——中国建筑工程总公司旗下重要骨干成员。

注册资本3.6亿元，目前在全国20多个省（市、自治区）承担施工任务，并在印度尼西亚、也门、科威特、越南、柬埔寨等国家和地区承担工程建设、总包管理等业务。现有员工7000余人，各类专业技术人员3924名，国家一级注册建造师300余名，造价师、会计师、审计师等各类注册执业资格人员118名，中级专业技术职称630人，高级职称人员383人，全国工程建设优秀项目经理76人。

企业资质：

房屋建筑施工总承包特级；

房屋建筑工程施工总承包壹级、市政公用工程施工总承包壹级、机电安装工程施工总承包壹级；

电力施工总承包二级、化工石油施工总承包二级；

地基与基础工程专业承包壹级、装修装饰工程专业承包壹级、钢结构工程专业承包壹级、高耸构筑物工程专业承包壹级、环保工程专业承包壹级、机电设备安装工程专业承包壹级；

建筑专业甲级资质、人防设计专业甲级资质。

2014年合约额突破400亿元，营业收入超过200亿。到目前公司承接200m以上工程48项，300m以上工程9项，600m以上工程2项。获得鲁班国优奖28项；省部级以上科技进步奖34项，其中国家科学进步奖1项；詹天佑技术创新成果奖3项；国家级科技示范工程2项；荣获“全国五一劳动奖状”、“中国建筑成长性百强企业”、“全国守合同重信用企业”、“湖北省希望工程突出贡献奖”、“全国建筑业先进企业”、“全国优秀施工企业”等荣誉。

前 言

随着经济社会的高速发展和物质生活水平的不断提升，人们对高水平医疗服务的需求日益强烈。在未来社会，人们在享受高度的物质和精神文明的同时，对自身健康的关注也越来越高，更加热切地希望长寿且共享社会繁荣进步的成果。这就对医疗水平和医疗服务的硬件水平提出了更高的要求，这也是我国现代化医院建筑进一步发展的契机。

在最近十多年中，我国国民经济持续、稳定的发展，卫生事业取得了长足的进步，医院工作得到了全面发展。虽然截至 2014 年 7 月底，我国医院数量已达到 2.5 万个。但是，我们还存在城乡医疗资源分配不均的情况。其次，医院建筑功能区多、专业技术性强，所牵涉范围也相当广泛，如诊疗区、辅助诊疗区、门诊区、后勤区等，需要合理总体规划、统筹考虑，做到人车协调、医疗流程合理。另外，随着医疗技术和建筑科技的不断进步，大量新型医疗设备和物流系统、智能系统都率先在医疗建筑中使用。

因此，建造医院工程比建造一般公共建筑工程需要了解更多的专业性知识，协调更多的设备、系统提供方，还必须拥有更高水平的建造工艺。

本书以介绍医院建筑不同功能的建造技术为主线，主要对医院门诊、病房、辅助诊疗、后勤等区域的建筑、结构、机电、智能和设备施工的技术要点进行了总结。并对医院工程总承包经验进行了介绍。

本书是编委会所在企业对十多年来建造的数个现代化医院的工程管理和技术经验总结，既适用于建筑业从业者，也可值得医院投资建设方、设计者参考和借鉴。

由于编者本身知识、经验所限，书中难免出现一些缺漏和不足，敬请各位领导、专家和同仁批评指正，并提出宝贵意见。

目　录

1　现代医院工程的功能及设计特点

1.1　住院诊疗区功能及设计特点

住院诊疗区是医院中最基本、最重要的组成部门，也是病人治疗、休养的地方。住院部的功能性和人性化，直接影响病人的康复。

1.1.1　入院处

1. 建筑功能特点

病人通过门急诊检查，持各科医师填写的入院通知单，在入院处办理手续，接受卫生处理后，由入院处人员负责护送才能入院。病人出院时，也必须在出院处办理出院手续后才能出院。因此，入院处实际上是住院部的门户。入院处的最佳位置应在门诊与住院之间，靠近门诊，方便病人办理入院手续。入院处设置除办公室外，还应设置接待室、隔离室、卫生处置室和卫生间。入院处和出院处应分开办手续，避免出入院病人在同一处办公，避免交叉感染。

2. 机电系统特点

医院用电负荷大多为一级和二级负荷，对供电连续性和可靠性要求很高。其中空调系统设备是医院主要耗电设备，需要对其电能使用重点管理。

入院处的照明在满足工作需要的前提下，不宜装修过于华丽，宜采用一般照度的暖色光源来营造一个有利于就医的环境。入院处时常有运送病人的运输床通过，这时候患者仰躺面向顶棚灯具，为避免眩光对就医患者带来的不适，通道位置的灯具应考虑采用带反射或漫游反射灯罩的灯具，常用的有棱晶面或磨砂面罩。

因病床出入频繁，病床通道经过的墙面应设置防撞装置，避免磕碰破坏处于低位安装的消防应急疏散灯。

医护人员、病患及探视人员的出入口尽可能分开。客梯宜正对厅门布置，便于人们进入大厅后容易看到。

乘坐电梯人员的主通道应与候梯厅分开设置，以免造成主通道内的拥挤。高层医院建筑的垂直电梯配置数量、选型及群控方式应在设计阶段充分预计未来人流发展需求，并严格做到客梯、医用电梯、杂货电梯、污物电梯、消防电梯分开使用，发挥各自的性能特点，楼层较多时可以考虑对客梯停靠站进行合理分区，客流量大可以设置客梯专职司机。运送病人应采用医用电梯，宜至少有一部作为工作人员和病人专用。它以宽敞、平稳、舒适、低速为主要特点，但不能替代客梯、消防梯起到的在大楼内分散客流的作用。

医用电梯中至少一台医用电梯应满足以下要求：

（1）无障碍（方便残疾人用）；

（2）语音提示（盲人用）；

（3）触摸按键（盲人用）。

3. 智能系统特点

入院处是人流密集场所，是医护人员和患者流动性比较大的地方。

在入院处主要设置监控系统、紧急求助系统、信息发布系统、排队叫号系统、综合布线系统、紧急广播及背景音乐系统、智能照明系统等智能化子系统。

监控系统在入院处每个出入口设置摄像机，达到无死角，避免出现医患纠纷无法查证；在收费窗口设置摄像机，可以监管医院财务人员和患者之间的缴费情况。入院处的紧急求助系统可以帮助医护财务人员在收到患者威胁和突发事件时紧急报警求助，保证医院财务人员的人身财产安全。

入院处是人员相对集中的位置，在入院处的上方设置排队叫号系统，方便患者进行排队办理事务，维持整个入院大厅的秩序，患者有序办理入院手续。信息发布系统可以发布一些生活的常识信息及医疗信息，帮助患者了解生活的医疗知识；同时发布整个医院的布局，让患者清楚地知道办理相关事务的路径。

入院处设置综合布线系统，应布放多个语音点和数据点，与医院的整体网络架构融合在一起，方便医护人员调取患者信息，提高工作效率；同时装置多部电话，方便医护人员及时与医院和病房沟通。

入院处设置背景音乐及消防广播系统，在突发火灾时，可以及时地方便医护人员帮助患者撤离也可以广播医院的通知。

入院处采用智能照明系统，可以随时调节开关和灯光的柔和程度，避免强光对患者的刺激引起不适，营造一个温馨的环境。

总体来说，入院处的智能系统应设计齐全，以满足现代化医院的需求。

1.1.2 护理单元

1. 建筑功能特点

（1）护理单元的划分及规模

病房护理单元的划分应依照医学科学的分科规律进行。现代医院还包括重症监护病房（ICU）、整形外科、老年病科和医学康复科等科室。一个护理单元病床以30～40张为宜。各科病床分配可参照卫生部有关规定。

（2）护理单元建筑组合形式

护理单元的组合形式应考虑有利于病人的诊疗和康复，同时也要考虑缩短医护人员的劳动半径，方便管理。我国医院病区护理单元的组合由于受朝向、自然通风、光照等自然因素的限制，形式比较简单。国外由于工业发达，医疗技术和建筑设备的现代化、电子化，打破了自然条件的限制，促使护理单元组织发展迅速，给医院建筑以一种时代感，如国外医院常见的圆形建筑中护士站于圆心，四周为病室，建筑设计重视护理半径简捷，工作方便，病人与护士联系紧密。心理上的接近，增强了病人对治疗的信心，从而缩短了病期与住院周期。类似的建筑组合尚有双走道条形组合，风车式条形组合、T形、方形、矩形组合和曲尺形、三角形组合等。

病室设计要使病人生活舒适、精神愉快。目前设计趋势是旅馆化、家庭化、色彩化。

既方便护理，又舒适美观。我国目前多采用一室二床、三床、六床制，国外多采用一、二床制，并附带卫生设备。

护士站的位置应以方便护理为原则，目前认为护士站设于各病室中心较理想。其特点是护理单元以护士站为核心，病室布置在四周，服务半径相等且最短。某些医院的护士站设在单元的入口处，可防止不同病区间各类病人的混杂，减少交叉感染，但护理人员起行路线较长。

辅助用房，包括医生办公室、盥洗室、配餐室、活动室、演示教室和库房等，可布置于单元的端部或拐角处，尽量集中、便于管理。

2. 机电安装特点

护理单元中的护士站是医院医护人员为住院人员提供服务的地方。因此，在照明上，护士站的灯光是最醒目的，这样更加方便人员寻找。护士站的灯光采用多种可调光光源，根据一天当中人流量的大小来进行不同的控制。白天护士站只需开启四周暗藏灯，既美化护士站周围环境，又方便人员寻找；傍晚时分护士站的灯光逐渐变亮，以补充室内照度；夜晚时段，人员走动较为频繁，此时护士站的灯光为最亮，方便人员问询，也通过护士站的灯光效果，点亮了整个楼层，让住院的病人和家属也能感受到医院的温馨；在深夜可关闭医护站大部分照明回路，只开启部分暗藏灯，这样人员夜起也不会太刺激。

护士站 24h 值班，工作繁忙，护士站内作业，需要有清洁的环境。护士站的空调要求与病房系统分开。设置独立运行与控制的空调系统，护士站是病房部门的中心，往往设置在病房交通要道上，穿堂风气流大，尤其是开放形式的护士站，护士常常会觉得腿部很冷，有风感。这种场合普通空调难以胜任，需要设置辅助供热设备以防冷空气穿流。一般情况下常在护士站柜台下部设置辐射供热板，效果较好。

3. 智能系统特点

护理单元是医护工作人员和患者密切接触的位置，也是医护工作人员为患者服务的位置，护理单元主要设置监控系统、综合布线系统、排队叫号系统、有线电视系统、防盗报警系统、紧急广播及背景音乐系统、医护对讲系统等智能化子系统。

此处的医护对讲系统对于整个护理单元来说尤为重要。医护对讲系统设每一个护理单元（住院部楼层）为一个系统，每个系统分为 4 个区域，分别为病房区域、公共走廊区域、办公区、护士站工作区。其中病房区域：由所有病房组成，该区域主要安装床头分机和卫生间紧急呼叫分机；公共走廊区域：由病房外、护士站周边走廊、公共活动区域组成。该区域主要设备为走廊显示屏、门口分机；办公区：医生办公室、护士办公室与休息室所在区域。该区主要安装设备为医护分机和值班分机；护士站：该区的主要设备为医护分机、控制电脑、管理主机、总控电源、信息看板。每个护理单元的主要设备配置是根据病房数量、卫生间数量、病床数量设置门口分机、卫生间紧急呼叫分机和床头分机，走廊显示屏的设置数量主要是根据走廊的长短和走廊的设计情况来定，标准配置为一个护理单元配两个走廊显示屏。医护分机的配置主要是根据使用方办公区域的实际需求，标准配置为一个护理单元在护士站配一个医护分机。以上所有设备都是有一个控制主机和主控电源控制。

系统通过 HIS 接口软件同医院信息系统相连，可提取、发送护理过程中相关的信息，并自动发送到病人的床头分机上，自动更新，无需人工输入；系统在联网的情况下，数字型医护患传呼系统软件将各个病区的呼叫服务记录汇总至网络服务器，在医院的局域网上，可方便完成WEB查询，并以图表的形式表现出来，有助于医院管理层对临床护理的一些基本管理。

1.1.3 普通病房

1. 建筑功能特点

（1）病床的排列应平行于采光窗墙面。单排一般不超过3床，特殊情况不得超过4床；双排一般不超过6床，特殊情况不得超过8床。

（2）平行两床的净距不应小于0.80m，靠墙病床床沿同墙面的净距不应小于0.60m。

（3）单排病床通道净宽不应小于1.10m，双排病床（床端）通道净宽不应小于1.40m。

（4）病房门应直接开向走道，不应通过其他用房进入病房。

（5）重点护理病房宜靠近护士站，不宜超过4床；重病房宜靠近护士站，不得超过2床。

（6）病房门净宽不得小于1.10m，门扇应设观察窗。

2. 机电安装特点

目前普通住院病房的空调流行按照星级宾馆建筑要求设计，采用风机盘管加独立的新风供给系统。新风量按每床$40m^3/h$计算。风机盘管系统均按病房的要求隔离（各室回风不串通）、灵活（随时开关）、可调（患者可自行调节自己所需的温度）、安全（运行安全可靠）。但普通的风机盘管系统并不十分理想，由于风机盘管工作时常处于潮湿状态，表面很易滋生细菌，常常成为室内细菌、尘埃和气味污染源。病房使用的风机盘管空调器，必须经常清洗风机盘管空调器中的过滤器，消除细菌。病房内全天候居住患者，室内空气污染严重，单靠微小正压的新风稀释，难以从建筑缝隙排出室内污染空气及不良的气味。因此，要特别提醒常开排风机，排风换气次数每小时不少于6次。或者打开门窗，换一换新鲜空气。

3. 智能系统特点

普通病房主要设置有线电视系统、医护对讲系统、综合布线系统、智能照明系统等智能化子系统。

普通病房有线电视系统，方便患者娱乐时间使用，有线电视系统的信号来源是有线网引入的有线电视信号、自办节目、卫星节目（可扩展）。从接收信号源来的信号接入该系统的前端部分，前端设备把各种不同信号源接收的电视信号经再处理为高品质、无干扰杂讯的电视节目，混合以后再馈入传输电缆。干线传输系统把来自前端的电视信号传送到分配网络，通带为5～1000MHz，其中电视传输通道为87～550MHz，550～860MHz为数据、VOD点播、语音、MPEG2数字视频、VCR信号，回传通道为5～55MHz，860～1000MHz预留。

有线电视系统设计成为一个当地有线电视接入和自办节目混合的有线电视接收系统，首先需要考虑与当地有线台的信号接入，并在原有线电视节目的基础上增加2套自办有线电视节目，并在考虑前端设备时考虑与当地有线台的节目的兼容性。我们在设计整个有线电视系统时，除需要考虑有线电视技术及终端用户的要求，还要考虑该医院以后扩充的需要。

在普通病房的设备带上设置医护对讲系统，方便患者在发生紧急情况时通知医护工作人员尽快赶到患者身边来解决问题。在病房的卫生间内设置紧急按钮，在发生紧急情况时保证医护工作人员给患者相应的帮助，可以避免因救治不及时发生事故。同时系统可以完成设定在早晨自动定时打开、夜间自动定时关闭病床工作站和病房工作站的液晶显示；定时语音提醒患者做检查、服药；自动显示护理等级及病人饮食、药物反应等信息。与医院 HIS 系统联网后，可将 HIS 传送过来的有关数据通过护士站工作站自动转换成护理信息发送到病床工作站液晶显示屏和护理信息指示灯上。实现全院信息一体化、病历无纸化。

普通病房是医疗建筑的一个重要组成部分，是病人治疗疾病、恢复健康的场所；病房内的灯光控制的好坏，直接关系到病人的情绪，影响到病人恢复健康时间的长短，直接或间接地对医疗起作用。设计良好的灯光环境，能使病人感到舒适、心情舒畅、感到有家的温暖，在最短的时间内达到良好的治疗效果。智能照明控制在其中起着举足轻重的作用。

病房内的照度标准为 100lx，光源色温小于 3300K，在病房内使用较为柔和的暖色光源，有利于病人心情放松。白天的时候可结合照度传感器，根据室内外照度对病房内的灯光进行控制，使病房内保持一个恒定的照度。当室外照度充足，靠窗的照明回路采光好，可关闭或调暗灯光，以节约能源；对于远离窗户的照明回路，可梯度式增加灯光亮度以补充照度。在夜晚时，大部分病人入睡，可关闭所有的照明回路，仅开启每个病床下的夜灯；既不影响病人休息，又为病人夜起和医护人员工作提供基本的照度。

1.1.4 产科病房

1. 建筑功能特点

产科不仅要求具有单独的病房，还要有分娩室和婴儿室。与其他病房要求不同的是产科对消毒隔离的要求相当严格，因此产科病房应单独设立，尽可能有单独的出入口以防交叉感染。国外医院从隔声、安静的要求出发常将产科设在最高层，小型医院也可将产科放在外科上部。设计上应尽可能使待产、分娩、产休和婴儿室四个部分各自形成独立单元而又紧邻，便于工作。

2. 机电安装特点

分娩室以及准备室、淋浴室、恢复室等相关房间如设空调系统必须能 24h 连续运行。分娩室宜采用变新风的空调系统，可根据需要进入全新风运行状态。新生儿室内空气品质要求与一般病房相同，温度全年保持 28℃左右。

有条件时，早产儿室 NICU 和免疫缺损新生儿室宜为Ⅲ级洁净用房。如室内有早产儿保育器时，室内温度夏季设定为 27℃，冬季为 26℃，相对湿度夏、冬季均为 50%，空调温湿度控制精确度要高。

3. 智能系统特点

产科病房是医院高风险科室之一，患者周转快、病情不稳定。孕妇、产妇、新生儿的性命最重要，任何疏忽大意都有可能造成安全隐患增加，所以婴儿防盗系统对产科病房来说相当重要。现今妇产科多实行母婴同室的开放式管理，病房婴儿安全管理难度很大，因此医院频繁发生婴儿被盗事件，这造成了不良的社会影响。为了保护新生儿及其家庭的幸福平安，同时也为了保障医院的合法权益，为医院内的新生儿提供安全可靠的保护，婴儿防盗系统是医院提高管理水平和管理效率的智能工具，可以更好地保障婴儿的人身安全，防止盗窃事件的发生。

产科病房还应设置监控系统、综合布线系统、智能照明系统、紧急广播及背景音乐系统等智能化子系统满足现代化医院智能管理的需要。

1.1.5 儿科病房

1. 建筑功能特点

由于儿童抵抗力弱，容易被感染。因此，儿科病房应与其他病房隔离开，并设置单独出入口和卫生处理室。儿科病房的位置设于底层为好，既可减少与其他病人相混引起交叉感染，也便于家长出入和陪住。儿科病房中病床不宜过多，一般每病室不要超过 6 张。应设置一定数量的隔离病室和观察病室。病室与病室之间，最好安装玻璃栏隔，便于医护人员观察。现代儿科病房可考虑设置儿童游戏室和小儿活动室。

2. 机电安装特点

儿科病房的灯具应选择符合儿童心理特征的灯具，偏暖色，且照度应适当高一些。电源插座和照明开关，设置高度不应低于 1.5m，距病床的水平距离不应小于 0.6m。

儿科病房的温湿度应合理控制，一般要求湿度：55％～60％，温度：22～24℃，儿童免疫力较差，空调出风口设置应避免直吹患者。

3. 智能系统特点

儿科病房应设置智能照明系统、有线电视系统、医护对讲系统、监控系统、紧急广播及背景音乐系统等智能化子系统。

儿科病房智能照明系统，在不同的时间段灯光可以设置不同的强度，给儿科病房营造一个温馨的环境；儿科病房设置有线电视系统供儿童娱乐，播放适合儿童观看的节目。儿科病房的医护对讲系统设备带应相应的降低，高度应不高于 1.5m，方便在紧急情况下使用，卫生间的紧急按钮应不高于 80cm，避免因儿童接触不到，发生紧急情况时救助不及时。儿科病房内的智能化设计应都适合儿童使用，营造温馨环境。

1.1.6 传染病房

1. 建筑功能特点

综合医院传染病科的病床数，一般约为总床位数的 10％。传染病房应单独建立，自成一幢建筑，与其他建筑物之间有 25～30m 的防护隔离距离及绿化带。传染病房的位置应设在医院的下风向，地势较高，水位较低之处。设计上要求清洁区、半清洁区和污染区严格分开，清污路线分明。病房布置以少床分类隔离为主，每室最多不超过 3 张病床，并要设置一定数量的单间隔离室，室内宜设卫生间。

2. 机电安装特点

空调系统。应设置独立的空调和排风，并且能够 24h 连续运行。呼吸道传染病病房，对单人病房或单一病种病房一般可采用回风设高效过滤器的空调末端机组，换气次数不低于 8 次/h，其中新风换气不低于 2 次/h，否则宜设全新风系统。不得设置风机盘管机组等室内循环机组，送、排风装置应设置在室外而用风管连接到室内，如因条件限制必须设置在室内时，室内不得出现负压风管。

传染病房的空气过滤器经常需要更换，末端安装应方便空气过滤器保养和更换。

呼吸道传染病病房应设缓冲室，其压力梯度应使病房内气流不致通过缓冲室外溢，排风出口允许设在无人的空旷场所，如无合适场所则在排风口处设高效过滤器，不得渗漏并易于消毒后更换。病房室内气流应做到一侧送风，对侧（床头附近）排（回）风，形成定向流动，避免出现回流气流。

区域应维持有序梯度负压，负压程度由走廊→缓冲室→隔离病房依次增大。负压差最小为5Pa。应在每个房间送排气风管安装密闭阀，且与配置风机连锁，风机停止时密闭阀关闭。非空气途径传染的隔离病房的空调系统可参照普通病房。

医院污水相比普通生活污水而言，来源和成分都相对复杂，除含有大量的细菌、病毒等致病病原体外，还可能含有有毒、有害的化学药剂和放射性同位素，具有空间污染、急性传染和潜伏性传染的特征，危害性很大，因而对医院污水进行无害化处理是非常重要的问题。而传染病医院污水其病原 性微生物更为集中，且具有更强的传染性。《医疗机构水污染排放标准》GB 18466—2005 中将传染病院的污水排放标准大幅提高。

医疗区污废水主要源于病房、诊查室、化验室和实验室等，院区应实施污废分流，保证污水在化粪池内停留时间不小于36h。污水经过化粪池后与院区废水合流排至污水处理站。严禁将医院的污水和污物未经过污水处理站处理后随意弃置排入下水道。

医疗放射性废物应按照医疗垃圾处理办法及时处理。

3. 智能系统特点

传染病房的智能系统为防止医院交叉感染以及保证患者一定程度的生活和娱乐质量而设计。在传染病房应设置医护对讲系统、门禁系统、有线电视系统、紧急广播及背景音乐系统、综合布线系统及计算机网络系统。传染科病房的智能化系统需要单独设计和施工，方便医护工作人员和患者。

门禁系统是传染病房比较重要的管理系统，使传染科病房和普通病房实现物理隔离，分区管理，避免交叉感染。门禁系统是对传染病房内外正常的出入通道应用感应卡识别技术或者生物识别技术进行的智能化管理。系统运用计算机网络技术、通信技术、测控技术、高智能微电子技术和机电一体化技术为传染病房出入通道提供了全新高效的管理体系，最大地发挥了人力、物力、资源、空间的效能。

非接触式智能卡门禁管理系统是新型现代化安全管理系统，它结合计算机技术、网络通信技术、自动控制技术和智能卡技术于一体，是实现安全防范管理的有效措施，该系统在使用时，卡片不与设备直接接触，只需在设备前晃动，系统即可采集到所需信息，实现门禁、考勤、电梯管理等诸多功能。

门禁系统主要负责对传染病房区域内人员的出入控制管理，是用来解决什么人在什么时间内能进入什么地方的问题，用于加强传染病房内部安全管理和重点区域的安全防范。实际使用时，医护人员只需将智能卡在门口的读卡器前晃一下，即可根据权限进入传染病房或者乘坐电梯进入相应楼层等防范区域，无卡或无效卡持卡人不能进入防范区域。

门禁控制系统由软硬件两部分组成：包括识别卡，前端设备（读卡器、电动门锁、门磁开关、各种报警探头、控制设备等），传输设备，通信服务器及相关软件。

硬件部分中最主要的是控制设备，所有的读卡器、门磁、开门按钮、报警探头等其他前端设备均接入相应的控制设备中，以完成各种系统功能（门禁控制、电子巡更、闭路监控和防盗报警等）的目的。

软件安装在管理中心专门用于监控管理的电脑上，管理人员借助门禁软件，对系统进行设置及发卡授权管理，查看各通道口通行对象及通行时间；巡更计划完成情况；防区报警情况等，并进行相关的实时控制或设定程序控制目标。

系统最终由系统计算机来完成所有的管理工作，由计算机内的管理软件来决定。门禁系统可以对系统所有设备的资料进行管理。包括实现以下主要的系统功能要求：

（1）设备注册。在增加前端设备或卡时，需要重新注册，以使其有效；在减少前端设备或卡损坏或丢失、人员变动时进行删除使其失效。

（2）级别设定。在已注册的卡中，哪些人可以执行指定操作（包括出入指定出入口，执行指定巡更计划等），哪些人不可以执行；哪些控制设备可以允许执行指定动作，或不允许执行指定动作。都可以通过设置计算机的操作权限来进行定义。

（3）时间管理。可以设定某些控制设备在什么时间，允许或不允许持卡人通过；哪些卡在什么时间可以或不可以通过哪些门等。

（4）数据库的管理：对系统所记录的资料进行转存、备份、存盘和读取等处理。

（5）事件记录。系统正常运行时，对各种出入事件、异常事件及其处理方式进行记录，保存在数据库中，以备日后查询。

（6）报表生成。能够根据要求定时或随时地生成各种报表。

（7）系统互联：门禁系统不是作为一个单一系统存在，它可与其他系统互通信息。可与监控、报警、消防等安防系统实现联动，在软件功能中支持图形接口，具有开放性。可实现与安防、楼宇自控、消防报警联动控制功能。

系统结构图如图 1.1-1。

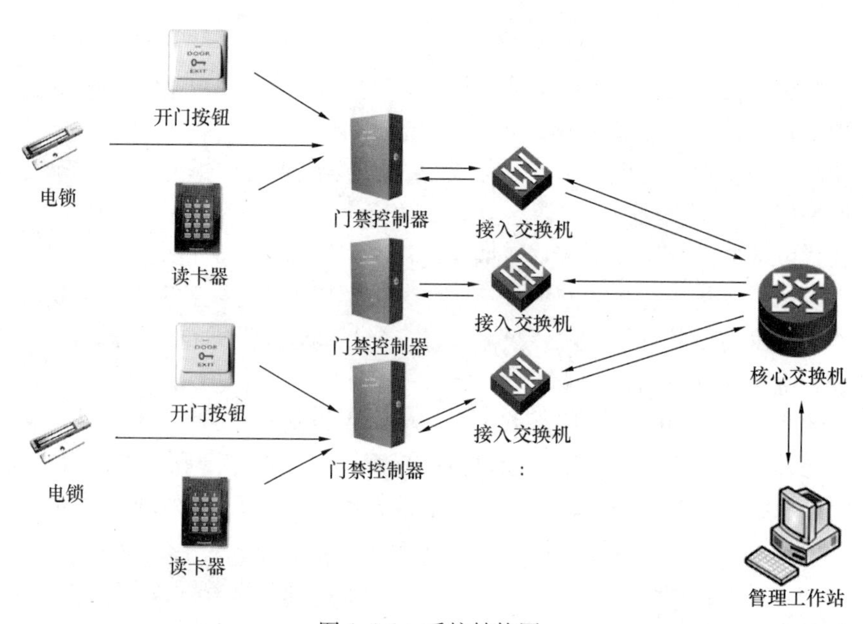

图 1.1-1　系统结构图

1.1.7 监护病房（ICU）

1. 建筑功能特点

自 PPC 护理制（Progressive Patient Care）提出后，监护病房逐渐成为一种现代化的医疗护理体制。ICU（Intensive Care Unit）病床数约占全院总床数的 3%～5%，一个护理单元一般设 6～8 张病床。由于多数病人（80%）是术后患者，全身麻醉，体力衰弱，必须防止感染。因此，最好靠近手术室，保持严格的清洁，安静。ICU 病房要求设多床室和单床室两种病室，病室呈圆形或半圆形排列，护士站设于中心、便于监护。

2. 机电安装特点

ICU 应具备良好的通风、采光条件，有条件者最好装配气流方向从上到下的空气净化系统，能独立控制室内的温度和湿度。医疗区域内的温度应维持在（24±1.5)℃左右。每个单间的空气调节系统应该独立控制。安装足够的感应式洗手设施和手部消毒装置，单间每床 1 套，开放式病床至少每 2 床 1 套。

中心监护室（ICU）等重要科室，可采用集中设置 EPS 应急电源设备和分散设置 IT 隔离供电电源系统，以防外部电源故障及用电设备接地故障而引起的断电事故，保证供给的可靠性和连续性。

3. 智能系统特点

ICU 设置监控系统、背景音乐系统、综合布线系统、医护对讲系统、彩色可视对讲门禁系统、ICU 探视对讲系统等智能化子系统，完善 ICU 的隔离同时保证 ICU 的正常工作运转。

在 ICU 等重症监护场所，病人病情危重且处于空气净化环境中，家属进入病人区域进行探视容易将有害细菌带入，对术后或危重病人造成感染而影响其健康；为此通过专业视频设备进行隔离探视能避免感染。设置创新的数字化探视对讲系统，为医生、患者、家属之间架起了一座沟通的桥梁。保证医护人员与患者的信息沟通通畅并及时了解患者的病情。降低病人与医护人员之间交叉传染的风险，保护医护人员安全。患者与外界的交流的窗口，家属通过探视系统为患者带去关怀与信心，提高诊治效率。

ICU 探视对讲系统（图 1.1-2）是由护士站计算机、护士工作站（管理软件）、医护工作站（管理主机）、病床工作站（床头分机）、探视工作站（病床端与家属端）等设备构成。

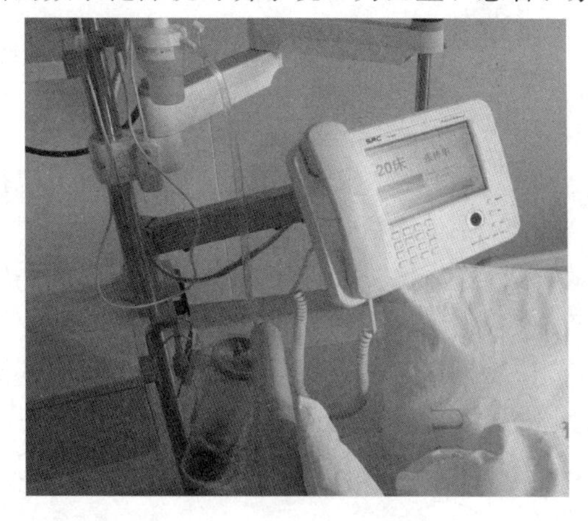

图 1.1-2 ICU 探视对讲系统

（1）护士站设置 1 台管理电脑，配置护士工作站管理软件，用于系统数据管理及信息发布；护士站（或弱电井内）设置 1 台网络交换机，用于系统连接及数据交换，交换机安装于护士工作台桌面。

（2）护士站设置 1 台医护工作站，安装在护士站工作台上。

（3）每病床设置 1 台探视工作站；探视工作站采用摇臂安装或放置于吊塔桌面上。

（4）家属探视室共设置4台探视工作站；每台探视工作站采用专用底座挂墙安装或工作台桌面安装。

（5）病区入口处设置1台病区门口机；病区门口机采用专用底盒预埋墙安装；设备采用1×CAT6与交换机连接，安装位置需提供AC220V插座供电。

1.2 辅助诊疗区功能及设计特点

1.2.1 建筑功能特点

医院洁净手术室正常使用之前需要合理的设计和规划，将洁净手术室的各方面进行综合考虑才能施工，以确保日后手术室的正常使用，也是为了能够延长手术室的使用寿命。

医院洁净手术室建设要考虑如下因素。

1. 手术间数量

手术间数量一般按住院总床位数的2%或外科病房总床位数的4%来确定。同时，也要根据医院常年手术量的具体情况而定。

2. 洁净级别

除经济较发达、县域人口较多、建设规模较大的县医院外、大多数县医院属中小型医院，其总病床数在300张左右的居多。

根据主要医疗服务对象、自身医疗服务水平，县医院一般以普通外科手术、妇产科手术为主，因此采用Ⅲ级洁净度级别（万级）洁净手术室标准，是最适宜的。如脱离本院的实际医疗服务水平，盲目增设Ⅰ、Ⅱ级洁净级别（百级、千级）的手术室，一方面会造成一次性工程投资的过度增加，另一方面也会带来医疗资源的极大浪费。

3. 手术室必备用房

手术室必须配备的用房，主要根据具体医院的规模、手术量大小而定。300床规模的县医院，手术室仅6间左右，且手术量也不大，其主要必备用房如下：

（1）洁净区。医护人员的卫生通道，包括换鞋间、男女更衣间、浴厕间等。

（2）半洁净区。患者通道，包括换床间、护士站。

（3）洁净区。洁净走廊、刷手间或刷手处，无菌器械库、无菌敷料库、苏醒室等。

（4）污染区。污物走廊、污物清洗间、消毒间、污物储存间等。

应特别注意：类似规模的医院，不应依照大型医院的做法，将麻醉科、医务办公室、护士办公室、医生值班室、护士值班室等用房纳入洁净区内，因为这样会导致洁净面积扩大，洁净空调设备投资、日常运行维护费用增加。

1.2.2 机电安装特点

辅助诊疗区包括了医院中较为专业的科室，对于机电系统功能的要求主要体现在可靠性要求高和各科室专业性要求较多。

1. 暖通

手术的成败很大一部分取决于手术室内对感染的控制，手术室空调的主要任务是创造一个无菌的环境。手术室的等级标准是以洁净手术室为基准，共分三级。比它高的为特殊洁净手术室，比它低一级的为一般洁净手术室。第四级定为有洁净和无菌要求的辅助用房。手术室空气洁净度级别最高一级为 100 级，最低一级为 100000 级。洁净手术室用房分级，各室相应的洁净度级别见表 1.2-1。

洁净手术用房分级　　表 1.2-1

用房类型	级别	用房名称	适用范围
手术室	Ⅰ	特殊洁净手术室	脑外科、全身烧伤、髋关节置换、脏器移植及感染等大的外置室
	Ⅱ	洁净手术室	心脏外科、眼外科、整形外科及非全身烧伤
	Ⅲ、Ⅳ	一般洁净手术室	脑外科、泌尿外科、分娩室、皮肤科、耳鼻喉科、急诊等一般外科
辅助用房	Ⅲ、Ⅳ	无菌更衣室	更换手术衣
		准备室	手术前过渡室
		后处置室	手术后处置
		器械准备室	手术器械准备
		麻醉室	麻醉操作
		苏醒室	手术后苏醒
		洁净走廊	内走廊
	无级别	其他用房	换鞋、更衣

四个级别手术室的细菌密度，既要考虑到相应的洁净度级别，又要考虑到手术室的特定要求。最高一级主要考虑心脏外科、器官移植和关节置换术等的要求，定为 5cfu/m^3。最低一级主要考虑降低手术室内空气传播感染的危险性，定为 400cfu/m^3。各室要的含菌密度见表 1.2-2。

洁净护理与洁净手术室各用房的空气洁净度和细菌密度　　表 1.2-2

等级	国际单位	空气洁净级别	≥0.5μm 微粒数	细菌密度（浮游菌）	沿降菌
		英制单位（P/L）	（P/m^3）	（cfu/m^3）	（cfu/ϕ9 皿 30mm）
Ⅰ	M3.5	100	≤3500（3.5）	≤5	≤1
Ⅱ	M4.5	1000	≤35000（3.5）	≤75	≤2
Ⅲ	M5.5	10000	≤350000（3.5）	≤150	≤5
Ⅳ	M6.5	100000	≤3500000（3.5）	≤400	≤10

手术室的温度、湿度应有利于手术切口感染的预防和切口愈合率。手术时，医护人员高度紧张、工作强度较大。当室温下降到<25℃，才能有效降低医护人员的发菌量，因此上限温度设定在 25℃；而冬季为减少患者身体外露部分的热损失，最低温度设定在 21℃，尤其大手术必须保持在 21℃。否则，患者身体长时间裸露致使体热损失很大，加上皮肤上消毒剂的蒸发又会吸收大量的热，易使患者体温下降过低。其他辅助用房主要考虑人员的舒适性，把温度上、下限放到 21～27℃。同样考虑手术的特殊性，相对湿度不宜定得太

高，否则医护人员会感到闷、皮肤潮湿，发菌量随之增加。另外，当相对湿度>65%时，也易使细菌繁殖、器械锈蚀，但湿度过低，手术切口的水分散发过快，切口不易愈合，静电不易消除，有时甚至会引起麻醉气体爆炸。因此，相对湿度设定在45%～65%。

洁净手术室整个手术过程动作复杂、变化很大。手术用的无菌单、布单、敷料、手术衣等发尘量大，而且不能超过室内的尘埃浓度和细菌密度。为了保证洁净手术室正常或紧急情况下提前开机的时间，以及两次手术之间交接时间，推荐换气次数比规范次数高5～10次。

2. 给水排水

根据洁净手术室的要求，手术室的给水系统应有两路进水。因此可设置小型调节水箱作为供水保证措施，或由另一分区减压后供给，作为备用水源；有条件时医用清洗池另配置紫外线消毒器，每间手术室配置不得少于2个洗手水嘴，并应采用非手动开关。

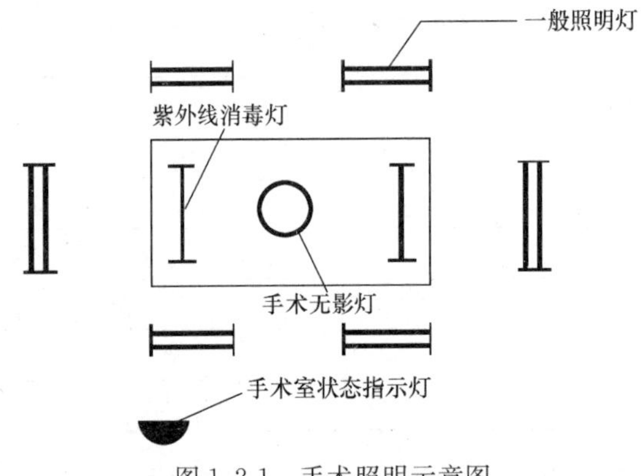

图1.2-1　手术照明示意图

3. 电气

手术室可采用集中设置EPS应急电源设备和分散设置IT隔离供电电源系统，以防外部电源故障及用电设备接地故障而引起的断电事故，保证供给的可靠性和连续性。

手术室照明由专用无影灯及一般照明灯组成。在无影灯下，手术台的照度可以达到20000～100000lx，并可以根据需要调节。手术照明示意见图1.2-1。

1.2.3　智能系统特点

医院洁净手术室的智能化控制是现代医院发展的必然趋势。医院的洁净手术室主要涉及楼宇控制系统、门禁系统、手术部监控系统、手术示教系统。

楼宇控制系统主要包括环境状态的指示、设备的实际操作和控制、受控设备和传感设备的运行状态显示，相关数据的统计和查询功能。楼宇控制系统主要控制手术室的温度、湿度，手术室相对于洁净走廊静压控制回路、风量控制、手术室的照明控制、无影灯控制、紫外线的消毒灯控制。

门禁管理系统通过非接触式生物识别门禁管理系统，通过面部识别或瞳孔识别对手术部人员流动进行授权出入管理，杜绝无关人员闯入。

在洁净手术部的每个手术室、苏醒室、洁净走廊设置：高清视频监控系统，用于监视和录制手术室的全景及手术部主要的公共区域。在护士站可以看到手术室的全部实施情况，用高清录像机进行录制储存。

手术示教系统（图1.2-2）在手术室预留无影灯自带摄像机和拾音器的输入接口，预留2路内窥镜影像输入接口，配置一台全景摄像机，在演示教室可以观看到手术室内的手术实施情况，听到医生和护士的讲话，使用高清录像机进行图像的保存、记录，作为手术观摩教学和手术部的管理。手术示教含四大主要模块，分别为：手术直播系统、手术示教系统、中央控制管理系统以及手术录制存储及病档管理系统。

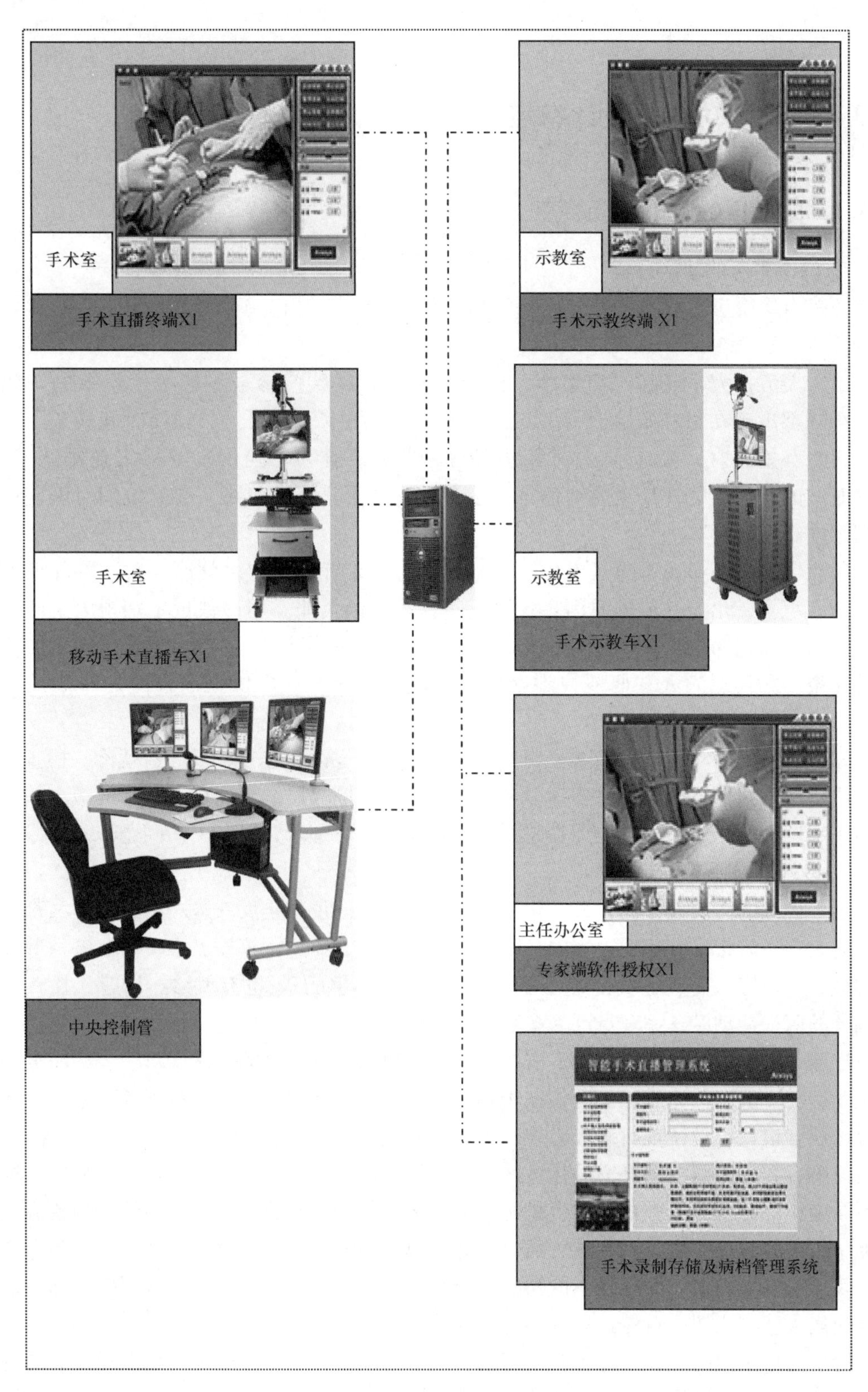

图 1.2-2　手术示教系统图

1.3 门诊区功能及设计特点

1.3.1 门诊区的建筑功能特点

1. 门诊用房的功能分析

医院门诊用房主要解决病人的疾病诊断及一般治疗，相对于其他医疗用房有其鲜明的特点。

（1）人流量大，且高峰期集中。目前我国综合医院门诊量一般按床位数的 3 倍计算，高峰都出现在每日开诊后 1～2h。高峰时，大科室门诊量大、候诊时间较长，常用医技科室（如放射、检验），公共使用部分（收费、挂号、药房）等都出现排队现象。等候时间的长短、等候环境的好坏将直接影响病人及家属的情绪，影响他们对医院服务的满意度。

（2）科室多，布局不同且内容复杂。不便于病人特别是初次就诊，对医院环境不熟悉的病人识别。由于功能的原因，各诊室门诊量不同，业务用房数量差别很大。同一楼内低层部分每层布置 2、3 个科室很紧张，多层部分每层可以布置 4、5 个科室，使用起来较充裕。如何使病人方便地找到就诊室，就需要建筑师提供一个合理的布局及交通组织。

（3）病人的活动较多且复杂。病人就诊一般需要咨询、挂号、候诊、就诊、检查（甚至多项检查）划价、交费、拿药等多项内容，涉及不同楼层、不同科室，如何减少病人奔波的次数，缩短水平和垂直距离是需要建筑师及医院管理者共同解决的问题。

2. 设计宗旨

过去提到的医院设计的“家庭化”、“宾馆化”应该说都是反映这一思想，但又都不全面，病人在医院接受治疗的过程中，既有咨询、收费、休息、等候、小卖部、餐饮等接受公共服务的内容（而这是以往我国医院设计所关注不够的），也有就诊、治疗、检查等医院特有的医疗活动。这一观点已为多数医院管理者及建筑师所接受，但要把这一思想体现到医疗建筑设计的各个方面，确实需要做大量细致而独具匠心的工作。对于公共服务部分的设计，与一般公共建筑相似之处在于其方便、快捷、舒适等。由于被服务对象——病人的特殊性，设计中应体现对病人心理、生理特点的关爱。如靠墙扶手、助力拉手等设施，风雨连廊、各种不同空间舒适的休息区、候诊区的设计，以及建筑色彩在不同科室、场所的不同应用等。明亮、健康的有生机的室内环境、装饰，对放松病人的神经，愉悦病人的精神，鼓励其战胜疾病具有特殊意义。因此简单地参考宾馆、办公楼等公共建筑的形式设计医院，特别是门诊用房，是不恰当的。豪华气派的风格、冷冰冰的、雷同的装饰，但并不能使病人感到亲切、自然，对医院有信任感。

对于医疗用房的设计，过去多为简单、统一的风格，令病人感觉枯燥乏味，有的科室如放射科甚至令人生畏。个性化的诊室及候诊厅设计，使病人在各种诊室有不同的感受，有利于保持健康的、积极的心情，去接受检查、治疗。

3. 布局

门诊楼的设计已从早期的一字形到与医技、病房相结合的工字形、王字形。如今这些形式仍然满足不了大型、特大型医院的需要。随着医疗技术与设备的发展，医院科室面积越来越大，医院科室及医疗设备越来越多，门诊与医技科室及病房之间联系更加紧密。而城市用地的紧张，使地处城区的综合医院，范围不会有大的变化。正是因为这些因素，决定了集中或半集中式的布局是可行的选择。出现了医院街、院落式、网格化等新的总体布局形式，较好地解决了以上问题，并为将来的可持续发展奠定了基础。

医院街较早见于日本的医院设计中，它将医院的主要交通部分及公共服务部分置于纵轴上，将门诊、医技、病房等医疗部分置于纵轴两侧。病人身临其境，如同穿行于一条医院大街，到各科室易于寻找，主要出入口非常明显、导向性强，改变了医疗建筑“迷宫式”的感觉。同时，沿纵轴可继续接建其他设施，为发展留有余地。医院街还可多层布置，中央形成共享大厅，加以垂直绿化及休息空间，改善了医院的就诊环境。院落式、网格化则是形成多个横向、纵向的交通联系，可通过“L”形、“一”形等多种形式进行纵向或横向的接建，像骨骼一样，通过关节（交通核心），可以生长。这个布局适合于特大型医院用房。

集中、半集中的布局形式较常见于国外医院设计，有的出现较多黑房间、复廊甚至三条走廊的形式，简单地照搬是不可取的。由于经济实力的差距，国内医院空调及照明系统即所谓“人工环境”的投资与国外有很大差距，还没有达到舒适性和科学性的要求。国内医疗建筑空调系统常采用的风机盘管＋新风系统，对空气的过滤及更新远不如国外采用的集中式全空气系统，仅能满足基本温湿度的要求。有的医院为节省投资，甚至省略新风系统。病人、医护人员长期置于这种“人工环境”中，而无法自然通风、采光是不妥的，对身体健康不利。因此在单体设计中，合理地布置医疗用房的朝向，组合以内院及共享空间，使大多数医疗用房处于自然通风、采光的环境中，将不需要采光的医技用房及人员较少停留的辅助用房，如更衣室、仪器室等置于没有直接采光面的位置。根据我们的国情要做到集中与分散结合、节约能源、科学地合理布局。

4. 门诊用房平面布置的设计特点

（1）以共享大厅为中心的平面形式。新建门诊楼目前较常采用以共享大厅（门诊大厅）为中心，中心布置主要公共服务部分——楼电梯、卫生间、收费、挂号、取药、休息等。围绕大厅，各个尽端布置各科室。这种形式的优点在于交通及公共部分醒目而便于寻找，同时从中心到各科室路线最短。还可将各种设备管井也设在中央部分，则到各科室也是最佳距离，便于设备系统分布及分科管理。各科室位于不同的尽端，不互相穿越，管理方便。大厅兼有人员分流、公共服务等多项职能，大厅设计的好坏，将直接影响病人对医院的第一印象。底层大厅应做到宽敞、通透。如有顶部采光，应控制在适宜的透光率（透光太强，夏季影响大厅温度）。做好室内绿化使病人一进大厅就能感到生机和活力。大厅周围设有各种服务设施——挂号、收费、取药、休息等，防止出现空旷的大厅，既没人停留，也无法停留，大厅大而不当、造成浪费。

（2）医疗科室的功能组合与垂直分布

在门诊楼各科室中，根据病人疾病特点及门诊量的多少，将病人活动不便及门诊量大的科室放在低层。将功能相近及联系较多的科室放在同层或临近层，减少病人的奔波。如将内科、功能检查科、检验科置于一层；将外科、妇产科、门诊手术放在一层等。分层设挂号、收费、取药处而方便病人就医。

（3）门诊用房的设计

① 诊室及候诊区的形式。诊室的形式已从传统的多人大诊室、二人诊室向单人小诊室变化，普通诊室向个性化诊室、特色诊室变化。诊室设计应尊重病人的隐私，便于大夫使用。候诊区的设计较常采用集中候诊区与走廊候诊相结合的二次候诊模式。科室集中候诊区，病人及家属停留时间较长、人员较多，怎样减少病人因等候及病痛带来的烦躁进而有一个放松、愉悦的心情，是应加以重视的问题。集中候诊区最好设在直接对外通风、采光，室外风景较佳的位置，使病人可看到窗外景致。厅内可设有线电视、报刊、杂志等服务内容。大候诊厅还可设小卖及餐饮等设施。儿科候诊厅可设儿童活动区，放置玩具。走廊候诊有中央候诊或两侧候诊，端部应尽量对外采光。有的设计将走廊一侧对外采光、诊室朝向里侧，提高了病人候诊的环境质量，是对传统诊室布局改革的有益探索，但这种模式对诊室采光影响较大，不太适合普通诊室，可用于不需采光的医技科室。还有的设计设宽大候诊廊，诊室小开间分隔，在诊室一侧也有医生走廊，便于医生交流，但这种形式对病人的私密性及诊室管理有一定影响。

诊室和候诊区的设计采用何种形式，应根据不同科室的特点及基地的情况，选用不同形式的最佳组合，而不应简单地套用一种模式。

② 医技科室的设计。医技科室中较有代表性的是检验科室及放射科。随着医疗技术的发展，现有的各种检查仪器越来越小。同时，各种新的检验项目不断出现，检验科室用房已从过去分工明确，一个房间一项检验一台仪器向大开间的检验中心、中心实验室方向发展。这种开放式布局为以后各种新型设备的进驻，创造了条件，有利于集中使用各种设备，提高利用率。

计算机的发展，对传统放射诊断学、影像学有很大影响，使之向数字化发展，原有的底片存贮也向数字化存贮转变，从而不光提高了诊断精度，也为运程会诊提供了便利。同时，放射诊断与放射治疗结合更加紧密。这些反映在放射科的设计中，就是各种设备及医疗用房需求更多，功能更加复杂，甚至出现手术室等有净化要求的用房。在防护方面，各种新型防护材料的出现，使防护厚度减小。建筑师在设计时，有了较大的设计空间，也为将来的设备布置调整提供了可能性。放射科的空间和室内设计应改变以往人们对它的恐惧感、神秘感，将活泼的色彩和装饰引入室内。

1.3.2 门诊区机电安装特点

门诊区作为医院的前沿和窗口，人流量很大，其机电系统的特点是对智能化的要求较高。口腔科等科室对机电系统也有专业性要求。

门诊部在气候条件合适时应优先采用自然通风。医院的门厅应尽量减少室外空气流入，维持室内合适的空气流动和热环境。如采用中庭形式的门厅，除采用自然通风外，当采用空调时，宜采用分层空调。候诊厅和走廊空调系统宜采用上送上回方式，在化验室、处置室、换药室等污染较严重的地方设置局部排风。诊室的空调温度应比候诊区高 1～2℃，冬天温度不低于 22℃。小儿科候诊室和诊室对其他区域为正压。隔离诊室及其候诊前室，当有空调时应采用单独的空调设备。当与其他诊室为同一系统时必须单独排气、无回风，必须维持室内的负压。

1.3.3 门诊区智能系统特点

门诊区是人流动性比较大，人员密集的场所，智能化系统设置：监控系统、紧急广播及背景音乐系统、智能照明系统、楼宇控制系统、综合布线系统、排队叫号系统、信息发布系统等子系统。其中排队叫号系统是门诊区非常重要的子系统。

排队叫号系统及信息发布系统将全面提升医院公共服务技术水平，提升医院档次，提升医患病人对医院的满意度。排队叫号系统及信息发布系统主要功能体现如下：

（1）合理有效引导来医院就诊的人流，改善就医环境。

（2）提升医院的视觉环境质量。

（3）提供明晰有序的分诊显示，减少护士因导医咨询而产生的工作量，化解医患矛盾。

（4）多媒体精确显示，让患者有序候诊从而减少患者间因排队而产生的矛盾与冲突。

（5）实现医院各个科室的动态多媒体导引。

（6）针对不同科室和职能部门，发布对应的医院特色服务信息。

（7）进行多媒体医疗宣传教育。

（8）为患者播放娱乐短片，缓解等待烦恼。

信息发布系统结构图见图 1.3-1。

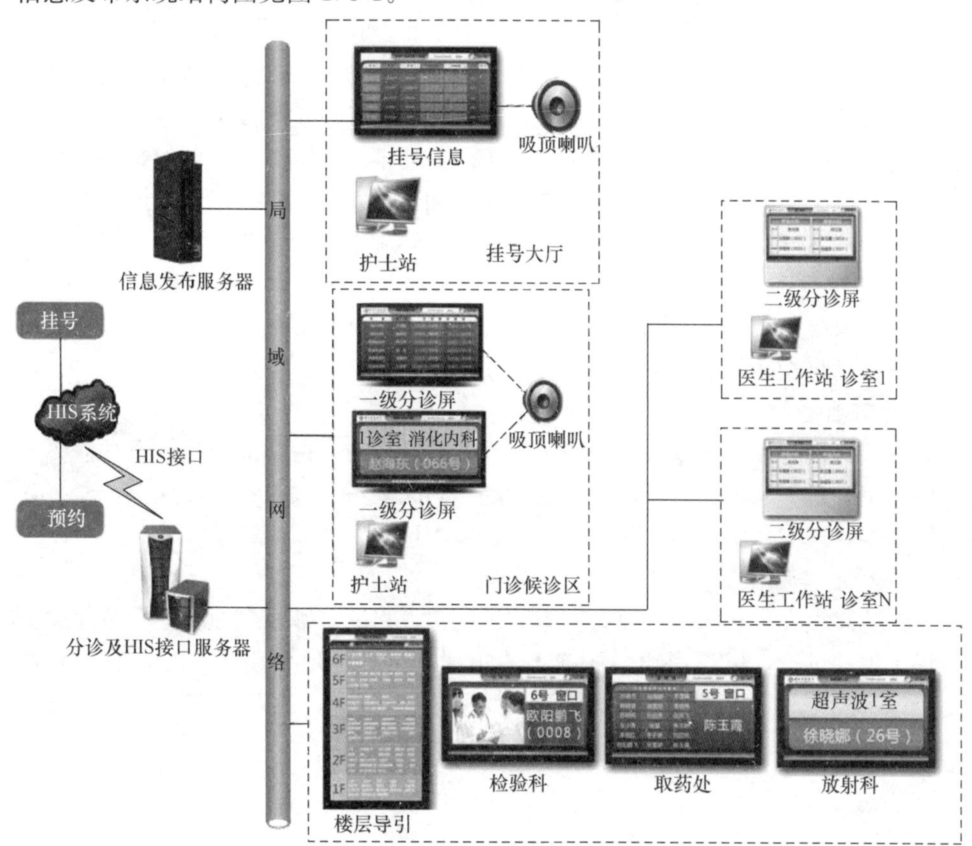

图 1.3-1 信息发布系统结构图

1.4 现代医院工程业主需要注意事项

1. 选址

现代医院的选址应满足医院功能与环境的要求，院址应选择在患者就医方便、环境安静、地形比较规整、工程水文地质条件较好的位置，并尽可能充分利用城市基础设施，应避开污染源和易燃易爆物的生产、贮存场所。综合医院的选址尚应充分考虑医疗工作的特殊性质，按照公共卫生方面的有关要求，协调好与周边环境的关系。布局与平面布置，应符合下列规定：

（1）建筑布局合理、节约用地。

（2）满足基本功能需要，并适当考虑未来发展。

（3）功能分区明确，科学地组织人流和物流，避免或减少交叉感染。

（4）根据不同地区的气候条件，建筑物的朝向、间距、自然通风、采光和院区绿化应达到相关标准，提供良好的医疗和工作环境。

（5）应充分利用地形地貌，在不影响使用功能和满足安全卫生要求的前提下，医院建筑可适当集中布置。

（6）应配套建设机动车和非机动车停车设施。

2. 医院整体规划

现代医院在选址完成后，要就所建医院的规模及功能对医院进行整体规划。确定医院功能分区的具体布局，如住院楼、门诊楼、综合楼等的具体位置及相互连接方式。在进行具体布局时，要充分考虑医院的地理位置及医院交通情况。同时在规划中要考虑医院的长期发展，将医院建设分一期、二期、三期。在一期建设中要将门诊规划充足，保证医院的正常使用及后期发展需要。在二期、三期中要考虑住院部需求及发展。

3. 医院的定位

根据所建医院的等级，确定医院的规模及功能。根据功能的不同，进行医院的设计及建设，力求在满足功能的前提下进行最合理的设计。

4. 设计前准备

作为医院建设方，要根据医院的等级与设计院联合进行医院的设计。设计前要多参观学习与所建医院相类似的近五年内建成的医院。同时在进行医院设计过程中，要将各科室的主任等主要管理人员纳入设计序列。以减少施工过程中的返工现象。

5. 施工前准备

作为医院建设方，在施工前要有明确的医院建设思路，涉及专业科室及医疗设备的招标，要尽量提前进行，以免影响后面施工的顺利进行。净化科室如 ICU、手术室等平面设计要经过疾控中心评审确认，医院建设方要尽早进行准备。

2　现代医院总承包管理

严格按照建设工程施工合同，根据合同规定的范围、权利、责任和义务，集中优势，进行总包管理，组织施工，确保安全、质量和进度。

2.1　总承包管理组织构架

见图 2.1-1。

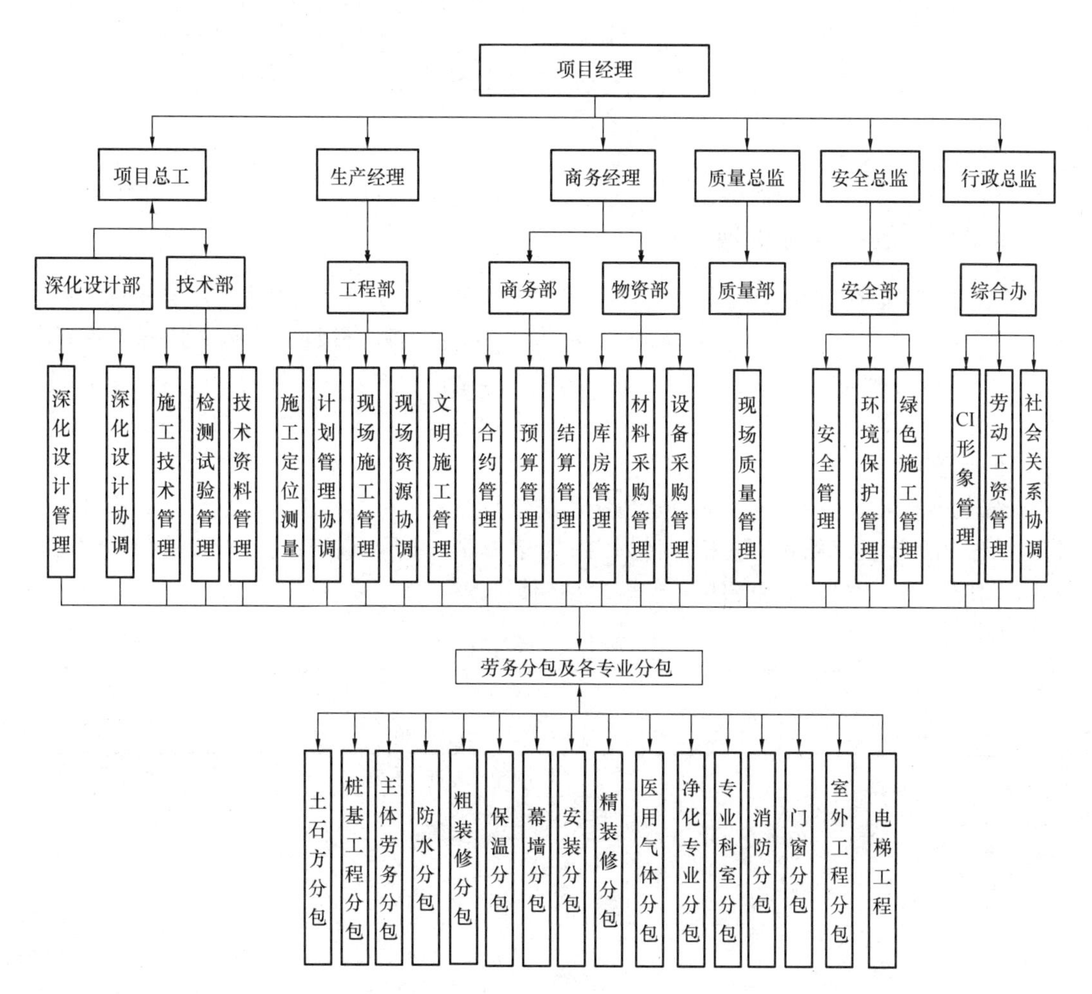

图 2.1-1　总承包管理组织构架

2.2 招标采购与管理

2.2.1 招标流程图（图 2.2-1）

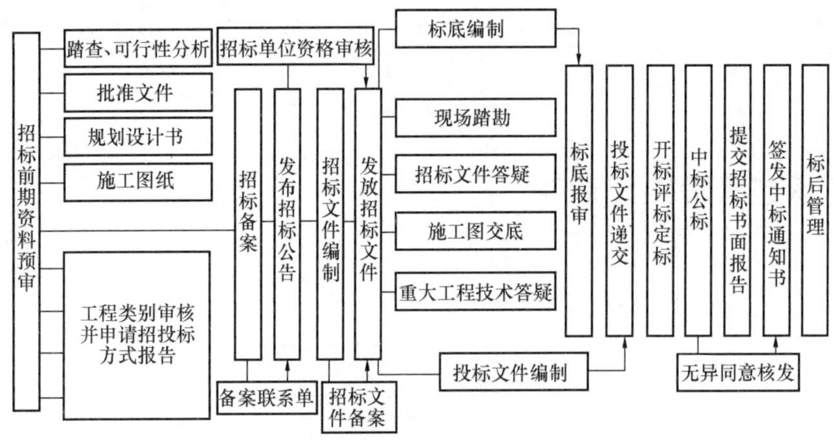

图 2.2-1 招标流程图

2.2.2 招标过程注意事项

（1）招标规划。医院项目的招标一般有三十几项，涉及设计、监理等服务招标，施工总承包、各专业工程和专业系统分包施工招标，建筑设备、材料的采购，招标工作量很大。施工总承包要根据项目特点和业主的需求，编制招标规划，招标规划中合同包的划分要符合相关的政策法规，避免合同包的设置不合理引起肢解发包等情况的发生。总包招标时尽可能将满足招标条件的专业工程纳入招标范围，利于进度控制和沟通协调管理。

（2）招标计划。招标不及时是造成工程进度计划滞后的另一主要因素之一，因此，要将“前置招标”的思路贯穿在招标计划当中如表 2.2-1 中所示。当然各阶段的招标内容也不应固化，总的原则是具备招标条件就启动招标。

前置招标 **表 2.2-1**

医院工程招标计划	
实施阶段	招标内容
开工前	总承包招标（业主方进行）
	监理招标（业主方进行）
	设计招标（业主方进行）
	电梯招标（不同厂家电梯结构要求不同）
基础施工阶段	机电安装招标
	智能化招标
	幕墙施工招标
	消防工程招标

续表

医院工程招标计划	
实施阶段	招　标　内　容
主体施工阶段	洁净科室招标（相应结构层施工前完成）
	医用气体招标
	纯水系统招标
	物流系统招标
	精装修招标
	空调等设备招标
室内外装饰阶段	景观绿化招标
	室外工程配套招标
	发电机组招标
	变配电设备招标
	锅炉招标
	设备机组招标
室外施工阶段	污水处理招标
	标识标牌招标

（3）单项招标实施。在单项实施招标过程比较突出的问题是招标范围和招标界面的管理，特别是施工总包的招标范围和界面，常因为总包招标范围和界面的不清晰造成整个项目招标的被动，影响工程推进。总包招标前首先要根据施工图做仔细的项目结构分解，根据结构分解划分总包招标范围和界面，对清单编制单位进行书面交底。建立清单审核机制，清单编制完成后，按照结构分解总包内容对清单进行核查，重点审查清单中有没有遗漏和增加的内容、暂定价以及甲供设备和材料情况，此环节一定要在招标前完成。

（4）在进行专业科室招标中，一定要把握好招标流程，相关平面图纸要通过医院各科室确认，同时需疾控中心进行审核确认。并将相关技术指标参数提供给设计及深化设计单位，以便完善施工图纸为后期具体施工提供便利。

2.3　施工总承包深化设计管理

2.3.1　深化设计简介

医院项目涵盖专业种类、新工艺、新材料繁多，施工工序复杂，深化设计工作是一项系统、复杂的工程。

2.3.2　施工图纸深化设计

1. 医院工程深化设计内容（表 2.3-1）

医院工程深化设计内容　表 2.3-1

序号	深化设计内容	深化设计单位	审批单位
1	幕墙深化设计	幕墙设计院	原建筑设计院
2	室内精装修深化设计	二次装修设计院	原建筑设计院及消防审查机构
3	钢结构深化设计	钢结构施工单位	原建筑设计院
4	室内综合管线深化设计	机电施工单位	原建筑设计院
5	弱电系统深化设计	弱电施工单位	原建筑设计院
6	医院专业科室深化设计	专业科室施工单位	原建筑设计院和疾控中心
7	室外总平面深化设计	室外总平面施工单位	原建筑设计院
8	污水处理系统深化设计	污水处理系统施工单位	原建筑设计院
9	医用气体深化设计	医用气体施工单位	原建筑设计院
10	物流传输系统深化设计	物流传输施工单位	原建筑设计院
11	医院电梯深化设计	电梯施工单位	原建筑设计院

2. 医院工程深化设计的要求及管理

（1）医院护理单元的人性化匹配

医院作为大型医疗综合体包含多种多样的专业科室，不同的专业科室对护理单元的要求也不尽相同。一般在进行医院装饰装修设计的时候，为追求各科室护理单元的统一性，对护士单元进行相同设计。这就需要总承包单位组织精装修分包与医院各科室进行详细对接，了解各科室对护理单元的具体要求，进行施工图深化设计。以达到护理单元的人性化匹配。

（2）专业科室的深化设计

医院工程一般在初步设计阶段及二次设计阶段，对于专业性较强的科室（如检验科、手术室、ICU 等）只进行简单的布局规划。这就要求施工单位对专业科室施工图进行详细的深化设计，由于专业性过强需与医院各科室就功能要求、布局要求等方面进行详细对接，同时深化完成的施工图需提交给原设计院，以确认在用电要求方面、消防要求方面及建筑结构要求方面是否与原设计相匹配。

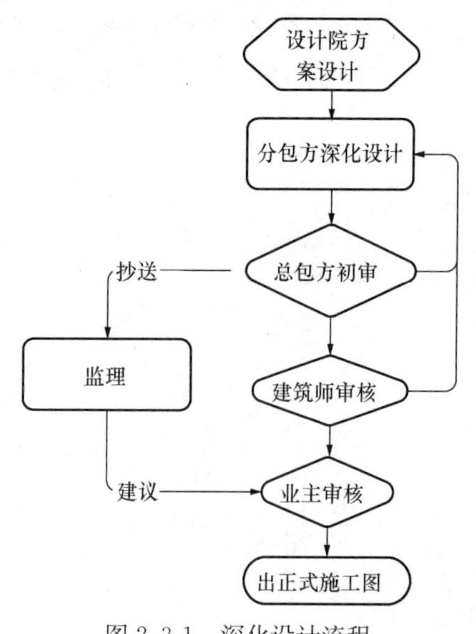

图 2.3-1　深化设计流程

（3）智能化系统的深化设计

对于医院工程设计院出具的图纸一般都包含智能化系统（如综合布线系统、计算机信息系统、手术示教系统、背景音乐及紧急广播、排队叫号及显示系统等），不过往往都是设计院根据经验进行的相关设计与医院的实际需求不相符。这就要求施工单位与医院信息科进行对接，充分了解医院施工需求，并根据需求进行系统配置及布线。

（4）其他系统深化设计

其他各系统深化设计，均应满足业主方对医院功能的相关要求，同时由总承包单位组着各部门、各系统进行相关对接。以求达到最好的效果。

3. 总承包管理深化设计流程（图 2.3-1 和图 2.3-2）

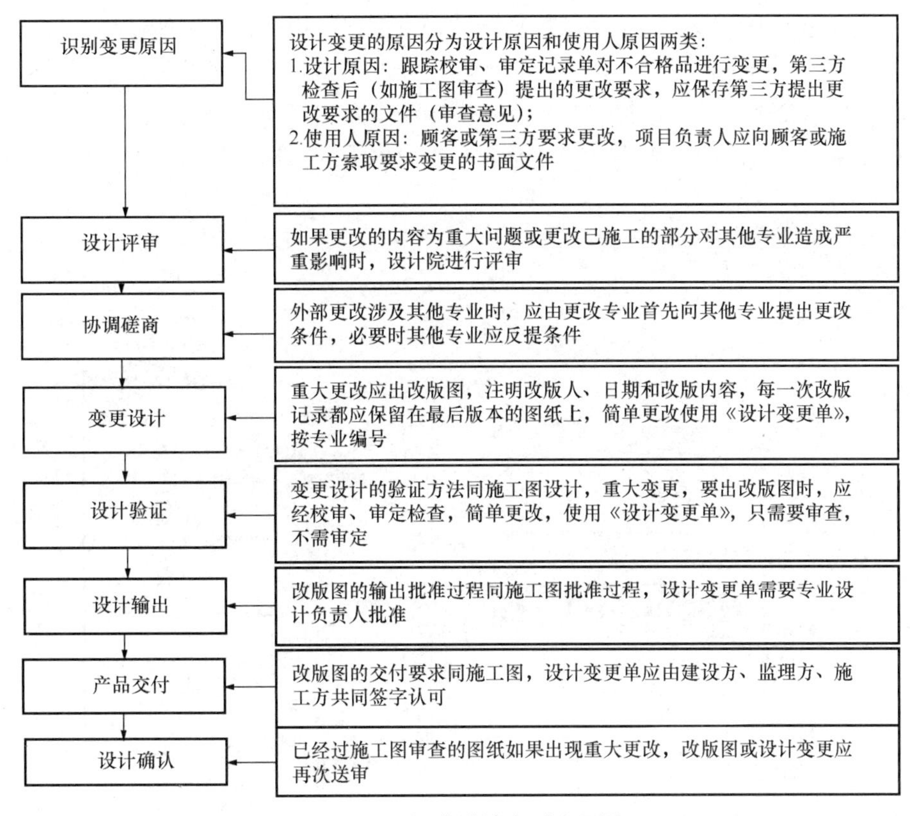

图 2.3-2　深化设计变更流程图

2.4　施工现场总平面管理

2.4.1　施工总平面管理及布置要点

（1）要求各分包单位开工前，编制文明施工方案，有针对性地从现场管理、环境保护、生活卫生等各方面进行阐述，着重阐明文明施工保证体系、文明施工岗位责任制，该文件经项目部审批后，作为分包单位文明施工的指导性文件；同时各分包单位在开工前应将施工部位、材料、设备及半成品的数量和需要的场地面积报总包部，总包部在对施工现场全面规划和调整后划定各分包单位场地，各分包单位必须按规划要求堆放材料设备，做到堆码整齐。

（2）现场划片分区，由各分包单位进行承包管理，总包部监督各分包单位的文明施工，哪个区域达不到文明施工要求，就由负责该片区的单位负责。承包区域做到工完场清，施工垃圾按规定的时间段运至指定的垃圾存放处，垃圾清扫、运输必须采取洒水、覆盖等措施，保证无扬尘。

（3）项目部每天组织由各分包单位安全员组成的小组进行检查，检查内容为针对施工工作存在的安全隐患，违规作业、不文明施工等，检查结果用书面形式交总包部及业主有关人员，并限期整改。同时不定期对办公区、生活区进行检查，争创文明生活区。

（4）在施工过程中采取一系列措施，合理安排工序，避免夜间十点以后施工扰民，强噪声施工机具必须采用有效措施如添加抑制器等，确保噪声达标后才能使用；同时在现场外脚手架采用隔声布进行封闭，确保在施工时噪声的外溢，造成噪声污染。在文明施工管理和控制中将结合施工安全进行综合管理，在施工安全中体现。

（5）施工现场危险品应集中堆放，并联系市级以上环境保护部门派专车托运出现场集中销毁。

（6）某医院施工总平面布置示意图（图 2.4-1）。

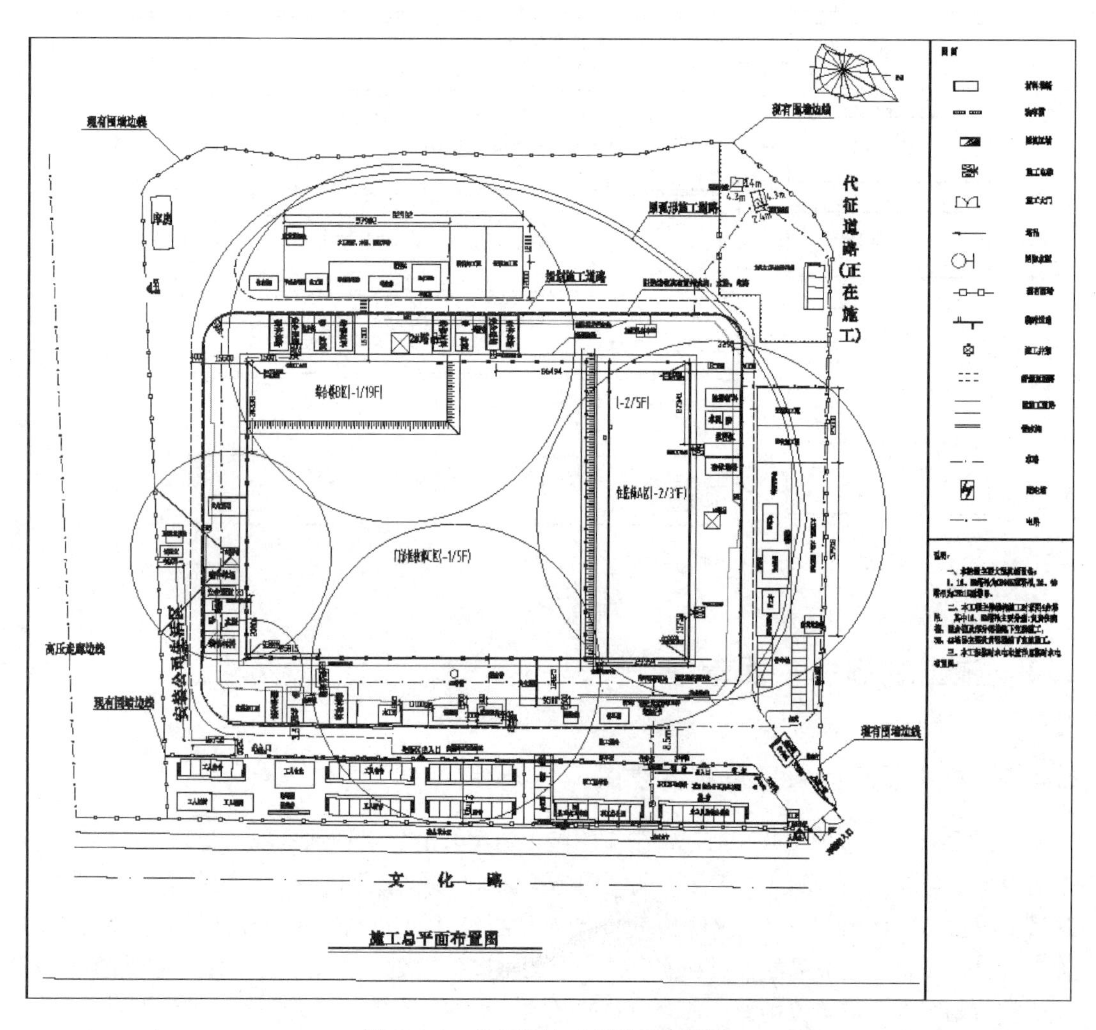

图 2.4-1　某医院施工总平面布置图

2.5　接口界面管理

2.5.1　总包与业主沟通协调

在项目部的外部关系中，最主要的是处理好与业主的关系，项目经理部全体人员确认

"业主是顾客、是上帝"的观念，把业主期望的工期和工程质量作为核心，为业主建造一流的建筑产品，让业主满意。

(1) 定期向业主提供工程进度报告。

(2) 为保证项目的顺利建设，应积极与业主交流汇报，主动为业主排忧解难，想业主所想，急业主所急，和业主融洽相处。

(3) 针对医院工程，除与医院基建科沟通外，还要注意与医院各科室主任、护士长及院方代表的沟通，了解他们的使用需求并有针对性的施工。

2.5.2 总包与分包沟通协调

项目管理的核心环节是对现场各分包的管理和协调。严格执行招标制，严格控制各专业承包商的综合能力和素质，制定完备有效的分包管理规定，在项目上实施，做到了各项工作有章可循，减少了管理过程中的随意性。

1. 对各专业承包商的服务与支持

对各专业承包商进行组织、管理、协调和控制的同时，积极主动对其进行服务与支持，协助其解决施工过程中的困难，支持其与工程相关的工作，保证各承包商相互之间衔接紧密，工程进展顺利。

2. 对质量的管理和控制

根据项目质量计划和质量保证体系，协助、要求和敦促各专业承包商建立起完善的各专业承包商的质量计划和质量保证体系，将各专业承包商纳入统一的项目管理和质量保证体系，确保质量体系的有效运行，并定期检查质量保证体系的运行情况。

(1) 制订质量通病预防及纠正措施，实现对通病的预控，进行有针对性的质量会诊、质量讲评。

(2) 质量的控制包括对深化设计和施工详图设计图纸的质量控制；施工方案的质量控制；设备材料的质量控制；现场施工的质量控制；工程资料的质量控制等各个方面。

(3) 严格程序控制和过程控制，同样使各专业承包商的专业工程质量实现"过程精品"。

(4) 最大限度地协调好各专业承包商的立体交叉作业和正确的工序衔接。

(5) 严格检验程序和检验、报验和试验工作。

(6) 制定切实可行的成品保护方案和管理细则，统一部署、与各专业承包商一道做好成品保护工作。

3. 对工期计划管理和控制

(1) 要求各专业承包商根据合同工期，按照工程总体进度计划编制专业施工总进度计划、月、周进度计划程送总承包方，并确定上报日期。

(2) 周计划包含施工生产进度计划、劳动力、机械设备使用和投入计划、设备材料进场计划和施工条件落实计划等关键配套计划以及上周计划完成情况及分析。

(3) 日计划，包括当天工程施工完成情况及分析，第二天计划安排，存在的主要问题和所需的主要施工条件、现场资源和机械设备、当天材料进场安排等。

(4) 计划落实与实施：通过项目经理部的统一计划协调和每月、每周、每日的施工生产计划协调会，对计划进行组织、安排、检查、敦促和落实。按照合同要求，明确责任和责任单位（或责任人）、明确内容和任务、明确完成时间，确立计划的调整程序。

4. 各专业间的协调配合

医院工程相较于其他工程来说要更加复杂，往往需要几十家分包共同协作努力。这就要求总包合理协调各专业施工，如在主体施工过程中，需要协调安装与主体队伍的预埋工作；在装修阶段，要协调精装修施工与粗装修、安装、消防等施工的穿插配合。严格按照施工流程进行各专业施工。以免打乱仗造成不必要的返工。

2.5.3 分包与设备商的沟通协调

医院工程所涉及的医用相关设备一般由医院自行招标采购，这就需要相关科室的专业分包与设备商进行沟通配合。在专业科室进行施工图深化设计过程中就要与设备商进行沟通，了解相关设备的需求进行针对性设计。同时要将设备参数提供给设计院进行复核确认。在专业科室的施工中要与设备商进行密切配合，同时要预留设备进出通道。以保证施工过程中的无缝对接，保证施工质量。

2.6 施工进度的管理

2.6.1 进度计划管理组织机构

2.6.2 进度计划的编制

施工进度计划是表示各项工程（单位工程、分部工程或分项工程）的施工顺序、开始和结束时间以及相互衔接关系的计划。它既是承包单位进行现场施工管理的核心指导文件，也是监理工程师实施进度控制的依据。施工进度计划通常是按工程对象编制的。

针对医院工程进度计划内容一般包含：地基与基础工程、桩基工程、地下室工程、主体结构工程、砌体工程、粗装修工程、精装修工程、幕墙工程、屋面工程、机电安装工程、弱电安装工程、消防工程、净化工程、电梯工程、室外工程以及污水处理工程等多项分部分项工程。这就要求在编制总进度计划时需要分阶段进行控制。大体可分为三个阶段：地下施工阶段，主体施工阶段，装修施工阶段，每个阶段都包含各个专业穿插施工。合理安排施工顺序是施工进度的保障。

施工总进度计划的编制步骤和方法如下：

1. 计算工程量

根据批准的工程项目一览表，按单位工程分别计算其主要实物工程量，工程量只需粗略地计算即可。

工程量的计算可按初步设计（或扩大初步设计）图纸和有关额定手册或资料进行。

2. 确定各单位工程的施工期限

各单位工程的施工期限应根据合同工期确定，同时还要考虑建筑类型、结构特征、施工方法、施工管理水平、施工机械化程度及施工现场条件等因素。

3. 确定各单位工程的开竣工时间和相互搭接关系

确定各单位工程的开竣工时间和相互搭接关系主要应考虑以下几点：

（1）同一时期施工的项目不宜过多，以避免人力、物力过于分散。

（2）尽量做到均衡施工，以使劳动力、施工机械和主要材料的供应在整个工期范围内达到均衡。

（3）尽量提前建设可供工程施工使用的永久性工程，以节省临时工程费用。

（4）急需和关键的工程先施工，以保证工程项目如期交工。对于某些技术复杂、施工周期较长、施工困难较多的工程，亦应安排提前施工，以利于整个工程项目按期交付使用。

（5）施工顺序必须与主要生产系统投入生产的先后次序相吻合。同时还要安排好配套工程的施工时间，以保证建成的工程能迅速投入生产或交付使用。

（6）应注意季节对施工顺序的影响，使施工季节不导致工期拖延，不影响工程质量。

（7）安排一部分附属工程或零星项目作为后备项目，用以调整主要项目的施工进度。

（8）注意主要工种和主要施工机械能连续施工。

2.6.3 各专业间的穿插施工

医院工程是所有工程中最复杂的工程之一，这就涉及需要多专业协同工作。各专业间的穿插施工是整个工程进度得以保证的关键。

在地下室施工阶段及主体施工阶段，安装工程中的管线预埋工作要与主体施工紧密配合、穿插进行。在模板支撑完毕进行钢筋绑扎过程中，管线预埋工作就要穿插进行，才能保证浇筑混凝土前各项工作都能及时完成，保证施工进度。

在粗装修施工阶段：安装工程、弱电工程、消防工程中的线管敷设、给排水管安装等工作需紧密配合粗装修施工。安装单位需提供详细施工计划以保证粗装修工作的顺利进行，要严格按照施工顺序合理，有序的进行。

在精装修施工阶段：安装工程的卫生洁具的安装、风口百叶的安装；消防工程的消防箱及喷淋喷头的安装；弱电工程的信息点位安装：电梯的安装等都需要为精装修工程服务，这就要求在编制施工计划时以精装修施工为主线合理穿插各专业施工。

在室外工程施工阶段：安装工程需将室内的雨水管及污水管尽早接出室外与室外管网连接起来，以便屋面雨水排放及室外工程顺利进行。

2.7 施工技术管理

见图 2.7-1。

2.7.1 技术管理注意事项

（1）重视新技术、新工艺、新材料的应用与推广，增加科技含量，提高经济效益和社会效益。建成技术上一流、管理上科学、工期上先进、质量合格的同时达到有计划、有步骤的开发和应用新技术的目的。在开工之初成立开发和应用新技术领导小组：以项目经理为组长，项目技术负责人及项目副经理为副组长，各部门负责人及专业项目经理和专业项目技术负责人参加的项目科技进步工作领导小组，协调各项工作的实施。

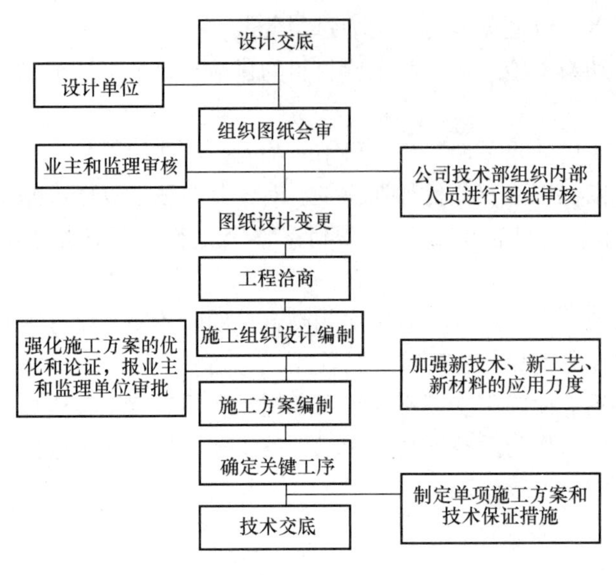

图 2.7-1　技术管理流程图

（2）方案先行、样板领路将是医院工程一个技术管理特色。在工程具体实施中，实行方案报批审批制，强调在每个分项工程施工之前，都要编制有针对性的施工组织设计（方案），对重要施工部位和关键部位需编制专项方案。

（3）总包方除了自行完成承包范围内的深化设计工作外，还对指定分包单位的深化设计起协调作用，目的是保证分包商的深化设计工作能满足工程总体进度要求。

（4）与业主紧密协调减少变更工程量，并尽早可能的提早通知变更内容，使工程的施工在及时、准确、正确的方案指导下进行，避免混乱、更改和延误。

（5）技术管理资料是工程建设和工程竣工交付使用的必备条件，也是对工程进行检查、验收、管理、使用、维护的依据。技术资料的形成与工程质量有着密不可分的关系。除负责自有承包范围的工程竣工资料外，还将协调和督促指定的分包商和其他承包商的竣工资料并随工程进度逐步提交给总承包商。而作为总承包商将负责收集和整理其他承包商制作的竣工图纸和竣工资料，并协助业主做好工程的竣工验收和备案。确保资料与工程做到“真实、同步、全面、完整”。

2.8　施工质量管理

医院工程质量标准要求高，必须建立质量管理体系，对工程项目一系列作业技术和活动过程实施控制。施工人员都严格按照质量管理体系规程办事，确保质量体系从工程开工准备阶段到竣工验收的全过程，保证工程项目质量目标的实现。

2.8.1　质量管理体系

见图 2.8-1。

2.8.2　质量管理注意事项

1. 目标策划

目标管理是整个工程技术质量管理活动的起始方向和龙头，在工程项目签定施工合同后，首先要根据合同的总体质量目标确定分阶段的质量目标，并配备相应的资源，包括组织机构设置、质量保证体系的建立、机具材料选择等内容。

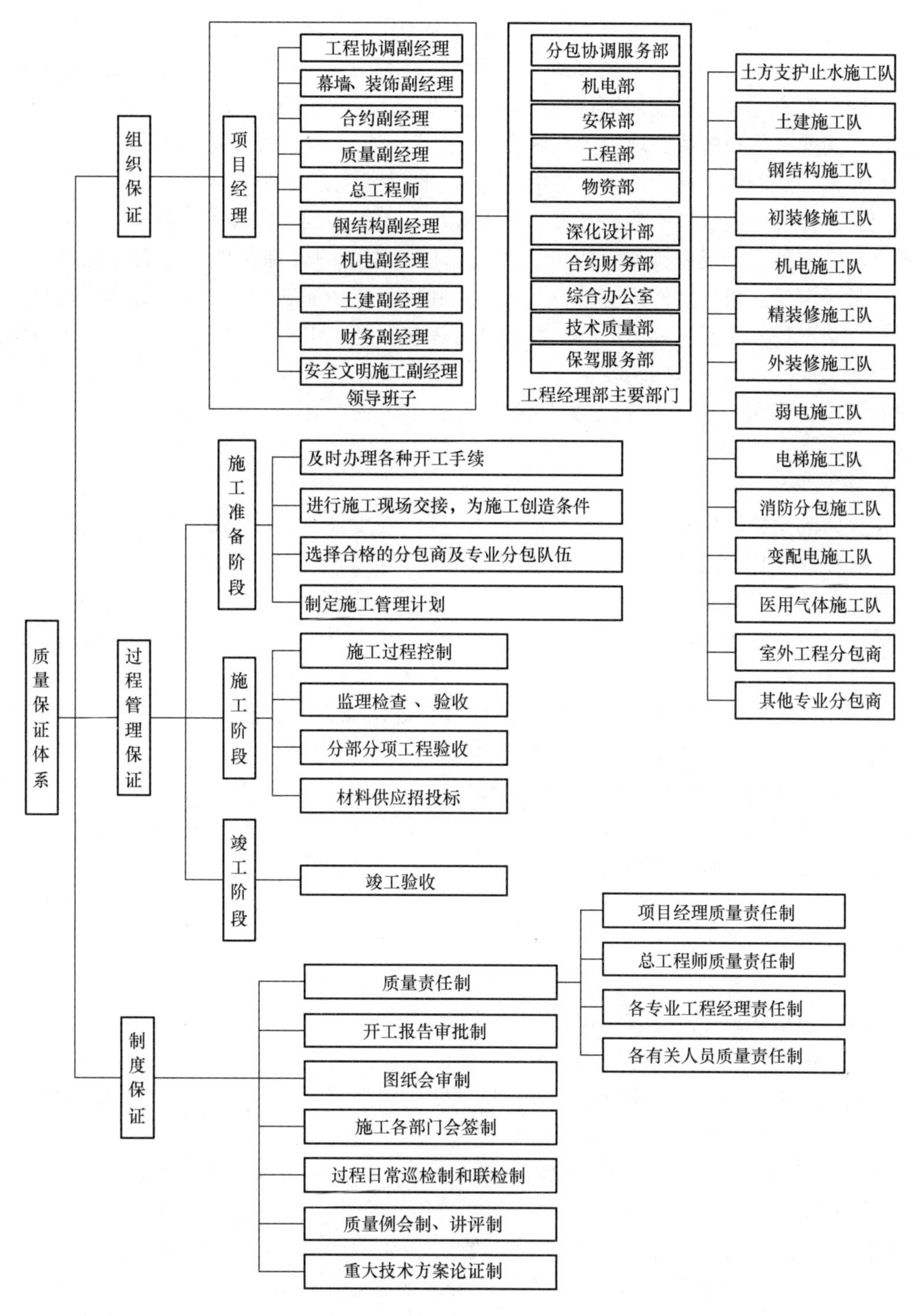

图 2.8-1　质量管理体系图

2. 预控措施

在质量目标策划明确后，应有相应的预控措施。针对具体施工项目，重点保证施工组织设计的科学性和指导性，施工方案的针对性和实用性，技术交底的可行性和可操作性，并贯彻预防为主的方针。具体包括以下技术管理工作：

（1）审：开工前认真审阅施工图纸，领会设计意图，复核各主要尺寸及需要采用的新技术，同时审查建筑设备及加工订货有何特殊要求，对于不便施工之处及疑难点，提前与设计单位沟通并作出解决并填写“图纸会审记录”。

（2）编：编制施工组织设计（方案），并以此增强施工管理的科学性和预控工作。施工组织设计作为宏观定性的战略部署，是工程从施工准备到工程竣工交验全过程的综合性技术、经济文件，是具有计划、组织、协调和控制作用的管理文件。施工方案是战役计划，是微观定量的指导文件，应结合工程特点和现场实际编制，突出针对性和实用性。

（3）交：技术交底是具体的战斗细节。具体包括施工组织设计交底、专项施工方案交底、分项工程技术交底、四新技术交底、设计变更交底等。通过文字交底、口头交底及实物交底使操作人员掌握工艺技术要领和质量标准，便于施工人员全面正确地落实预控措施。

3. 过程监控

在严密的预控措施和严格的管理基础上，要实现质量目标，主要靠规范化的操作质量来保证，而规范化的操作质量靠施工全过程的质量控制来保证，因此过程监控是核心工作。具体包括以下基础性工作：

（1）复：对轴线、边线、模板控制线、标高、基准点等进行检查复核，确保施工依据的正确性。

（2）试：对原材料、构件、半成品进场后按规定取样、送试，并按规定做好见证取样，及时反馈质量检验状况，保证使用材料的合格。

（3）检：严格执行自检、专检、交接检的“三检制”，遵守“监督上道工序，保证本道工序，服务下道工序”的宗旨，落实班组长、工长、技术员、质检员等各级管理岗位职责。在施工过程中实行动态控制，强调过程精品，以工序质量保证工程质量。

（4）纠：对施工中出现的不合格项，根据问题的性质，及时组织有关部门和人员进行会诊，分析原因并提出纠正和预防措施，处理后经检验合格后方可进行下道工序。

（5）验：材料、设备、器具等进场后及时检验并报监理验收。分项工程完成自检后报监理验收，包括隐蔽工程验收、预检、分部分项工程验收、竣工验收等。

4. 资料同步

在实体施工过程中。要做到技术资料的同步收集整理，工完资料清，并保证资料的真实性、及时性、可追溯性。具体包括：

（1）记：做好施工日志和各种原始记录、整改记录，如钎探记录、测温记录、不合格项及整改记录等。

（2）评：及时组织检验批、分部、分项和单位工程评定，并报监理单位复验。

（3）报：逐月填报质量月报，发生质量问题及时反馈上报。

（4）联：及时与设计、甲方、监理单位联络洽商，办理设计变更和洽商记录。

（5）竣：竣工后及时办理竣工验收，做好竣工验收资料和竣工图，保证按期交工。签订质量保修合同，交工后按规定进行回访和保修。

5. 组织管理

工程质量是企业及项目部综合管理的体现，因此规范项目部的管理工作行为是提高工程质量的关键。管理工作靠人去实施，没有相应素质的人去执行，再好的管理措施和制度都是一纸空文。因此抓管理就要抓人的因素，促进管理人员素质的提高。重点抓住几个方面：

（1）抓施工组织管理，突出质量预控措施。在目标策划和预控措施完成后，如何把各项措施不折不扣地落实在施工过程中，靠的是组织、指挥、协调、控制，通过逐级交底、实施、检查、整改等循环完成既定目标。

（2）抓质量体系有效运行，突出程序化管理。工程项目施工要有相适应的组织管理体系，各部门分工明确，责任到位。质量管理是以质量为中心的综合管理，各部门都直接或间接地与工程质量有关，在施工过程中应强调协调配合，严格程序化、文件化管理，落实各项检查、奖罚制度。

（3）抓技术规范标准，突出岗位责任制施工组织管理和质量体系运行的最终成果是反映到施工实体质量，对各分项工程的施工技术和质量管理必须受控于规范、标准。

2.9 施工安全的管理

项目施工过程中必须有效地防范安全生产事故，实现安全生产必须制定项目安全管理制度流程图（见图 2.9-1）。那么，究竟是哪些因素导致建筑业安全事故。仔细分析其引发的原因，主要是人的行为因素和物的安全状态。

（1）人的行为因素：安全防护意识和自我保护意识淡薄、职业技能低下、行为不规范等，导致了在安全设施完备的情况下发生了安全事故。

（2）物的状态因素：企业领导安全意识淡薄，对安全生产认识不到位，重生产、轻安全，忽略施工现场的安全管理。同时，各利益方为了降低成本而追求经济效益，安全投入严重不足，造成安全防护不到位。

2.9.1 安全管理流程

见图 2.9-1。

2.9.2 安全管理注意事项

（1）主管部门要严格市场准入，把住关口、管住源头，对那些不具备安全生产条件的企业一律清出建设市场，从被动防范向源头管理转变。

（2）抓好施工现场管理是重点。

① 现场设备管理。塔吊、物料提升机、桩机等各类大型机械设备，以及施工用的钢管、扣件等构配件一定要现场查验其厂家生产许可证、产品合格证和合格的检验报告；

② 施工现场用电的管理。三级配电是否规范、各类机械机具是否已经重复接地、各种配电仪器要求的参数是否匹配等；

③ 现场秩序的管理。秩序井然是安全的保障。

（3）安全管理。首先要管人，管理的目的最根本的也是为了人。建设工程现场存在很多不确定因素，只有充分发挥人的主观能动性，才能及时有效地应对，确保对安全生产实

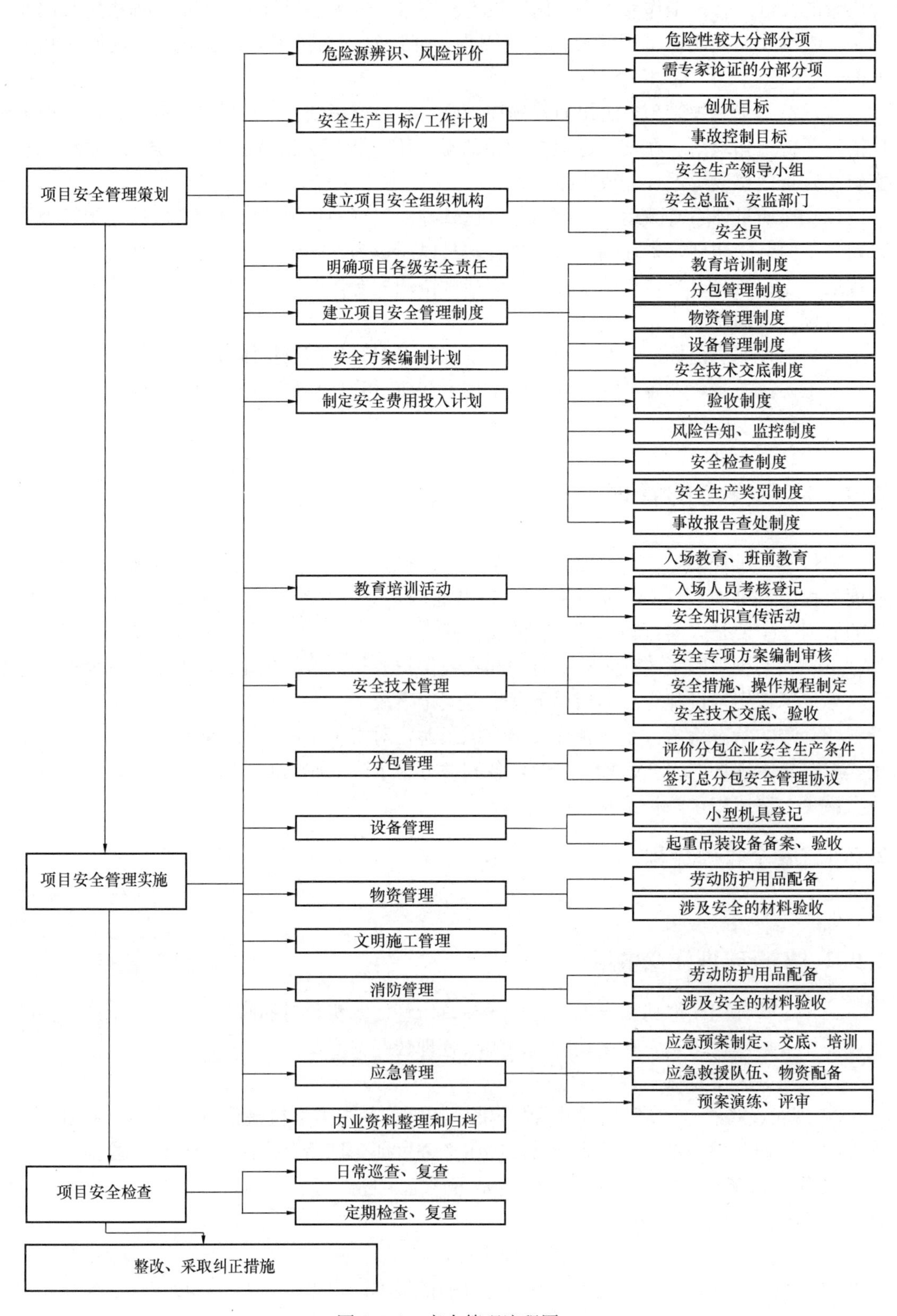

图 2.9-1　安全管理流程图

行全方位、全过程的动态管理。

（4）加大安全宣传教育力度。安全警钟要时时敲，宣传教育要深入企业，深入民工。搞好建筑安全培训教育，仅企业的自觉性还远远不够，建设行政主管部门和建筑安全监督管理机构必须依法加强对安全培训教育的监督管理，加大对培训教育的监管力度，从根本上保证安全培训工作有效落实。

2.10 验收管理

2.10.1 验收程序

（1）施工总承包完成合同内容全部内容后，施工单位向建设单位提交工程竣工报告，申请竣工验收。实行监理的工程，工程竣工报告须由总监理工程师签署意见。

（2）建设单位收到工程竣工报告后，对符合竣工验收要求，组织勘察、设计、施工、监理等单位和有关方面专家组成验收组进行工程预验收。

（3）建设单位应当在工程竣工验收7个工作日前，将验收时间、地点、验收组名单报负责监督该工程的工程质量监督机构。

（4）工程竣工验收。

2.10.2 各项验收申请条件及注意事项

专项验收一览表见表2.10-1。

专项验收一览表 **表2.10-1**

序号	专项验收名称	序号	专项验收名称
1	防雷检测	6	专业科室洁净环境检测
2	节能验收	7	消防验收
3	人防验收	8	通风单项验收备案
4	空气质量检测	9	规划验收
5	水质、水压检测	10	竣工验收

1. 防雷检测

检测条件：在主体工程基本完工（门窗、栏杆安装完成并做好防雷接地工作后），所有电器设备安装完成以后（需要电气检测报告与否视情况而定），请气象局的工作人员进行现场验收。

此项检测由总包单位负责，建设单位和监理单位配合。

2. 节能验收

（1）申报条件

保温工程主要分为3个分项：屋面保温工程、墙体保温工程、门窗保温工程。在施工过程中各分项工程应隐蔽前请节能办相关工作人员到现场进行验收并吸取相关验收意见，在各分项验收合格后进行总体节能验收。

（2）注意事项

屋面保温工程分三次验收，在屋面保温材料施工完成没有进行刚性层施工前请节能办工作人员到现场验收；墙体保温工程应在砌体工程施工完成并没有进行抹灰施工时请节能办工作人员到现场进行一次验收，在保温材料施工完成没有进行面层施工时请节能办工作人员到现场进行第二次验收，面层施工完成后进行第三次验收；门窗保温工程应在玻璃安装完成后请节能办工作人员到现场进行验收，其中影响验收时间的主要因素为塑钢门窗玻璃的安装完成时间。各项工程所使用保温材料必须有相关出厂报告、合格证以及复检报告。

此项验收由总包单位、塑钢窗施工单位、保温施工单位三方配合完成。

3. 人防验收

（1）申报条件

人防地下室相关设施、设备施工完成后（防爆密闭门、防爆波地漏、人防封堵框、防排烟系统、正压送风系统等）。

（2）注意事项

总包单位在进行人防地下室主体结构施工时应请人防办工作人员在底板钢筋绑扎完成后、剪力墙钢筋绑扎完成后、顶板钢筋绑扎完成后、主体工程施工完成后分4次到现场进行检查，并完成相关资料以备人防验收使用。

此项验收由人防施工单位主导，总包单位和消防施工单位配合完成。

4. 空气质量检测

（1）检测条件

室内墙地面工程施工完成、门窗工程施工完成（达到密闭条件）。

（2）注意事项

在检测前附近楼层必须没有对空气质量产生影响的工种进行施工（腻子工程、油漆工程、酸水清洗外墙等）。

此项检测由建设方联系，总包单位配合完成。

5. 水质、水压检测

（1）检测条件

现场达到供水条件后。

（2）注意事项

水质检测前应进行室内外管道冲洗工作（可通过防水试水完成此项工作），水压检测前应将房间内管道串联在一起。

此项检测由建设方联系，总包单位配合完成。

6. 专业科室洁净环境检测

（1）申报条件

在专业科室（手术室、ICU、中心供应室、产房、NICU、静配中心、检验科、病理科等）施工完毕并调试合格后。经省疾控中心请第三方检测机构进行检测。

（2）注意事项

各专业科室施工完毕并调试合格后，需封闭相关区域，保证区域内空气质量。

此项检测有专业科室施工单位经省疾控中心请第三方检测机构进行检测。

7. 消防验收

（1）申报条件

在消防设施、设备全部安装施工完成并调试合格后。

（2）注意事项

所有消防产品必须有信息网打印出“消防产品供货证明”，消防验收还需要总包单位、防火门单位、弱电施工单位和电梯施工单位的配合。

此项验收由消防施工单位主导，防火门施工单位和总包单位配合完成。

8. 通风单项验收备案

（1）申报条件

消防验收后将相关资料准备齐后报于质检站。

（2）注意事项

玻璃钢管材必须有复检报告。

此项验收由消防施工单位主导，总包单位和其他地下室管线施工单位配合完成。

9. 规划验收

（1）申报条件

主体工程和总平工程全部完成，相关配套设施完成。

（2）注意事项

总平景观图纸应与规建局认可的总平图相符。

10. 竣工验收

（1）申报条件

主体所有分项验收和备案全部完成，规划验收完成后。

（2）注意事项

此项验收为项目最终验收，前期所有资料和各项分项验收必须全面完成后方可进行。

3 住院诊疗区施工技术

住院诊疗区是病人就医、治病的主要区域，布局设计要满足医院功能要求，方便合理。

3.1 土建施工技术

住院诊疗区土建施工技术与大多数建筑结构相同，下面对住院诊疗区的装修施工技术进行简要说明。

3.1.1 公共部位装修

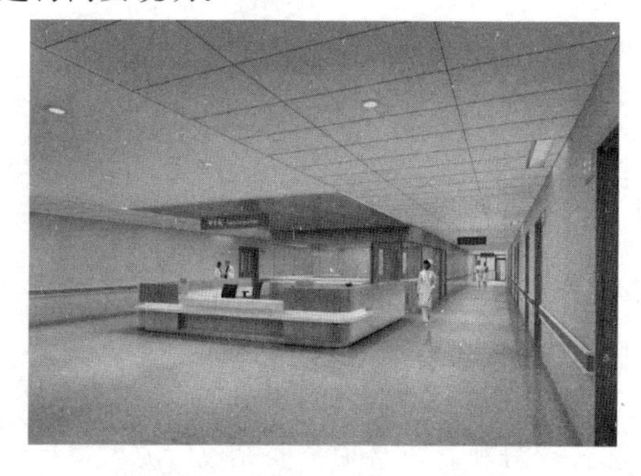

图 3.1-1 某医院护士站效果图

护士站是护理单元内的重要空间，一般由开敞式柜台分隔内外，使医护与患者的沟通更亲切、直接（图 3.1-1）。此处装修材料的类型、颜色选择可以更灵活一些。墙面采用耐洗乳胶漆，地面采用塑胶地面。吊眉的设计也很关键，要结合 LED 标识设计，高度要适宜，太低会显得很压抑。

走廊的装修要求简洁、干净、整体协调。一般采用浅色塑胶地面，深色或灰色塑胶波打线，墙面浅色乳胶漆墙面并安装安全扶手，此外转角处设防碰撞措施，吊顶可采用石膏板吊顶白色抗菌耐洗乳胶漆和冲孔铝板。

公共卫生间地面采用抗滑地砖，墙面贴墙砖，吊顶无特殊要求。

3.1.2 病房的装饰装修

根据功能不同、服务对象不同在色调风格上表现方法各异。如妇产科要表现女性的温柔和纤巧，环境要平静安逸、色调淡雅；小儿科要适当处理以较丰富的色彩装饰饰面和造型，布置儿童壁画和饰物；净化病房一般位于净化手术室附近，装饰装修与净化手术室相同。

普通病房一般装饰如下

地面：一般采用浅色防滑地砖或浅灰色或米色塑胶地板，并在四周处理 20cm 宽的波打边，注意色泽花纹的搭配。

墙面：除儿科、妇产科等需有趣味性氛围环境外，一般采用浅色调的或白色乳胶漆饰面，局部可使用小矶理纹的乳胶漆。专科医院、私人诊所也可采用壁纸。窗帘一般采用横向彩色铝合金百页或布幔，但色泽必须和墙面相协调。

吊顶：普通病房对此无特殊要求，一般采用轻钢龙骨石膏板吊顶、硅钙板吊顶、藻盖板吊顶或直接采用原顶面白色乳胶漆饰面。

无障碍设计：残疾人厕位应独立设置，且专用空间为最大。楼梯应设双导线扶手，以方便成人和儿童。楼梯应有起止步盲人指示。电梯门及轿箱需考虑轮椅、担架车的撞击防护。

此外，病房的细部，如输液吊轨、隔帘导轨、呼叫按钮等要在装修中全面考虑，体现人性化的关怀。病房内卫生间装饰基本与公共卫生间相同。

某医院病房效果图（图 3.1-2）

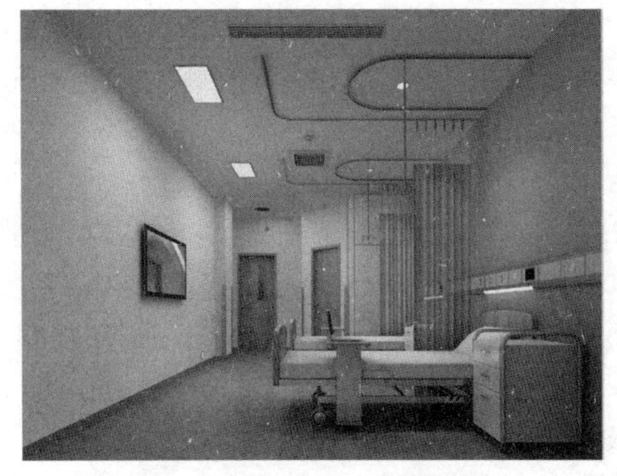

图 3.1-2　某医院病房效果图

3.1.3　住院部施工重难点及处理措施

1. 涂料施工

施工工艺：清扫→填补缝隙→第一满刮腻子→磨平→第二遍满刮腻子→磨平→打底→第一遍底漆→磨光→第二遍面漆→第三遍面漆

（1）透底

产生原因是涂层过薄，刷涂料时应注意不漏刷，并保持涂料稠度，不可随意加水。打磨砂纸要均匀。施工时尽可能涂布均匀，若乳胶漆太稀或遮盖力差，应多涂刷一遍。

（2）刷纹明显

涂料的稠度要适中，排笔蘸涂料量要适当，涂刷时要多理多顺防止刷纹过大。上一排与下一排之间间隔时间不能过长，否则容易看出接头，大面积涂刷时，应配足施工人员，相互衔接。

（3）饰面不光滑、颜色不一

涂刷前，基层打磨必须到位，灰尘应清除干净。要选用优良的漆料，调制搅拌应均匀，严禁将两种以上不同型号、性能的漆料混合使用。涂刷带颜色的涂料时，配料要适当，保证每间或每个独立面或每遍都用同一批涂料，并要一次用完，避免造成浪费。

（4）饰面起皮、开裂、脱落

施工温度应遵守施工要求。一般涂料施工应在周围温度 5℃以上施工，成膜助剂选用要得当，加量适宜，从而保证乳液形成连续涂膜，不产生龟裂。

基层应处理好，将疏松层铲掉，将浮尘、油污清理干净。每次涂膜厚度不应过大。

2. 瓷砖

墙砖施工工序：基层处理→找规矩→基层抹灰→弹线→挑砖→浸砖→粘贴→擦缝

地砖施工工序：基层处理→找标高、弹线→找平层→弹控制线→挑砖→浸砖→试铺→铺砖→勾缝、擦缝→养护

卫生间及阳台等墙砖和地砖施工中，重点控制排砖美观、砖缝线顺直、防空鼓。地砖还应控制好排水坡度。

（1）排砖美观

病房分几个样板间，施工前根据墙地面尺寸进行排板，以保证缝隙均匀，大面要尽量排整砖。在同一墙地面上的横竖排列，不得有一行以上非整砖。排砖时，进门一眼就能看到的地方及阳角部位优先使用整砖，非整砖行排在次要部位，如阴角处或窗间墙，但也要注意一致和对称。考虑医院工程安全性，所有阳角采用阳角条做成圆弧形。

（2）空鼓

墙砖：基层清理干净、表面修补平整、墙面洒水湿透。瓷砖镶贴前，要先进行浸泡2h以上，待表面晾干后使用，控制原材质量，砂浆配合比准确。

地砖：铺贴前砖要先进行浸泡2h以上，施工完后应及时养护，均匀洒水湿润，且48h内不宜上人，过早上人影响粘结层强度等都可能导致空鼓。

当瓷砖有空鼓或脱落时，应取下瓷砖并铲除原有粘贴砂浆，采用掺胶水泥砂浆粘贴修补。

（3）砖缝不平直、缝宽不均匀

对砖挑选应作为一道工序，应将色泽不同的瓷砖分别堆放。挑出翘曲、变形、裂纹、面层有杂质缺陷的砖。同一类尺寸砖，应用在同层房间或一面墙上，以做到接缝均匀一致。

粘贴前做好规矩，用水平尺找平；校核墙面的方正，算好纵横皮数，划出皮数杆，定出水平标准。灰饼间距以靠尺板够得着为准，阳角处要两面抹直。

根据弹好的水平线，稳稳放好平尺板，作为粘贴第一行砖的依据，逐行粘贴。每贴好一行，应及时用靠尺板横、竖向靠直，偏差处用木柄轻轻敲平并及时校正横、竖缝平直，严禁在粘贴砂浆收水后再进行纠偏移动。

（4）有地漏房间地砖找坡：有地漏房间按照设计要求的泛水坡度进行弹线找坡。铺贴时拉通线控制标高，并做到坡度统一，避免倒返水，施工时随时使用水平尺和橡皮锤进行坡度调整。

3. 塑胶地板

施工工序：基层处理→界面剂→自流平地坪→养护→分格弹线→预铺→刮胶→铺贴地板→排气压实→清洁打蜡→成品保护

塑胶地板控制重点除静脉用药调配中心所述平整度外，还应控制以下问题：

（1）塑胶地板空鼓

施工前确保基层平整、干燥。卷材铺贴时涂胶要均匀，不得有漏涂之处。铺贴时滚筒滚压密实。胶底未干时不要急于铺贴。

（2）地板出现色差

塑胶地板制造可能有质量瑕疵，同一施工区域选用同一生产批号的同一色号产品，避免出现色浅。

4. 吊顶

施工工序：弹线→安装吊杆（顶棚内各种管线安装）→安装主龙骨→安装次龙骨→安装罩棉板→安装压条→细部处理

（1）吊顶不平：原因在于大龙骨安装时吊杆调平不认真，造成各吊杆点的标高不一致。施工时应检查各吊点的紧挂程度，并接通线检查标高与平整度是否符合设计和施工规范要求。

（2）轻钢骨架局部节点构造不合理：在留洞、灯具口、通风口等处，应按相应节点构造设置龙骨及连接件。

（3）轻钢骨架吊固不牢：顶棚的轻钢骨架应吊在主体结构上，并应拧紧吊杆螺母以控制固定设计标高；顶棚内的管线、设备件不得吊固在轻钢骨架上，需要单独做吊杆。当吊顶吊杆长度大于 1.5m 时，应设置反支撑。

（4）罩面板分块间隙缝不直：施工时注意板块规格，拉线找正，安装固定时保证平正对直。

（5）压缝条、压边条不严密平直：施工时应拉线，对正后固定、压粘。

（6）输液导轨及窗帘导轨安装

1）首先确定输液天轨的安装位置，一般安装在病床中央的顶棚上。需注意避开灯风扇，手术室安装时应注意避开吊塔和无影灯。

2）测量所购天轨输液架的轨道安装孔孔距，用 Φ8 冲击钻头在顶棚上钻出深度大于 50mm 的孔，打入 Φ8 塑料膨胀（注意塑料膨胀打入后应与顶棚平齐）。

3）将滑车装入轨道内，用 M4×10 自攻螺钉将塑料封头安装轨道两端（O 形轨无堵头，其接头处应平整对齐，保证滑车能在轨道内自由滑动）。然后用 M4×30 平头自攻螺钉将轨道安装在顶棚上。

4）安装完毕后，将吊杆挂在吊车挂钩上，检查其运转及其他性能。

5. 防撞扶手

工艺流程：定位画线→确定铝型材安装固定点打孔→铝型材上墙→安装防撞缓冲条→安装面板

（1）定位画线：采用激光水平仪按照确定好的安装高度进行定位，用墨斗在确定好的位置上画出直线，确保安装平整。

（2）确定铝型材安装固定点打孔

1）测量出门套线之间墙体的距离，缩短 200mm 切割铝型材；如果门套线之间的距离如果是 1700mm，则确定铝型材的长度为 1500mm 进行切割；

2）弯头外侧距第一只支座中心距为 160mm，按照确定好的位置在铝型材上打孔；

3）铝型材打孔方法：在铝型材确定好的打孔位置上采用 ϕ8mm 麻花电钻钻头通过手枪钻开孔即可；

4）墙体长度为 600～1000mm 之间，支座固定点数量为 2 只，中心等距约为 280～680mm，按照确定好的位置在铝型材上打孔；

5）墙体长度为 1000～1500mm 之间，支座固定点数量为 3 只，中心等距约为 340～590mm，按照确定好的位置在铝型材上打孔；

6）墙体长度为 1500～2000mm 之间，支座固定点数量为 4 只，中心等距约为 393～560mm，按照确定好的位置在铝型材上打孔；

7）墙体长度为 2000mm 以上，支座固定点数量为 5 只以上，中心等距约为 600mm，按照确定好的位置在铝型材上打孔。

（3）铝型材上墙

1）将打好孔的铝型材两头插入收头式阴阳弯头及卡缝圈并采用 ϕ6mm 螺钉及螺母通过梅花扳手紧固连接；

2）将安装好弯头的铝型材放入事先确定好的墙体位置并用记号笔在墙体上画出每个固定点，在墙体上打好孔；

3）墙体打孔方法：在做好标记的位置上先用金钢开孔钻头通过手电钻将玻化砖开出 ϕ12mm 的圆孔，然后采用 ϕ8mm、长度 100mm 的麻花电锤钻头穿过玻化砖上的圆孔将墙体基层打出深度为 40mm 的圆孔即可；

4）在打好孔的墙体内插入 ϕ8mm 塑胶胀栓，将支座用 ϕ5.5mm 的钻尾螺钉与铝型材打孔处连接并用手电钻将钻尾螺钉塞入塑胶胀栓，紧固上墙即可。

（4）安装防撞缓冲条：铝型材中间部位设有缓冲条插槽，将缓冲条插入插槽中即可。

（5）安装面板：在已安装好的铝型材上量出两弯头之间的距离，确定好面板的长度，将面板进行切割。并将切割好的面板由铝型材上边缘扣入，由上而下挤压面板直至面板完全扣入铝型材，最后收紧弯头完成安装。

3.2 住院部安装施工技术

3.2.1 住院部病房暖通施工

住院部的空调设计参数根据一般病房和特殊房的要求不同而定。一般病房的空调主要保证空气温度、相对湿度、气流速度以及室内空品质。而特殊病房除了空气温度、相对湿度、气速度外，还对室内细菌和尘埃浓度、室内新风量、气次数、室内外压差以及末级空气过滤器等有一要求。所以，一般病房采用舒适空调，而特殊病房采用的是净化空调。

住院部普通用房及特殊用房暖通施工技术参照综合楼普通用房及洁净室暖通施工技术。

住院部常见病房空调设计、施工要求如下

1. 普通病区应满足以下要求

1）普通病区的病房首先应考虑开窗（有纱窗）通风。

2）当有条件设置普通空调时，应有新风供应和排风，并尽量减小系统规模。

3）病区洗涤机室、干燥机室、公用厕所、处置室、污物室、换药室、配膳间等应设排风，排气口的布置不应使局部空气滞留。排风量为 10～15 次/h 换气，应能 24h 运行。且夜间可以设定小风量运行。

2. 传染病用隔离病房应满足以下要求

1）当设置空调系统时，应设置独立的空调和排风，并且能够 24h 连续运行。

2）呼吸道传染病病房，对单人病房或单一病种病房一般可采用回风设高效过滤器的空调末端机组，换气次数不低于 8 次/h；其中新风换气不低于 2 次/h，否则宜设全新风系统。不得设置风机盘管机组等室内循环机组。送、排风装置应设置在室外而用风管连接到室内，如因条件限制必须设置在室内时，室内不得出现负压风管。并应方便空气过滤器保养和更换。

3）呼吸道传染病病房应设缓冲室，其压力梯度应使病房内气流不致通过缓冲室外溢，排风出口允许设在无人的空旷场所，如无合适场所则在排风口处设高效过滤器，不得渗漏并易于消毒后更换。排风机可集中设置，也可一室一机。

4）新风可以集中处理，也可以新风机组的形式直接设在走廊侧墙上。

5）室内气流应做到一侧送风，对侧（床头附近）排（回）风，形成定向流动，避免出现回流气流。

6）非空气途径传染的隔离病房的空调系统可参照普通病房。

7）区域应维持有序梯度负压，负压程度由走廊→缓冲室→隔离病房依次增大。负压差最小为5Pa。应在每个房间送排气风管安装密闭阀，且与配置风机连锁，风机停止时密闭阀关闭。

8）温度20～27℃，相对湿度30%～60%。

3. 重症护理单元（ICU）应满足以下要求

1）重症护理单元宜采用不低于Ⅳ级洁净用房的要求，应采用独立的净化空调系统，24h连续运行。温度宜在20～26℃，相对湿度宜为40%～65%。对邻室维持+5Pa正压。

2）重症护理单元病房宜采用上送下回的气流组织，要注意送风气流不要直接送入病床面。每张病床均不应处于其他病床的下风侧。排风（或回风）口应设在病床的附近。

4. 骨髓移植病房应满足以下要求

1）骨髓移植病房应按医疗要求选用Ⅰ、Ⅱ级洁净用房。一般应采用上送下回的气流组织方式。Ⅰ级病房应采用全室垂直单向流，两侧下回风的气流组织。当采用水平单向流时，病人活动区应布置在气流上游，休息时头部应朝送风墙，要避免吹风感。

2）各病房应采用独立的双风机并联、互为备用的净化空调系统，24h运行。

3）送风应采用调速装置，至少采用两档风速。病人活动或进行治疗时风速取大值（不低于0.25m/s），病人休息时取小值（不低于0.15m/s）。室内温度宜取22～27℃，相对湿度取45%～60%。

4）对邻室保持+8Pa的正压。

5. 烧伤病房应根据治疗方法的要求，确定是否选用洁净用房。当选用洁净用房时应满足以下要求：

1）重度烧伤以上的病房（烧伤面积≥70%，Ⅲ度面积50%）应按Ⅲ级洁净用房设计，采用集中布置送风风口，其辅助用房和重度烧伤以下的病房宜按Ⅳ级洁净用房设计。

2）各病房净化空调系统24h运行，应设备用送风机。

3）对于多床一室的Ⅳ级烧伤病房，每张病床均不应处于其他病床的下风侧。

4）温度30～32℃，相对湿度40%～60%。

5）对邻室保持+8Pa的正压。

6）病区内的浴室、厕所等应设置排风装置，并要装有中效过滤器，设置与排风机相连锁的密闭风阀。

7）洁净病房噪声控制在白天不超过50dB（A），晚上不高于45dB（A）。

6. 哮喘病病房应满足以下要求：

1）哮喘病病房宜按Ⅱ级洁净用房设计。

2）各病房应采用独立的净化空调系统，24h运行。

3）严格控制温湿度波动，全年25℃±1℃，50%±5%。

4）对邻室保持+8Pa正压。

住院部需要通风的房间主要是病房的卫生间、护士站（包括换药室、处置室、抢救室）、库房、污物室等。除卫生间、污物室等房间的排风需要独立自成系统排入高空外，护士站及库房可以合用系统，在本层直接排至室外或是接入排风竖井均可。

3.2.2 住院部病房电气施工

1. 安全防护与接地

（1）当同一场所的插座由TN-S或IT系统供电时，医疗IT系统的插座应使其他系统的插头无法插入，并具有明显的区别标识。

医疗及诊断电气设备，应根据使用功能要求采用保护接地、功能接地、等电位联结或不接地等形式。

（2）医疗电气设备的功能接地电阻值应按设备技术要求确定，宜采用共用接地方式。

（3）医疗电气设备的保护导体及接地导体应采用铜芯绝缘导线，其截面应符合《民用建筑电气设计规范》JGJ 16—2008中第12.5.3条的规定。

（4）医用设备机房、病房床头多功能控制面板等处的医疗设备专用接地端子根据位置不同，可通过专用接地线引至基础接地极，也可引接竖井内专用接地干线。

2. 病房照明

病房是恢复，疗养的场所，医护人员需要随时观察病情的场所。所收养的病人在康复期间对光线的感知很敏感，故灯具一定要不能刺眼，而且方便控制。临床之间的检查不要相互干扰。

病房照明可分为一般照明、局部照明和应急照明设计等几个方面。

（1）病房的一般照明需主要考虑病人并兼顾医护人员的要求，营造宁静而温馨的光环境。根据《建筑照明设计标准》GB 50034—2013的规定，病房内的照度标准为100lx，光源色温小于3300K。光源一般选择低色温荧光灯。由于很多病人需要长期卧床休息，如果在顶板上安装普通灯具会形成明显眩光，造成病人的不适。最好是选择间接型灯具或反射型照明。对目前二、三人病床的病房，采用荧光灯，有吊顶采用嵌入式，为防止卧床病人有眩光的不适，可采用反射式照明，其效果很好，但投资大，运行费用高，可在部分高档病区或病房选择使用（图3.2-1）。

（2）病房的局部照明主要为病人阅读和医护人员进行操作时提供必要的照度，一般采用在综合医疗带上安装模块式荧光灯，也可设计可调式旋臂壁灯，选用可调光光源，既满足本床病人的要求，又减少对其他床位的影响（图3.2-2）。

病房区域都设计有夜间照明以满足夜间值班护士和病人的需求，通常在病房内卫生间旁或门口及病房走廊设夜间脚灯。脚灯的放置位置应尽量避免其灯光直射病人的眼睛，一般设置在距地0.3～0.5m位置。设计时建议选用百叶隔栅嵌墙式脚灯。病房脚灯开关一般设在护士站，由值班护士统一控制。

3. 护士站照明

护士站晚间可集中控制走道、病房照明，紧急情况时，进病房开启夜灯或者壁灯。照度宜设置在100lx左右，晚上值班，不需要过高照明，可以通过回路开关，降低照度（图3.2-3）。

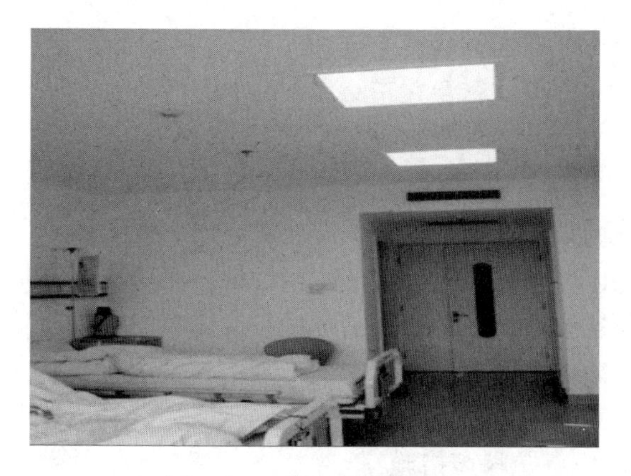

图 3.2-1　病房内的荧光灯

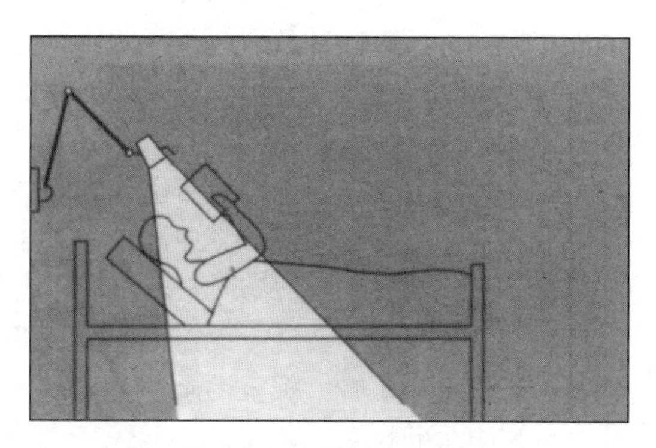

图 3.2-2　可调式旋臂灯

图 3.2-3　护士站照明

4. 照明工程施工时应注意

（1）病房灯具可与医疗服务设备组合在一起，如：监视器、呼唤信号装置、医用气体装置及电源插座等，但不宜与给氧管道组装在一起，应采取隔离防火措施。

（2）病房顶灯不宜安装在病床的正上方。病床单侧排列的病房，在护理通道上设置，病床双侧排列的病房，在中央通道设置顶灯。

（3）病房如果采用荧光灯照明，灯具应采用吊链安装。吸顶安装时，灯具底板可垫 4～6mm 厚的橡皮垫圈，以减少镇流器的振动噪声或采用电子镇流器，克服噪声对病员的影响。

（4）走廊照明应与其相邻房间的照明相协调，使人们通过走廊进入房间是不会感到太大的照度差异。走廊灯具应布置在两病室门之间，不应布置在正对门和门上方的位置。

3.2.3 住院部病房给排水施工

病房的洗手盆应采用感应自动式、膝动或肘动式开关水龙头，并应防止污水外溅。

住院病房如设有阳台，其地漏排水应排至阳台雨水立管，为防止阳台地漏泛臭，立管底部应采用间接排水。病房一般不会在阳台设置洗衣机，工作人员和病人换洗衣物通常会拿去医院洗衣房统一清洗，无需采用洗衣机地漏。若阳台设有洗手盆，则地漏排水和洗手盆排水应接至污水管，排至污水井。

病房卫生间排水管若设计为 UPVC 管时，应有防噪声措施。

3.3 住院部智能化施工技术

1. 智能化在医院类项目的设计特点

（1）专业性比较强。

（2）子系统比较多。

（3）深化设计难度大、时间紧。

2. 智能化在医院类项目的施工特点

（1）现场协调工作量大。

（2）实际施工工期比较短。

（3）调试难度大，设计系统多，需要协调多方面的人员参与。

3. 智能化系统在医院类项目的施工注意事项

（1）医院类项目施工具有特殊性，由于涉及单位众多，在施工过程中首先要排布好走道的路由，桥架管材的布置，施工的方便性，都要提前做出考虑。

（2）在施工过程中不同的系统具有不同的特点，但是施工整体要保证符合国家的相关专业规范，不仅仅要达到使用功能，还要确保设备安装的位置合理和美观度。由于医院类项目的特殊性很多设备安装高度要有切合实际患者使用的方便为主，达到人性化的目的。

住院部智能化系统应设置监控系统、门禁系统、背景音乐系统、智能照明系统、楼控系统、有线电视系统、综合布线系统、医护对讲系统、婴儿防盗系统，其中主要的是医护对讲系统和婴儿防盗系统，极大的方便了医护工作人员和患者之间的沟通。下面重点介绍医护对讲系统和婴儿防盗系统。

3.3.1 医护对讲系统概述

随着人们生活水平的提高，对高质量医疗服务的要求也日益突出，国家针对目前存在老百姓“看病难、少床位”的问题提出了扶持医疗场所建设及鼓励私营医院的建立等措施。

如何让患者在住院治疗期间能得到良好的专业医疗服务，充分考虑到患者的实际需求，同时提高医护人员的服务效率，成为广大医护工作者为之努力的目标。医护人员、患者之间的辅助服务设施有无起到“沟通信息平台”就成为关键的一个环节。

医护对讲系统发展到今天，已经不再是简单的医患之间沟通的工具，在实际应用当中应兼顾到医院的整体设计，既有特色又具有良好实用性、装饰性的设备将得到越来越广泛的应用。

医院对讲系统可实现医护人员与住院患者之间直接的、可靠的信息联络。除常规的双向传呼、双向对讲、紧急呼叫优先功能外，新增了液晶显示、中文操作菜单、医患信息在线发布、自动语音提醒、终端护理信息显示、医护人员护理定位、呼叫转移无线 PDA 或手机短信、床头灯光控制等实用、先进的功能。

3.3.2 需求分析

在医院住院部的每层设医护对讲系统。每层为一独立医护对讲系统，其具体要求如下：

（1）智能化：系统可设定在早晨自动定时打开、夜间自动定时关闭病床工作站和病房工作站的液晶显示；定时语音提醒患者做检查、服药；自动显示护理等级及病人饮食、药物反应等信息。

（2）信息化：与医院 HIS 系统联网后，可将 HIS 传送过来的有关数据通过护士站工作站自动转换成护理信息发送到病床工作站液晶显示屏和护理信息指示灯上。实现全院信息一体化、病历无纸化。

（3）开放性：系统可独立运行，也可以与医院 HIS、通信专网交换语音和数据，接收 GPS 卫星时钟信号及转发呼叫内容短信等。

（4）可控性：护士进入病房，按下病房工作站上的“护理中”键即可打开呼叫转移功能及护士工作定位，护士在此房间的病房工作站上可接听其他患者的呼叫并对讲。护士处理完后，再按下病房工作站上的“退出”键，关闭房间接听功能及取消定位。

（5）易维护：所有同一型号终端设备完全兼容，以更换代替维修减少对病人的干扰，终端设备自定义编号后即可接收护士工作站发送过来的病人信息。接线端子方式，支持“热插拔”更换设备。

3.3.3 系统设计及系统组成

医护对讲系统设计为每一个护理单元（住院部楼层）为一个系统，每个系统分为 4 个区域，分别为：病房区域、公共走廊区域、办公区、护士站工作区。其中病房区域：由所有病房组成，该区域主要安装床头分机和卫生间紧急呼叫分机；公共走廊区域：由病房外、护士站周边走廊、公共活动区域组成，该区域主要设备为走廊显示屏、门口分机；办公区：医生办公室、护士办公室与休息所在区域，该区主要安装设备为医护分机和值班分机；护士站：该区的主要设备为医护分机、控制计算机、管理主机、总控电源、信息看板。每个护理单元的主要设备配置是根据病房数量、卫生间数量、病床数量设置门口分机、卫生间紧急呼叫分机和床头分机，走廊显示屏的设置数量主要根据走廊的长短和走廊的设计情况来确定，标准配置为一个护理单元配两个走廊显示屏。医护分机的配置主要是根据使用方办公区域的实际需求，标准配置为一个护理单元在护士站配一个医护分机。以上所有设备都是有一个控制主机和主控电源控制。

系统通过 HIS 接口软件同医院信息系统相连，可提取、发送护理过程中相关的信息，并自动发送病人的床头分机上，自动更新、无需人工输入；系统在联网的情况下，数字型医护患传呼系统软件将各个病区的呼叫服务记录汇总至网络服务器，在医院的局域网上，可方便完成 WEB 查询，并以图表的形式表现出来。有助于医院管理层对临床护理的一些基本管理。

联网方式分为主动方式、被动方式及中间库三种方式，其总被动方式又包括 Web Service 和 View 两种方式。

在各住院楼的各层各护士站设有医护信息系统，医护对讲系统主要由护士控制系统主机、医护分机、床头液晶分机、手持分机、液晶门口分机、卫生间紧急呼叫分机、数字走廊屏等构成。

管理中心设置 1 台服务器（管理计算机），安装系统管理软件。

每病区护士站设置 1 台管理计算机，安装护士工作站管理软件。

每病区设置 1 台 8 口网络交换机，用于系统连接及数据交换。

每护士站设置 1 台 43 寸大液晶电视，代替常规护士站白板作为信息发布显示。

每护士站设置 1 台信息发布控制器，用于连接大液晶电视控制信息发布显示。

每护士站设置 1 台医护工作站，用于接听处理各终端呼叫信息。

每病区设置 1 台数据处理器，用于终端设备线路连接、数据交换。

每病区走廊设置 1～2 块双面中文信息显示屏用于系统呼叫提醒及信息发布显示。

每病房设置 1 台病房工作站，用于显示病房信息及房间内病床信息，系统呼叫接听及处理作用。

每病房设置 1 台供电小电源，用于该病房各终端的集中供电。

每病床设置 1 台病床工作站（配手持呼叫器），用于床位呼叫对讲及床位信息发布及查询，还可以控制开关床头照明设备；分机可扩展输液监护仪，用于输液过程状态检测。

每病房卫生间设置 1 台紧急呼叫分机，用于紧急呼叫；设备为防水设计。

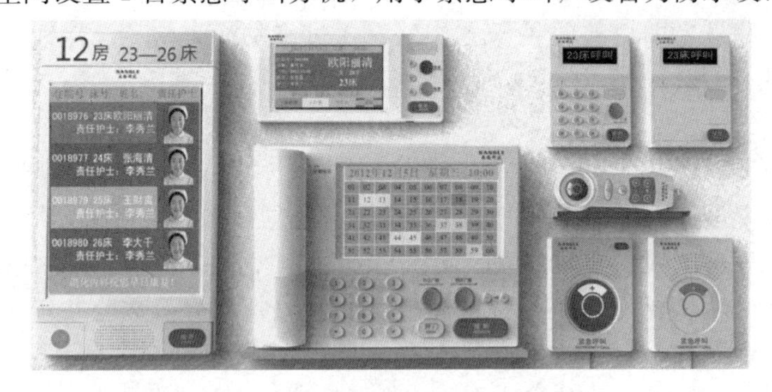

图 3.3-1　医护对讲系统

3.3.4　婴儿防盗系统

1. 系统概述

如今妇产科多实行母婴同室的开放式管理，对病房内婴儿的安全管理难度加大，因此医院频繁发生婴儿被盗事件，在社会上有不良的影响。为了保护新生儿及其家庭的幸福平安，同时也为了保障医院的合法权益，为医院内的新生儿提供可靠的安全保护，婴儿防盗系统是医院提高其管理水平和管理效率的智能工具。为更好地保障婴儿的人身安全，防止盗窃事件的发生，本系统采用视频监控和防盗报警相结合的方式进行安全管理。

2. 需求分析

随着现今社会的日益复杂化，医院婴幼儿防盗、防抱错作为一个日益严峻的问题已经被提到许多医院的议事日程中。为了做好这样的工作，许多医院强化了管理，严格控制闲散人员出入爱婴区，并对探视婴儿的家属也作出了控制。但是许多时候管理也面临着很多困难。

婴儿防盗系统为妇产科专用系统。医院妇产科内有隔离新生儿区、重症区、足月新生儿区、早产儿区等。妇产科对外设有四个出口：一个电梯口、一个人行楼梯口、两个走道进出口。这一切都增加了新生婴儿抱错和婴儿被盗的概率，为了做好这些防护，将增加医院的管理成本。同时，一些家属探视心切，对医院严格的管理有抵触，也会给医院管理造成影响。

另一方面，传统的方法采用给母、婴佩戴标志环（一直到出院，住院时间一般为 3～4 天），以此来识别母亲及婴儿，给医院管理提供了很大的帮助。但是此标志环为纯物理性质，容易被调换。面对恶意的破坏偷盗防范能力不足，也成为医院的婴幼儿防盗防抱错工作的隐患。

母婴识别及婴儿防盗管理系统正是针对以上问题提出的，它具有极大的灵活性、适用性、可靠性和完整性，可以很好地解决医院的婴幼儿防盗、防抱错的问题。

该系统紧密贴合医院新生儿住院流程设计，一般医护人员可快速上手操作。通过在各个病房、出入口以及各个防盗死角部署系统设备，实现对病区的全覆盖，可以全天候地为佩戴了电子标签的母亲和婴儿提供监护。

该系统具有领先的区域定位技术，可实时定位识别佩戴了电子标签的母亲和婴儿的位置，并记录状态和移动轨迹。

该系统可为报警提供快速指引，迅速指明发生事件的位置，精确地指出报警时间发生的房间号或出入口号，引导人员快速处理。

3. 婴儿防盗系统方案设计

婴儿防盗系统由婴儿防盗标签、接收器、出口监视器、控制电脑及管理软件组成。系统工作流程见图 3.3-2。

（1）婴儿防盗标签及腕带

系统的核心是婴儿防盗标签，它是一个小巧的射频发射器，但却包含了先进的科技和精巧的人体工程学设计。防盗标签具有可靠的防破坏特性，从戴上标签的瞬间开始，电子防盗标签就不断地自动发射出信号，以便系统随时进行监控。如未经授权，任何试图取下或破坏标签的行为会触发报警。与标签配套使用的腕带可以进行调节以适应不同婴儿，但不可重复使用。由于新生婴儿在出生后的数天内会因迅速失去体内多余的水分而减轻体重，腕带还可以随时根据婴儿体重变化而调整。婴儿防盗标签可以重复使用，采用防水设计，可进行清洗，婴儿对它无任何过敏反应。

（2）接收器

信号接收器是 RF 射频接收设备，通常隐蔽地安装在顶棚上，可以接收一定范围内防

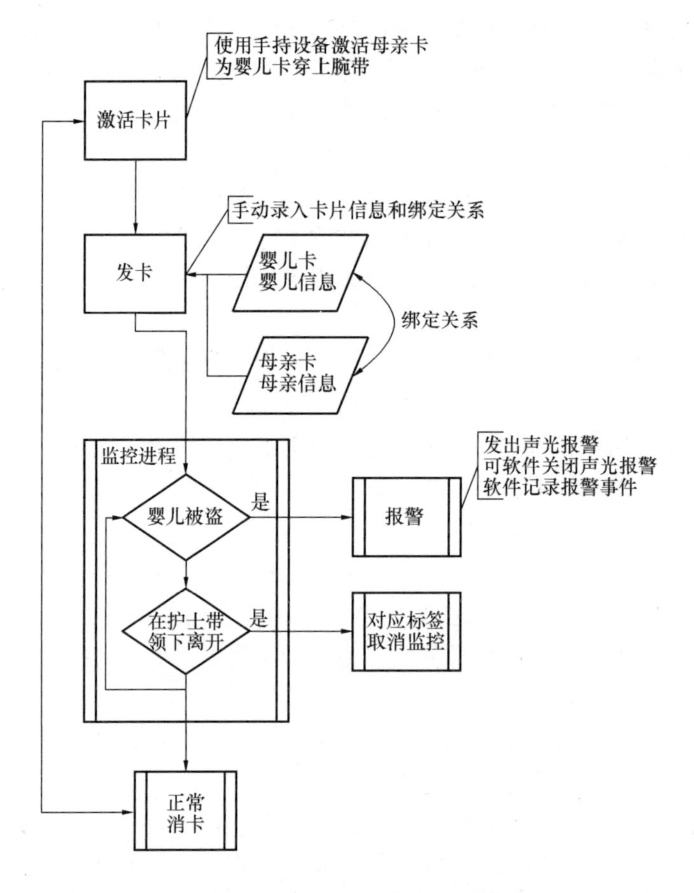

图 3.3-2　系统工作流程图

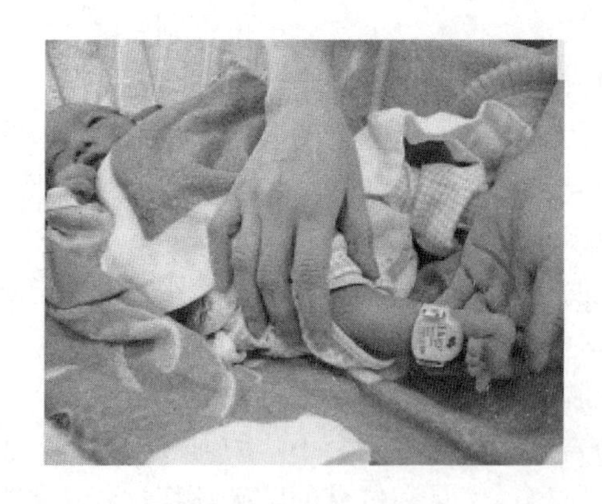

图 3.3-3　婴儿防盗标签

盗标签发出的信号并通过网络传输到控制电脑中。系统不断监控接收器的工作状况以确保最高的系统安全，无论何种原因导致接收器不能正常工作，系统都会发出警报。

（3）出口监视器

出口监视器安装在受控区域（例如妇产科病区）各出口附近并不断发射出射频信号。一旦携带防盗标签的婴儿进入某个出口监视器的发射区域，接收到出口监视器信号的防盗标签就立即通过接收器向控制电脑发送报警信息。与所有基于网络的设备一样，系统不断监控出口监视器的工作状态，并可在设备出错或遭到破坏时及时报警。监视器的监控范围在2.3～2.8m内可调。

（4）控制电脑及管理软件

控制电脑包含系统控制软件和有关硬件，监控及管理整个系统的运作，通常安装在护士站。软件能显示医院平面图和相关资料，包括每个婴儿防盗标签的工作情况。功能包括：

1）工作人员登录/注销，多级密码保护。

2）输入、修改婴儿资料。

3）暂时注销、重新登记标签。

4）系统部件工作状态显示。

5）各类标签工作状态记录。

6）报警信息提示。

7）所有操作及系统事件日志。

（5）系统结构

1）婴儿防盗系统结构图（图3.3-4）

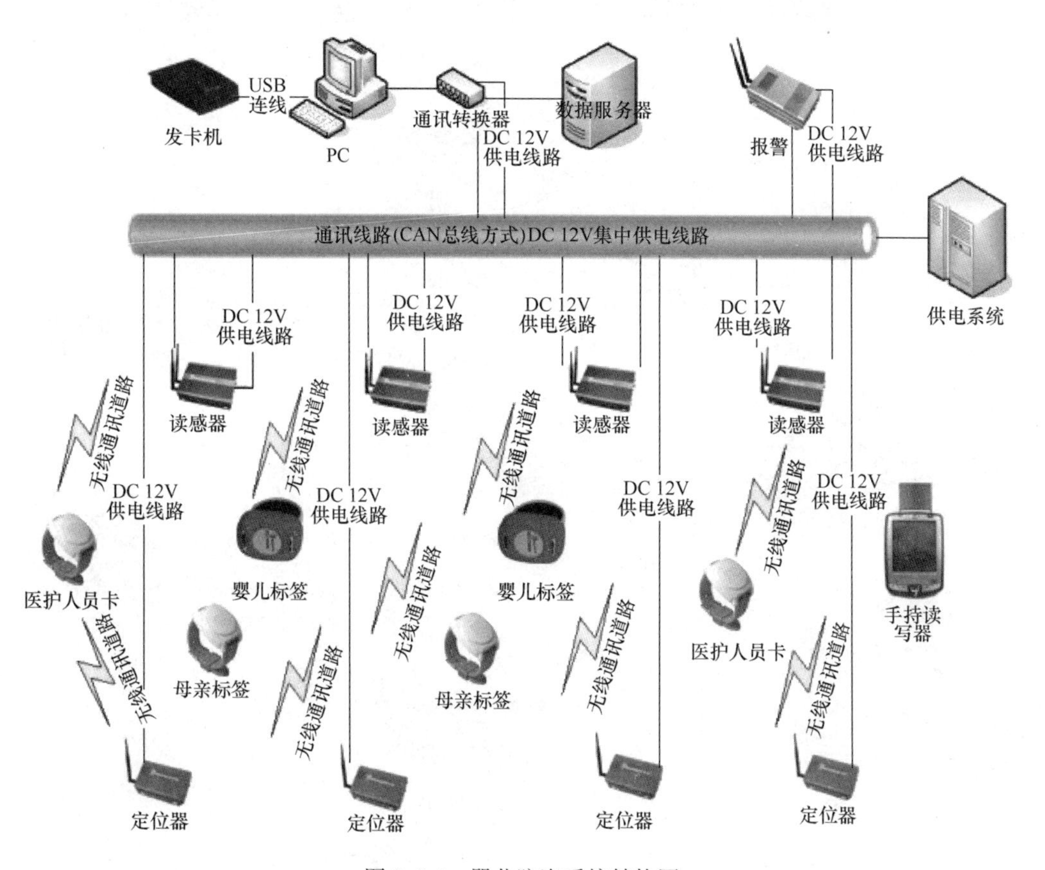

图3.3-4 婴儿防盗系统结构图

2）婴儿防盗系统分布报警图（图3.3-5）

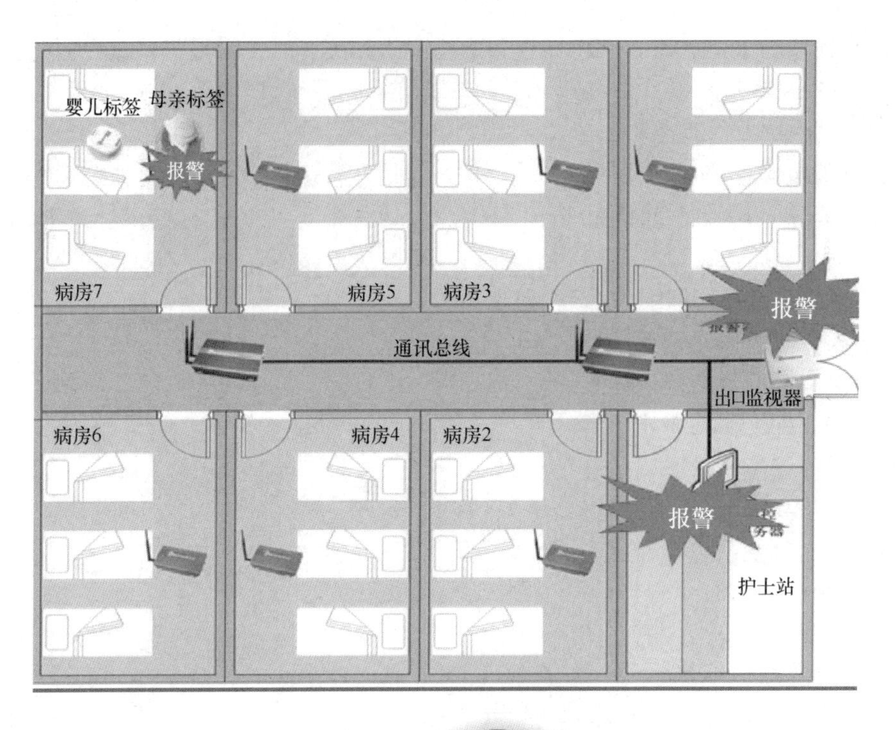

图 3.3-5 婴儿防盗系统分布报警图

4　辅助诊疗区施工技术

4.1　土建施工技术

4.1.1　洁净科室

净化系统科室从科室类别可大致分为净化手术部、ICU 及 NICU、产房、静脉配置中心、消毒供应中心等。下面根据不同科室的特点及施工要求进行简要概述。

4.1.2　洁净手术部

1. 洁净手术部简介

洁净手术部：洁净手术部是由洁净手术室、洁净辅助用房和非洁净辅助用房组成的自成体系的功能区域，见图 4.1-1。

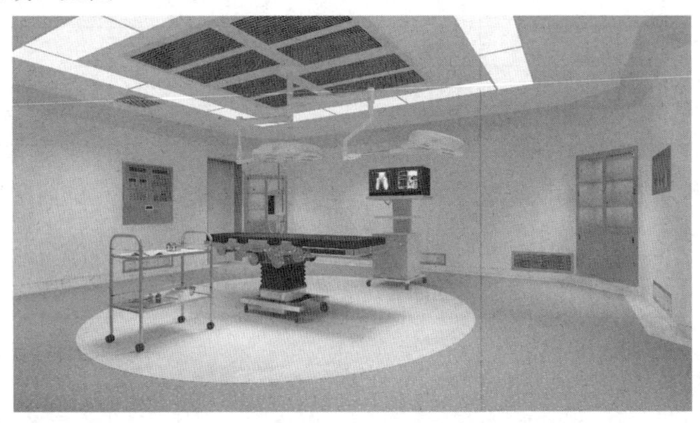

图 4.1-1　洁净手术部

洁净手术室：采取一定的空气洁净措施，达到一定的细菌浓度和空气洁净度级别的手术室。将先进的空气洁净技术应用于手术室，对手术室的空气进行：除菌、温湿度调节、新风调节等系列处理，使手术室保持在洁净、温湿度适宜状态。空气洁净技术空气洁净技术通过科学设计的多级空气过滤系统，清除空气中的悬浮微粒及微生物，创造洁净微环境的有效手段。

根据《医院洁净手术部建筑技术规范》GB 50333—2013 洁净手术部必须配备洁净手术室和洁净辅助用房。洁净手术部用房分为四级，并以空气洁净度级别作为必要保障条件。在空态或静态条件下，细菌浓度（沉降菌法浓度或浮游菌法浓度）和空气洁净度级别都必须符合划级标准。

洁净手术室的分级应符合表 4.1-1 的要求，洁净辅助用房的分级应符合表 4.1-2 的要求。

洁净手术室分级 **表 4.1-1**

等级	手术室名称	手术切口类别	适用手术提示
Ⅰ	特别洁净手术室	Ⅰ	关节置换手术、器官移植手术及脑外科、心脏外科和眼科等手术中的无菌手术
Ⅱ	标准洁净手术室	Ⅰ	胸外科、整形外科、泌尿外科、肝胆胰外科、骨外科和普通外科中的一类切口无菌手术
Ⅲ	一般洁净手术室	Ⅱ	普通外科（除去一类切口手术）、妇产科等手术
Ⅳ	准洁净手术室	Ⅲ	肛肠外科及污染类等手术

主要洁净辅助用房分级 **表 4.1-2**

等级	用 房 名 称
Ⅰ	需要无菌操作的特殊实验室
Ⅱ	体外循环灌注准备室
Ⅲ	刷手间
	消毒准备室
	预麻室
	一次性物品、无菌敷料及器械与精密仪器的存放室
	护士站
	洁净走廊
	重症护理单元（ICU）
Ⅳ	恢复（麻醉苏醒）室与更衣室（二更）
	清洁走廊

洁净手术室的等级标准的指标应符合表 4.1-3 的要求，主要洁净辅助用房的等级标准的指标应符合表 4.1-4 的要求。

洁净手术室的等级标准（空态或静态） **表 4.1-3**

等级	手术室名称	沉降法（浮游法）细菌最大平均浓度		表面最大染菌密度（个/cm^2）	空气洁净度级别	
		手术区	周边区		手术区	周边区
Ⅰ	特别洁净手术室	0.2 个/30min·ϕ90 皿（5 个/m^3）	0.4 个/30min·ϕ90 皿（10 个/m^3）	5	100 级	1000 级
Ⅱ	标准洁净手术室	0.75 个/30min·ϕ90 皿（25 个/m^3）	1.5 个/30min·ϕ90 皿（50 个/m^3）	5	1000 级	10000 级
Ⅲ	一般洁净手术室	2 个/30min·ϕ90 皿（75 个/m^3）	4 个/30min·ϕ90 皿（150 个/m^3）	5	10000 级	100000 级
Ⅳ	准洁净手术室	5 个/30min·ϕ90 皿（175 个/m^3）		5	300000 级	

注：1. 浮游法的细菌最大平均浓度采用括号内数值。细菌浓度是直接所测的结果，不是沉降法和浮游法互相换算的结果。

2. Ⅰ级眼科专用手术室周边区按 10000 级要求。

洁净辅助用房的等级标准（空态或静态） 表 4.1-4

等级	沉降法（浮游法）细菌最大平均浓度	表面最大染菌密度（个/cm^2）	空气洁净度级别
Ⅰ	局部：0.2个/30min·ϕ90皿（5个/m^3） 其他区域0.4个/30min·ϕ90皿（10个/m^3）	5	局部100级 其他区域1000级
Ⅱ	1.5个/30min·ϕ90皿（50个/m^3）	5	10000级
Ⅲ	4个/30min·ϕ90皿（150个/m^3）	5	100000级
Ⅳ	5个/30min·ϕ90皿（175个/m^3）	5	300000级

注：浮游法的细菌最大平均浓度采用括号内数值。细菌浓度是直接所测的结果，不是沉降法和浮游法互相换算的结果。

洁净手术部建设的基本理念为动态控制：控制贯穿于手术自始至终的全过程整体控制；有完整的控制区域——洁净手术部；装饰材料及配套设施必须符合洁净要求；洁净必须建立在满足功能要求的基础之上。

2. 洁净手术部的建筑装饰特点

新建洁净手术部在医院内的位置，应远离污染源，并位于所在城市或地区的最多风向的上风侧；当有最多和接近最多的两个盛行风向时，则应在所有风向中具有最小风频风向（例如东风）的对面（则为西面）确定洁净手术部的位置。

（1）建筑布局

洁净手术部应自成一区，并宜与其有密切关系的外科护理单元临近，宜与有关的放射科、病理科、消毒供应室、血库等路径短捷。

洁净手术部不宜设在首层和高层建筑的顶层。

洁净手术部平面布置：洁净手术部必须分为洁净区与非洁净区。洁净区与非洁净区之间必须设缓冲室或传递窗。

洁净区内宜按对空气洁净度级别的不同要求分区，不同区之间宜设置分区隔断门。

洁净手术部的内部平面和通道形式应符合便于疏散、功能流程短捷和洁污分明的原则，根据医院具体平面，在尽端布置、中心布置、侧向布置及环状布置等形式中选取洁净手术部的适宜布局；在单通道、双通道和多通道等形式中按以下原则选取合适的通道形式：

1）单通道布置应具备污物可就地消毒和包装的条件。

2）多通道布置应具备对人和物均可分流的条件。

3）洁、污双通道布置可不受上述条件的限制。

4）中间通道宜为洁净走廊，外廊宜为清洁走廊。

Ⅰ、Ⅱ级洁净手术室应处于手术部内干扰最小的区域。

洁净手术部的平面布置应对人员及物品（敷料、器械等）分别采取有效的净化流程。净化程序应连续布置，不应被非洁净区中断。

人、物用电梯不应设在洁净区。当只能设在洁净区时，出口处必须设缓冲室。

在人流通道上不应设空气吹淋室。在换车处应设缓冲室。

负压洁净手术室和产生严重污染的房间与其相邻区域之间必须设缓冲室。

缓冲室应有洁净度级别，并与洁净度高的一侧同级，但不应高过 1000 级。缓冲室面积不应小于 $3m^2$。

每 2～4 间洁净手术室应单独设立 1 间刷手间，刷手间不应设门；刷手间也可设于洁净走廊内。

应有专用的污物集中地点。

洁净手术部不应有抗震缝、伸缩缝等穿越其中；当必须穿越时，应用止水带封闭。地面应做防水层。

（2）建筑装饰特点及要求

1）洁净手术部的建筑装饰应遵循不产尘、不积尘、耐腐蚀、防潮防霉、容易清洁和符合防火要求的总原则。

2）洁净手术部内地面应平整，采用耐磨、防滑、耐腐蚀、易清洗、不易起尘与不开裂的材料制作。可采用现浇嵌铜条的水磨石地面，以浅底色为宜；有特殊要求的，可采用有特殊性能的涂料地面。

3）洁净手术部内墙面应使用不易开裂、阻燃、易清洗和耐碰撞的材料。墙面必须平整、防潮防霉。Ⅰ、Ⅱ级洁净室墙面可用整体或装配式壁板；Ⅲ、Ⅳ级洁净室墙面也可用大块瓷砖或涂料。缝隙均应抹平。

4）洁净手术部内墙面下部的踢脚必须与墙面齐平或凹于墙面；踢脚必须与地面成一整体；踢脚与地面交界处的阴角必须做成 $R \geqslant 40mm$ 的圆角。其他墙体交界处的阴角宜做成小圆角。

5）洁净手术部内墙体转角和门的竖向侧边的阳角应为圆角。通道两侧及转角处墙上应设防撞板。

6）洁净手术部内与室内空气直接接触的外露材料不得使用木材和石膏。

7）洁净手术部如有技术夹层，应进行简易装修，其地面、墙面应平整耐磨，地面应做好防水，顶、墙应做涂刷处理。

8）洁净手术部内严禁使用可持续挥发有机化学物质的材料和涂料。

9）洁净手术室的净高宜为 2.8～3.0m。

10）洁净手术室的门，净宽不宜小于 1.4m，并宜采用电动悬挂式自动推拉门，应设有自动延时关闭装置。

11）洁净手术室应采用人工照明，不应设外窗。Ⅲ、Ⅳ级洁净辅助用房可设外窗，但必须是双层密闭窗。

12）洁净手术室和洁净辅助用房内所有拼接缝必须平整严密。

13）洁净手术室应采取防静电措施。

14）洁净手术室和洁净辅助用房内必须设置的插座、开关、器械柜、观片灯等均应嵌入墙内，不突出墙面。

15）洁净手术室和洁净辅助用房内不应有明露管线。

16）洁净手术室的吊顶及吊挂件，必须采取牢固的固定措施。洁净手术室吊顶上不应开设人孔。

3. 洁净手术部施工

（1）手术室装饰部分简介

手术室墙体采用高承重方钢管框架结构，1.2mm 的电解钢板背贴硅酸钙板面喷涂抗菌涂料，墙面平整严密，采用圆弧过渡；顶面材料同墙面材料；地面采用 2mm 自流平预处理后，铺贴进口同质透芯 PVC 卷材，同质焊条焊接成整体地面。

手术室装饰部分由钢架结构部分、墙板部分、吊顶部分、斜弧天花部分以及配套净化送风天花部分、送风天花配套灯带部分、手术室内配件部分等一起组成的。各部分构成大致如下：

钢架结构部分包括：沿地龙骨、沿顶龙骨、竖龙骨、竖龙骨斜支撑、沿顶龙骨斜支撑、斜弧顶棚吊槽、吊顶板吊槽、吊顶板吊槽斜支撑及安装连接件；

墙板部分包括：手术室均设计成八角形钢结构，墙与顶棚连接角大于 90°，所有转角均采用 $R \geqslant 40$ 圆弧过渡，不留死角。周边墙板、角部墙板、门框及安装连接件。

斜天花部分包括：角部斜顶棚、周边斜天花及安装连接件。

吊顶板部分包括：吊顶板及安装连接件。

净化送风天花部分包括：顶棚箱体、进风过滤框、高效过滤网、中速气体补偿装置、均流纱网冲孔框板等。

灯带部分包括：灯盘盘体、面盖板。

手术室内配件部分包括：器械柜、麻醉柜、观片灯、记录板、控制箱、医气终端、电源插座等。

（2）手术室装饰部分施工程序

场地清理→测量划线→结构安装→墙板部分安装→送风顶棚箱体安装→吊顶部分安装→斜顶棚部分安装→灯盘盘体安装→手术室控制箱箱体及观片灯箱体安装→钢板结构、板件之间、板件同灯盘盘体间填原子灰并打磨平整→（自流平施工→地面地材铺设）→钢板墙体内表面喷涂处理→手术室内配件（器械柜、药品柜等）安装

（3）手术室具体施工方法

手术室具体施工方法详 4.1.7 净化室具体施工方法。

4.1.3 ICU 科室

1. ICU 科室简介

重症加强治疗病房（Intensive Care Unit，ICU）是重症医学学科的临床基地，它对因各种原因导致一个或多个器官与系统功能障碍危及生命或具有潜在高危因素的患者，及时提供系统的、高质量的医学监护和救治技术，是医院集中监护和救治重症患者的专业科室（图 4.1-2）。ICU 应用先进的诊断、监护和治疗设备与技术，对病情进行

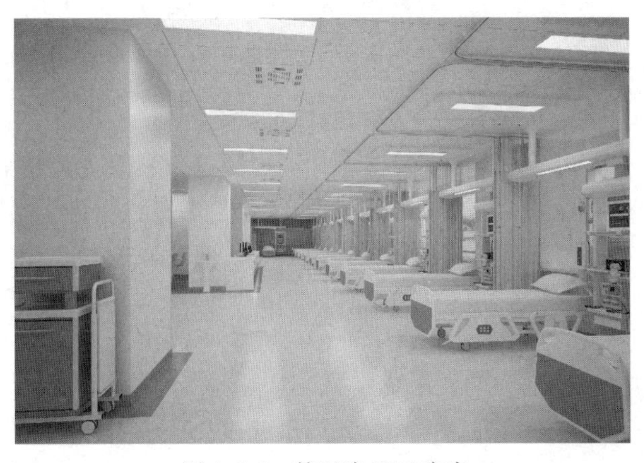

图 4.1-2　某医院 ICU 病房

连续、动态的定性和定量观察，并通过有效的干预措施，为重症患者提供规范的、高质量的生命支持，改善生存质量。

2. ICU 科室建筑布局要求

（1）ICU 的规模

ICU 的病床数量根据医院等级和实际收治患者的需要，一般以该 ICU 服务病床数或医院病床总数的 2%～8%为宜，可根据实际需要适当增加。从医疗运作角度考虑，每个 ICU 管理单元以 8～12 张床位为宜；床位使用率以 65%～75%为宜，超过 80%则表明 ICU 的床位数不能满足医院的临床需要，应该扩大规模（图 4.1-3）。

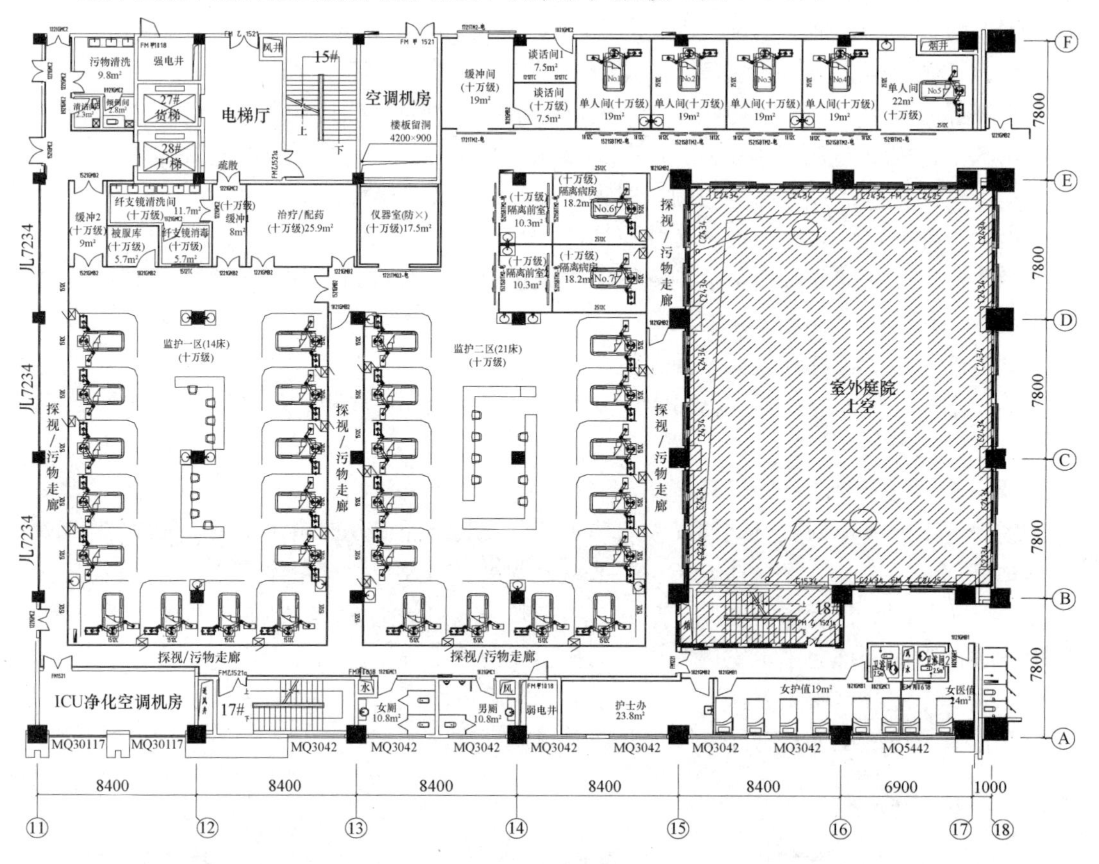

图 4.1-3　某医院 ICU 病房布置图

（2）ICU 病房建设布局标准

1）ICU 应该有特殊的地理位置，设置于方便患者转运、检查和治疗的区域并考虑以下因素：接近主要服务对象病区、手术室、影像学科、化验室和血库等，在横向无法实现“接近”时，应该考虑楼上楼下的纵向“接近”。

2）ICU 开放式病床每床的占地面积为 15～18m²；每个 ICU 最少配备一个单间病房，面积为 18～25m²。每个 ICU 中的正压和负压隔离病房的设立，可以根据患者专科来源和卫生行政部门的要求决定，通常配备负压隔离病房 1～2 间。鼓励在人力资源充足的条件下，多设计单间或分隔式病房。单间或分隔式病房可以有效减少交叉感染机会和患者之间的相互干扰，更有利于患者的康复。

3）ICU 的基本辅助用房包括医师办公室、主任办公室、工作人员休息室、中央工作站、治疗室、配药室、仪器室、更衣室、清洁室、污废物处理室、值班室、盥洗室等。有条件的 ICU 可配置其他辅助用房，包括示教室、家属接待室、实验室、营养准备室等。辅助用房面积与病房面积之比应达到 1.5∶1 以上。

4）ICU 的整体布局应该使放置病床的医疗区域、医疗辅助用房区域、污物处理区域和医务人员生活辅助用房区域等有相对的独立性，以减少彼此之间的互相干扰并有利于感染的控制。

5）ICU 应具备良好的通风、采光条件，有条件者最好装配气流方向从上到下的空气净化系统，能独立控制室内的温度和湿度。医疗区域内的温度应维持在（24±1.5)℃左右。每个单间的空气调节系统应该独立控制。安装足够的感应式洗手设施和手部消毒装置，单间每床 1 套，开放式病床至少每 2 床 1 套。

6）ICU 要有合理的包括人员流动和物流在内的医疗流向，最好通过不同的进出通道实现，以最大限度减少各种干扰和交叉感染。

7）ICU 病房建筑装饰必须遵循不产尘、不积尘、耐腐蚀、防潮防霉、防静电、容易清洁和符合防火要求的总原则。

8）ICU 的设计要求应该满足提供医护人员便利的观察条件和在必要时尽快接触病人的通道。

9）除了患者的呼叫信号、监护仪器的报警声外，电话铃声、打印机等仪器发出的声音等均属于 ICU 的噪声。在不影响正常工作的情况下，这些声音应尽可能减少到最小的水平。根据国际噪声协会的建议，ICU 白天的噪声最好不要超过 45 分贝（A)，傍晚 40 分贝（A)，夜晚 20 分贝（A)。地面覆盖物、墙壁和顶棚应该尽量采用高吸声的建筑材料。

10）ICU 应建立完善的通信系统、网络与临床信息管理系统、广播系统。

3. ICU 装修及施工要求

（1）装修材料及基本要求

地面：要平整采用耐磨、防滑、耐腐蚀、易清洗、易起尘及不开裂装饰材料。百级手术室可选用防静电、抗菌、防火、耐磨的橡胶地板、淡黄色 PVC 地板。千级、万级手术室可选用米黄色水磨石板或人造石地板。注意橡胶地板或人造石地板连同地面联成一体的阴角处理。墙面——成型铝板或塑铝板墙裙、防水矾理纹乳胶漆，做好接缝。水磨石宜用强度级 42.5 或以上水泥，石子粒径 5～15mm 以防止开裂、掉石子、起砂。地面不宜设地漏，否则应有防室内空气污染措施——如设置高水封地漏。

墙面：宜采用轻钢龙骨隔墙，以利各种管线及墙上固定设备的暗装。面层应采用硬度较高、整体性好、拼缝少、缝隙严密的装饰材料。可用 1150 型彩色钢板结合送风口、回风口、观察窗、嵌入式观片灯、器械柜、消毒柜、开关接口等，将墙面组合成整体。尽量减少凹凸面和缝隙墙面可内倾 3 度，不仅可减少积尘，而且可使光线反射的角度有利于医护人员操作。无菌区墙面可采用 600×600mm 淡绿色瓷砖一通到顶。踢脚板宜凹进墙面 1cm，并与地面成为一体。阴角半径为 40mm 圆角。通道：两侧及转角处墙上应设两道防撞板。

顶棚：需布置、安装高效过滤送风口、照明灯具、烟感灭火器等。各种管线均应隐藏在顶棚内。可选用轻钢龙骨 600mm×600mm 乳白色彩钢净化板吊顶。按缝用密封胶压条处理。顶棚顶面无影灯为暗装，可为二级顶面。二级顶两侧采用电动轨道自动开合，尽可能减少污染。顶棚也可用铝扣板吊顶。

门窗：应采用防尘密封隔声效果优良的中空双层窗。可选用不锈钢或塑钢专用窗。门应采用自动感应式电动彩色钢板推拉门，并装有延时器以避免手术中人员进行频繁而出现的“开着门做手术”的现象。

（2）ICU 科室具体施工方法

ICU 科室具体施工方法详 4.1.7 净化室具体施工方法。

4.1.4 洁净产房

1. 洁净产房的简介

产房是医院建筑群中一个相对独立的诊疗部门，具有科学性、秩序性和独立性等特性。洁净产房通过对产房各参数的控制，降低发菌和抑制室内细菌的繁殖，从而达到降低产后的感染率，使医院产房能够满足新形势下的各种要求。

洁净产房的设计是以控制微生物对患者的污染为宗旨。控制污染的途径有很多种，合理的建筑平面布局与人、物流路线设置非常关键。患者、医生、护士、设备和手术物品在术前术后均需进出产房，即：手术前病人流向、手术后病人流向、手术前工作人员流向、手术后工作人员流向、使用前无菌器材流向、使用后器材流向。根据这六种人、物流，可分成多种平面类型。这对产房的布局提出了更高的要求。

2. 产房的平面布局

（1）产房布局概述

产房是医院感染管理重点科室。由于地区经济的差异，基层医院产房存在着建筑结构不合理、三区划分不恰当、基础设施不齐全等短时间内不能彻底解决的问题。为了适应现代医学的发展和达到二级优等医院产房管理要求，医院必须因地制宜地对产房布局做适当调整。

产房应处于建筑物的顶层或者一端，且是过往流动人员少的位置，内部结构以 U 形结构为佳，这样可以完全保证洁污分流。但基层医院产房多为内走廊式结构，故应在明确划分三区的基础上进一步规定内走廊双行道路线（图 4.1-4）。

（2）产房布局三区划分

1）无菌区：在内廊式结构产房最里端设置无菌区，包括产房、隔离产房、无菌物品存放间、刷手间和各类浸泡桶区。基层医院因受建筑面积的限制往往将产房与隔离产房、刷手间与洗涤间合二为一，随着医院感染管理制度的不断完善，为了产妇安全和工作人员职业防护的需要，这些设置必须分开。产房与隔离产房所接受的分别是正常产妇和有感染性疾病的产妇，将二者分开才能有效防止院内感染的发生。刷手间与洗涤间是两个功能不同的区间，刷手是进行无菌操作的前奏，而洗涤是操作后的处置，若安排在一室会导致清污交叉。

2）清洁区：清洁区位于无菌区和污染区之间，对于内廊式结构产房来说，有必要划分出相对清洁和相对污染两条路线，这样有利于供应室收下送物品和清洁工运送产房垃圾时的管理，使得污染物的清理、消毒和灭菌有了明确的循环路线。清洁区包括待产室、隔离待产室、敷料准备间、洗涤间、晾晒区、新生儿沐浴室、新生儿预防接种室、婴儿抚触

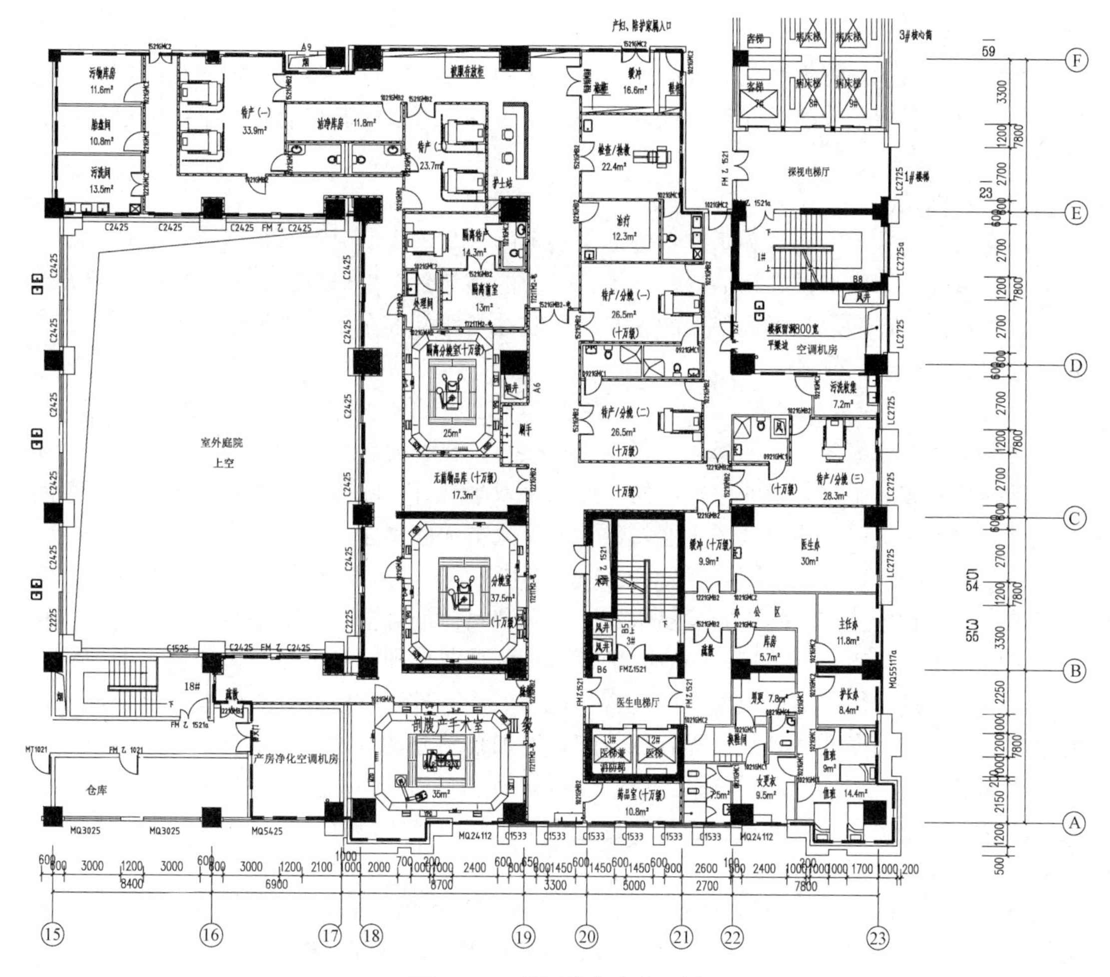

图 4.1-4　某医院产房布置图

室和办公室等。基层医院往往将新生儿沐浴室与新生儿预防接种室设置在一个房间，方便护士在早晨给新生儿沐浴的同时为出生 24h 内的新生儿接种乙肝疫苗和卡介苗，而疾控中心明确规定，医院产科接种点应单独设立新生儿疫苗接种室，目的是保证接种安全，有利于疫苗的管理以及自毁式一次性注射器的处置与回收。婴儿抚触是近年来兴起的一项产科服务项目，将婴儿抚触室设在清洁区，既能避免污染又能不完全限制家属参观。另外，在清洁区内设置办公室很有必要，有利于工作人员与家属及时方便地沟通、告知和签名，仅仅在病区设置办公室是不够和不便的。

3）污染区：污染区设置在产房最外端，包括工作人员更衣室、产妇接待室、污物处置室、卫生间、平车转换处和值班室等。基层医院常常因陋就简，为方便工作将工作人员值班室设置在清洁区，甚至无菌区，而值班室最好应设置在病房与产房之间的缓冲区，这样一方面，有利于工作人员休息，不受病房或产房噪声打扰，另一方面相对远离工作区域，有利于工作人员放松心情、调整状态。

4）除以上布局外洁净产房还从专科特点出发，增加了以下用房：

①产房卫生间为了满足产妇在待产至分娩过程中使用卫生间的需要，每间产房内都专

门设计了卫生间。

②家属更衣室根据人性化服务的要求医院采用了家庭式助产方式，家属在产妇分娩过程中可以在产房内陪伴所以在产妇进入产房的入口处设置了家属更衣室为陪产的家属提供换鞋、更衣场所。

（3）基础设施

随着人民群众生活质量和医疗保健需求的不断提高，人们对就医环境也有了新的认识和追求。医院除了要提供高超的诊疗技术、优质的服务外，提倡以人为本，构建充满人性化的家居式医院环境也是不容忽视的。基层医院在参照标准布置基础设施时不妨考虑以下几个方面的设施：

1）在实行“一对一”陪产时，为了消除产妇对分娩的恐惧感，使分娩顺利进行，将产房内设施布置得家居化、温馨化，可以选择颜色悦目、柔软宽大的产床，清洁舒适、易于消毒的沙发和有手扶靠背的座椅，便于产妇采取坐、卧、跪等自由任意的体位。刷手间安装感应式水龙头以及感应式干手器，便于工作人员无菌操作。

2）洗涤间分别装浸泡池和洗涤池，便于工作人员对污染器械实行先浸泡消毒再清洗处理的步骤。新生儿沐浴间应安装热水器、空调和臭氧消毒柜，以防止新生儿在沐浴期间发生院内感染。新生儿预防接种间应分别设置乙肝疫苗接种台和卡介苗接种台，做到标记醒目，以防误种。待产室可设置音像设备，在产妇待产过程中播放有关妊娠、分娩及育儿的录像，让产妇及家人对分娩过程有所了解，增加自然分娩的积极主动性。

3）值班室除放置值班床外还可设置一些厨房用具，比如微波炉、电磁炉、饮水机和餐桌椅等，方便工作人员休息和进餐，也避免了工作人员休息时段在产妇及家属的视线下进餐而引起误会或者尴尬。

4）产房不仅各区域之间要做到标志明确，最好还能有颜色的变化，配以悦目的图画宣传母乳喂养、预防接种、产后体操、婴儿洗澡和婴儿抚触等，创造一个令人心旷神怡、赏心悦目的整体环境，可以使产科环境充满人性化，提高基层医院的服务水平，满足广大人民群众的服务需求。

3. 洁净产房建筑装饰及施工要求

（1）洁净产房建筑装饰

1）产房及走廊的墙面采用具有抗菌作用的涂料而色彩则选用淡粉红色使洁净产房内充满了温馨、喜庆的气氛。墙面以及地面的转角全部处理成圆弧过渡，有利于清洁消毒。

2）产房地面采用防静电橡胶地板其材质是均质透心橡胶材料，抗磨损性强、抗化学药品腐蚀、防滑、静音。

3）为了避免卫生间对产房的洁净环境产生不利影响卫生间墙面选择能满足洁净要求的装饰材料，其材料要符合颜色柔和，表面光滑质地细腻具有很好的抗腐蚀性与抗菌性而且性能稳定，维护简便等特点。整个卫生间的墙面装饰后成为视觉效果良好、表面光滑无缝的整体具备良好的装饰效果，也满足了洁净度的要求。

4）剖腹产手术室、分娩室、隔离分娩室均设计成八角形钢结构，墙与顶棚连接角大于 90°，所有转角均采用 $R \geqslant 40$ 圆弧过渡，不留死角。

（2）洁净产房具体施工方法

洁净产房具体施工方法详 4.1.7 净化室具体施工方法。

4.1.5 静脉配置中心施工技术

1. 静脉配置中心简介

静脉用药集中配置是指医疗机构药学部门根据医师处方或用药医嘱，经药师进行适宜性审核，由药学专业技术人员按照无菌操作要求，在洁净环境下对静脉用药物进行加药混合调配，使其成为可供临床直接静脉输注使用的成品输液操作过程。静脉用药集中调配是药品调剂的一部分。

卫生部2010年发布《静脉用药集中调配质量管理规范》要求：医疗机构采用集中调配和供应静脉用药的，应当设置静脉用药调配中心（PIVAS）。肠外营养液和危害药品静脉用药应当实行集中调配与供应。

静脉用药调配中心工作流程如下：临床医师开具静脉输液用药医嘱（处方）→处方信息传递→药师审核医嘱（处方）→打印标签→贴签摆药→核对→混合调配→输液成品核对→输液成品包装→分病区置于密闭容器中、加锁→由工人送至病区→病区药疗护士开锁核对签收→给患者用药前护士应再次与病历用药医嘱核对→给患者静脉输注用药。

2. 建筑设计基本要求

根据卫生部2010年发布《静脉用药集中调配质量管理规范》要求，静脉用药调中心设计和布局应符合以下要求。

（1）静脉用药调配中心总体区域设计布局、功能室的设置和面积应与工作量相适应，并能保证洁净区、辅助工作区和生活区的划分，不同区域之间的人流和物流出入应按照规定合理走向，不同洁净级别区域间应有防止交叉污染的相应设施。

（2）静脉用药调配中心宜设于人员流动少的安静区域，且便于与医护人员沟通和成品的运送。设置地点应远离各种污染源，周围的环境、路面、植被等不会对调配过程造成污染。洁净区采风口应设置在周围30m内环境清洁、无污染地区，离地面高度不低于3m。

（3）静脉用药调配中心的洁净区、辅助工作区应有适宜的空间摆放相应的设施与设备；洁净区应含一次更衣、二次更衣及调配操作间；辅助工作区应含有与之相适应的药品与物料贮存、审方打印、摆药准备、成品核查、包装和普通更衣等功能室。

（4）静脉用药调配中心应有足够的照明度，墙壁颜色应适合人的视觉；顶棚、墙壁、地面应平整、光洁、防滑，便于清洁，不得有脱落物；洁净区房间内顶棚、墙壁、地面不得有裂缝，能耐受清洗和消毒，界处应成弧形，接口严密；所使用的建筑材料应符合环保要求。

（5）静脉用药调配中心洁净区的洁净标准应符合国家相关规定，经有关检测部门检测合格后方可投入使用。各功能室的洁净级别要求：

1）一次更衣室、洗衣洁具间为十万级。

2）二次更衣室、加药混合调配操作间为万级。

3）层流操作台为百级。

（6）静脉用药调配中心内安装的水池位置应适宜，不得对静脉用药调配造成污染，室内不设地漏；室内应设置有防止尘埃和鼠、昆虫等进入的设施；淋浴室及卫生间不得设置在静脉用药调配中心内，应在中心外单独设置。

3. 建筑布局

静脉用药调配中心的建筑布局应顺应工作流程，人流、物流分离，流程顺畅。主要功能区域有：排药、贮药、充配、信息、核发、更衣、洗洁等。按区域不同划分洁净区域，不同洁净度的区域由传递窗连接。配有专用电梯供中心使用。

以武汉市某医院新建医院配置中心建设为例，静脉用药调配中心位于门诊医技楼三楼，与消毒供应中心共用一层，四层、五层为手术室，相连主楼为病房，楼下为门诊科室及检验科，方便工作人员配送输液成品。

静脉用药调配中心设置在三楼一端，自成一区，房间布局根据工作流程设置，内部功能独立完善，通过电梯和走廊与其他部门联系。污染区无直接通向洁净区通道，必须经过更衣室。

静脉用药调配中心平面布置见图 4.1-5。

4. 静脉配置中心装饰施工

静脉配置中心结构施工应满足《建筑工程施工质量验收统一规范》GB 50300—2013 及《混凝土结构工程施工质量验收规范》GB 50204—2002（2011 版）等要求，混凝土结构表面应平整、无裂缝、无麻面、无掉皮、无起沙。

（1）静脉配置中心建筑装饰基本要求

1）静脉配置中心应满足隔热、隔声、防尘、防腐、防静电、防水无渗漏等要求，此外装饰表面还应不产尘、不吸尘、不积尘并易清洗。

2）墙面：应使用不易开裂、阻燃、易清洗和耐碰撞的材料。

3）地面：净化区应选用平整、采用防滑、耐磨、耐腐蚀、易清洗、不起尘、开裂的材料。宜采用接缝少的材料或涂料地面，且洁污分明、便于识别。

4）吊顶：湿区及非洁净区天花采用轻钢龙骨铝合金吊顶，洁净区吊顶采用净化吊顶。

5）房间内部无死角，便于清洁，消毒。

（2）装饰材料的选择

1）墙面使用不宜开裂、阻燃、易清洗和耐碰撞的材料，特别是高温灭菌间内温度高，湿度大，宜采用阻燃型彩钢板或彩钢夹芯板饰面，这样既满足了净化需要，又保证了围护结构的使用寿命、达到抗菌耐腐蚀效果。若设置参观走廊，则选用钢化玻璃隔断，避免了大批参观人员进入工作区，影响正常工作。

2）地面采用 2mm 优质 PVC 防静电地板，具有永久防静电功能，耐磨、阻燃、耐腐蚀，并且整体铺装效果好。此外，对污染区、清洁区、无菌区地面以门为分界进行分色，便于区分不同区域。湿区采用防滑地砖铺贴地面。

3）吊顶：湿区及非洁净区的天花采用轻钢龙骨铝扣板吊顶，洁净区域的天花采用彩钢板吊顶。

（3）设计施工重点难点及解决措施

1）彩钢板拼接

要求表面光滑平整、板与板之间连接紧密。拼装是否到位、严密、平整直接影响本分项工程的整体质量及效果。必须高度重视、规范操作、严格把关，使其控制在规范允许的范围内。

①施工前由承建方根据设计图纸做出具体二次设计，内容包括排版图、分解图及相关节点图，由各方确认后按实际需要采购。

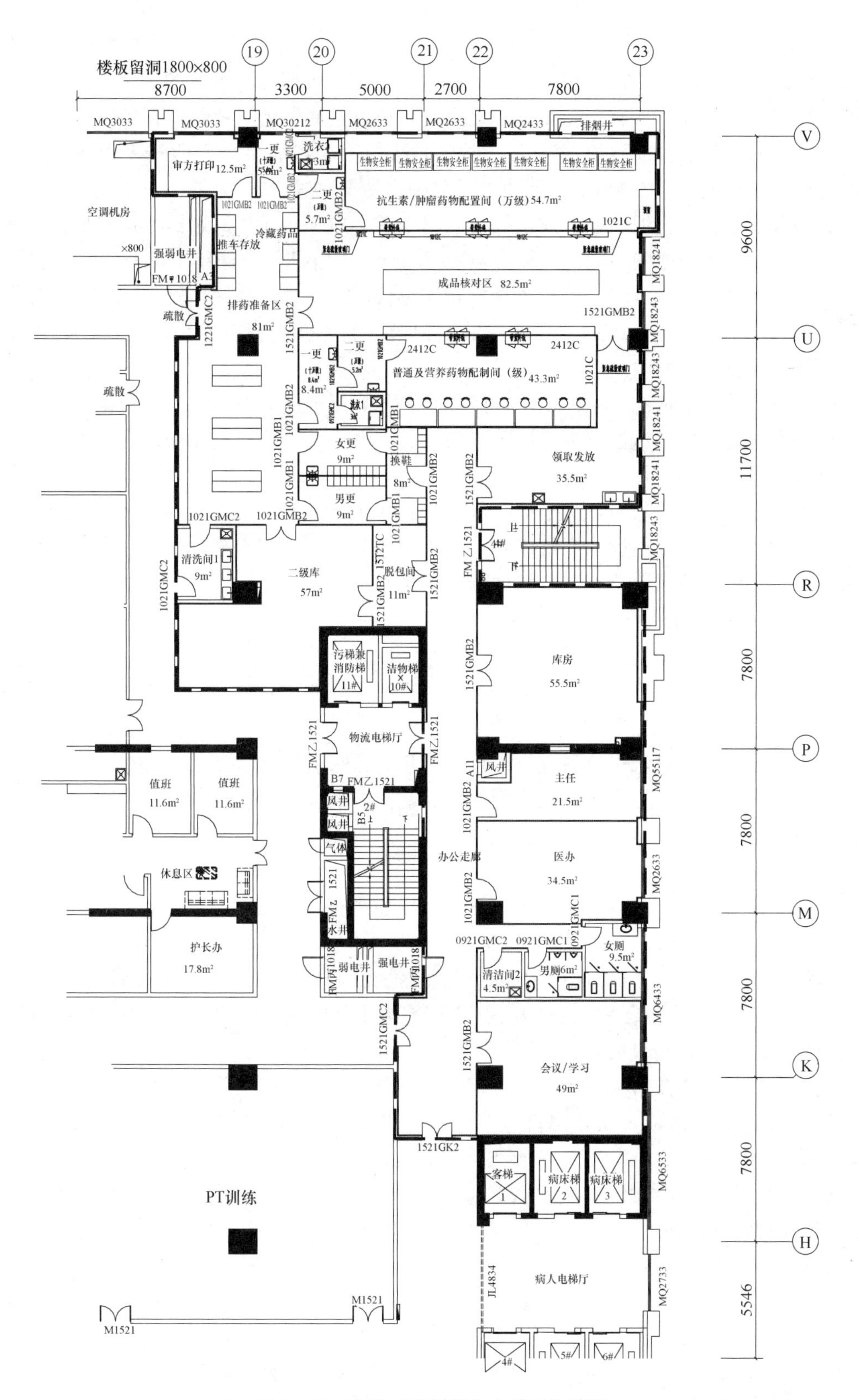

图 4.1-5　静脉用药调配中心平面布置图

②在工厂预制时，门洞、窗洞和缝间充分考虑到间隙和安装余量。并在整个运输制作，安装过程中，防止划伤、重压及表面撞击，以防止出现无法校正的凹坑和划痕。彩钢板两侧的塑料保护膜，只有在安装全部结束后，进行彻底清洁时才允许揭掉。

③上下马槽安装：按照放线基准，把地面清扫干净，确保马槽两侧无尘埃，每间隔0.5m用射钉把铝合金马槽固定在地面上，马槽与地面贴紧密合。

④壁板安装：垂直度用磁力线锤校正，其偏差不应大于1‰。为了防止累积误差造成壁板倾斜扭曲，壁板之间缝隙应严格控制在2.5mm之内，并应保持上下垂直，立缝要靠紧、均匀，缝隙越小越美观。壁板与顶板相连形成的夹角处安装阴角圆弧铝时，应先做好清洁处理，壁板与顶板形成的夹角用建筑密封胶密封。铝型材安装后应与彩钢板贴紧密合，不能出现波浪形间隙。

⑤门窗安装：根据施工图纸要求加设门窗，与彩钢板同时进行，门窗边框切割后，用角磨机磨去毛边，保证边框包料拼接处平整，接缝严密，门的底边边框标高根据地面面层标高确定缝隙小于5mm。

⑥顶板安装：在安装时，先根据二次设计排版图确定需要吊大梁和加强吊点的吊挂、锚固件等立体构件和结构梁的联结固定位置，吊筋应做到垂直水平。吊筋另一端与镀锌花兰螺栓及专用镀锌暗吊大梁相连，以便调节顶板平整度。

2）PVC地板平整度

①地坪预处理：采用1000W以上的地坪打磨机配适当的磨片对地坪进行整体打磨，除去油漆，胶水等残留物，凸起和疏松的地块，有空鼓的地块也必须去除。然后用不小于2000W的工业吸尘器对地坪进行吸尘清洁。

②自流平除气：自流平浆料倾倒入地坪，任其像水一样流平开来进行自动找平，必须使用专用齿口自流平子母刮板加以来回横向、竖向疏导。

在自流平初凝前须穿钉鞋走入自流平地面，用专用放气滚筒滚扎地面以排除因混合时带入的空气，避免气泡，麻面及接口高差。养护1～2天即可铺设。

PVC卷材施工前，自流平基层应清理干净，避免较大沙粒存在导致卷材地面铺贴后有突起。

③PVC卷材施工：PVC地板正确的存放方法为竖直存放，不正确的储存方法会导致PVC地板铺贴时形成波浪形，且容易使PVC地板边部损伤，影响安装效果。铺贴前材料现场放置24h以上，使材料记忆性还原，温度与施工现场一致。

使用专用的修边器对卷材的毛边进行切割清理。把切割好的PVC地板平放在地面上，仔细检查PVC地板表面，防止出现质量问题。PVC地板与PVC地板之间应采用重叠切割，一般要求重叠20mm，注意一刀切断。

卷材铺贴时，将卷材的一端卷折起来。先清扫地坪和卷材背面，然后刮胶于地坪之上；依次铺贴直至铺设完毕，再用辊子压1～2次，推压地板表面进行平整并挤出空气。不同的粘合剂在施工中要求会有所不同，具体参照说明书进行施工。

铺贴完一个空间，胶水未完全干透前，再用大铁碾推压地面，使已贴好的地板更加平整或用沙袋压实。铺设完毕24h后，再用焊条将缝隙焊接平整。

④PVC地板热力焊接：热力焊接是连接PVC地板接缝的最佳方法。热力焊接应在铺贴PVC地板工作完成24h后进行。用专业开槽刀或专业自动开槽机在地板接缝处开出U

形焊槽。槽的深度约为地材的三分之二，但不可超过 2mm。用专业焊机把地材专用焊线焊接在 U 形槽内。待焊条温度略降时，用专用铲刀把焊线剩余凸起部分铲掉三分之二，当焊线完全冷却后，再用铲刀把焊线剩余凸起部分完全铲掉。焊线一定要分两次铲除。保证焊条与地板界面处平整。

⑤成品保护：由于 PVC 地板施工完毕后，其他专业施工会在地板上进行，因此必须采取必要保护措施，并由专人进行监督。例如 PVC 地板上可铺设地板革加以保护；架子上轮子必须用胶带裹好，避免刮伤 PVC 地板等。

3）地面防渗漏

①防水施工前进行试水，试水时间不小于 24h，确认结构是否渗漏，进行局部加强。

②根据设计要求确定防水涂料涂刷遍数，严禁一次成型，在防水工程做完后，封好门口及下水口，在卫生间地面蓄满水达到一定液面高度，并做上记号。24h 内液面若无明显下降，并且楼下没有发现顶棚渗水即为合格，如验收不合格，防水工程必须整体重做后，重新进行验收。此外防水层完成后，要进行成品保护，不得随意上人走动。

③湿区地面地砖铺贴完成后进行第三次试水。确保地面无渗漏。地砖铺贴时必须注意下水坡度，无设计要求时一般按 1.5%起坡，并做到坡度统一，避免倒返水；施工时随时使用水平尺和橡皮锤进行坡度调整。

④地漏采用防返溢式，在排水口的下部设置高水封装置并加密封盖，无菌存放间不设置地漏。

4）接缝及密封

①在净化区内，凡是有可能影响洁净度的缝隙，均应涂密封硅胶，做到见缝施胶、可靠密封，具体如下：

彩钢板之间的拼接缝、R 角与壁板、顶板的所有缝隙；空调风管、风口、高效过滤器与壁顶板间的缝隙；电气穿过壁板、顶板的保护管槽与洞口边缘间的缝隙；所有开关插座灯具与彩钢板顶板面间的缝隙；所有工艺、给排水、保护管与洞口的间隙；玻璃与框间的缝隙等。

②密封胶应在彩钢板安装基本就绪、卫生条件较好、经过彻底清扫除尘后统一进行，特别是装缝隙必须严格清洗。否则胶缝易污染、发黑。硅胶打好后 24h 内，不应有大量灰尘作业及用水冲洗地面等可能影响密封胶的固化及牢度的施工。

③密封胶涂抹处不能有断线、垂滴、气孔等缺陷，避免灰尘堆积。

5）墙角

地面与墙面的夹角应为曲率半径 R 不小于 30mm 的圆角，采用柔性材料粘结的地面，在墙面上应延伸至地面以上形成圆角并与墙面平齐或略缩进 2～3mm，突出墙面应圆滑过渡，需经常冲刷的地面，地面材料应在墙面上延伸超过 150mm。

地面与墙面夹角 R 用不小于 30mm 的型材形成过渡圆角，突出墙面地面的两端用弹性材料逐渐过渡并嵌固密封，经常用液体处理地面和墙面的洁净室不宜采用此种形式。

其他墙体交界处也做成大圆角过渡，并在缝隙处密封。

6）材料检验

《民用建筑工程室内环境污染控制规范》GB 50325—2010 针对医院建筑使用功能和服务对象的特殊性，根据控制室内环境污染的不同要求，将其划分为Ⅰ类建筑工程。针对医院建筑使用功能和服务对象的特殊性，装饰装修所有进场的装修材料，必须全部检查验收，包括实物质量和材料合格证，产品质量检测报告，复试报告等质量证明文件，按规定的批次、数量抽检报送有资格的检测机构复试合格后方允许使用。

7）环保要求

粘贴橡胶地板及PVC卷材时，在保证粘贴强度的条件下，选用水性胶粘剂，不可采用溶剂型胶粘剂。

密封胶选择不含刺激性挥发物、耐老化、抗腐蚀的中性密封胶，用于表面的应选择有抑菌性能的密封胶。

对橱柜家具等木制品，应采取在生产厂家加工制作成半成品，现场拼装的方式施工，减少现场粘结材料的使用，减少室内有害气体的挥发，同时不定期到加工厂抽检，检查其原材和胶粘材料是否满足环保要求。

胶粘剂、处理剂、稀释剂和溶剂使用后要及时封闭存放，使用剩余的废料要及时清出室内，不在室内用溶剂清洗施工用具。

（4）注意事项

1）每项工序施工前先做样板，待验收合格后方可进行大面积施工。

2）各专业之间积极协调配合，设备安装、管线穿墙等均应事先预留，避免后续施工

3）水泥自流平地面施工做好防护措施，严禁无关人员进入施工区。

PVC地板施工时应控制室内温度及相对湿度。

未在集中管井内的单组或单根上、下水管及回风管，采用彩钢板包封，其面层装饰同所在位置墙面。外露柱装饰同所在区域墙面。

4.1.6 消毒供应中心施工技术

1. 消毒供应中心简介

消毒供应中心（CSSD）又称为消毒供应中心，是医院内承担各可是所有重复使用诊疗器械、器具和物品清洗消毒、灭菌级无菌物品供应的部门。

消毒供应中心在医院中主要承担的业务包括：污染器械的回收、清洗消毒、灭菌、无菌物品的供应、库存规划、成本核算、设备的使用维护等内容，是医疗单位中进行医疗器械消毒灭菌处理的核心部门，是无菌物品供应的物流管理中心。消毒供应中心的工作质量与医疗护理质量、医院感染管理制度的执行密切相关，在医院管理中具有重要的位置，为各项医疗工作的开展发挥重要作用。

消毒供应中心在开展清洗消毒的工作中，需要配置清洗和消毒的设备和装备，在建筑设计中必须考虑水、电、蒸汽、压缩空气、环境净化等条件要求。消毒供应中心既是医院物资材料的使用单位，又是管理的部门，与医疗各部门联系的密切度、频度、急切度为高强紧密。因此，消毒供应中心的信息系统属于管理信息系统的物流管理信息，必须设有充足的信息接点，纳入医疗单位整体的网络设计中。消毒供应中心只有通过科学完整的设计才能保证无菌物品的质量，有效减低医院内感染的发生，为医疗质量的安全提供保障。

2. 建筑设计要求

消毒供应中心的建筑和布局对所供应无菌器材质量具有极其重要的意义。为能满足高质和高效提供医疗所用消毒和灭菌器材，尤其应考虑其位置是否合理。国家卫生部对供应

室的建设极为重视，制定了相关规范对消毒供应中心建筑和布局提出要求。《医院消毒供应中心》对建筑布局的基本要求如下：

(1) 消毒供应中心宜接近手术室、产房和临床科室，或与手术室有物品直接传递的专用通道，不宜建在地下室或半地下室。

(2) 周围建筑环境应清洁、无污染源，区域相对独立；内部通风良好。

(3) 建筑面积应符合医院建筑方面的有关规定，并兼顾未来发展规划的需要。

(4) 建筑布局应分为辅助区域和工作区域。辅助区域包括工作人员更衣室、值班室、办公室、休息室、卫生间等。工作区域包括去污区（污染区）、检查、包装及灭菌区（含独立的敷料制备或包装间）（清洁区）和无菌物品存放区（无菌区）。

根据消毒供应中心的功能特点及规范要求，消毒中心平面布局还应符合以下要求：

(1) 严格按“三区制”——污染区、清洁区、无菌区设置。用房组成包括污染区：收件、分类、清洗、消毒、推车清洗；清洁区：辅料制备、器械制备、灭菌、质检、一次性用品库、卫生材料库、器械库等；无菌区：无菌品储存；辅助用房：办公、值班、更衣、浴厕、更衣室等。

(2) 消毒供应中心工作区域布局按单向流程布置，即按由“污”到“净”的作业流程进行合理布局，即物品回收→分类浸泡初消→超声洗涤、机洗、干燥→检查配备包装→高压蒸汽灭菌→检测→无菌物品贮存→物品配备装车→物品发放。两个相邻的工序设在两相邻的房间，到各区需经过缓冲间，采用强制性通道，将人流、物流分开，尽量作到不交叉，不逆行。

(3) 工作人员辅助用房，与工作区分开，自成一区。工作人员进入污染区、清洁区及无菌区应卫生通过。

3. 消毒供应中心布局

医院消毒供应中心分两种：分散式和集中式。

分散式：医院消毒供应室负责病房、门诊和专科诊疗单位的消毒灭菌工作。医院手术室单独成立手术部供应室负责手术器械的消毒灭菌工作，或者在手术室对器械进行清洗包装后送到供应室进行灭菌。这种方式便于及时就地处理污染物品，降低污染扩散的危险。

集中式：在现代化医院通常采用集中式：在医院建立消毒供应中心，实行集中的消毒灭菌，包括手术室物品的处理。这种方式使洗消灭菌工作由专业人员操作和管理，利于质量控制；减少资金、占地和人力的投入，已成为发展的趋势。

以武汉市某新建大型医院为例，采用集中式消毒供应中心，消毒供应中心位于门诊楼三楼，与经脉配置中心共用一层；四楼、五楼为手术室，相连主楼为病房，楼下为门诊科室及检验科，极大的方便了供应中心工作人员到全院各科收送物品，减少手术室的储存空间。

消毒供应中心布局根据功能划分为办公区和工作区。工作区分为去污区（污染区）、检查、包装及灭菌区（含独立的敷料制备或包装间）（清洁区）和无菌物品存放区（无菌区）。三区划分清楚，按由“污”到“净”的作业流程进行布局，每区设相应出入口，物品污洁不交叉，在电梯间一侧设污物接受大厅，方便推车下收和下送。办公区工作人员通过走廊经过缓冲间方可进入各工作区，采用强制性通道将人流和物流分开。在无菌物品存放区设有洁梯，灭菌后的手术器械可直接送入手术室，减少污染。

消毒供应中心平面布置见图 4.1-6：

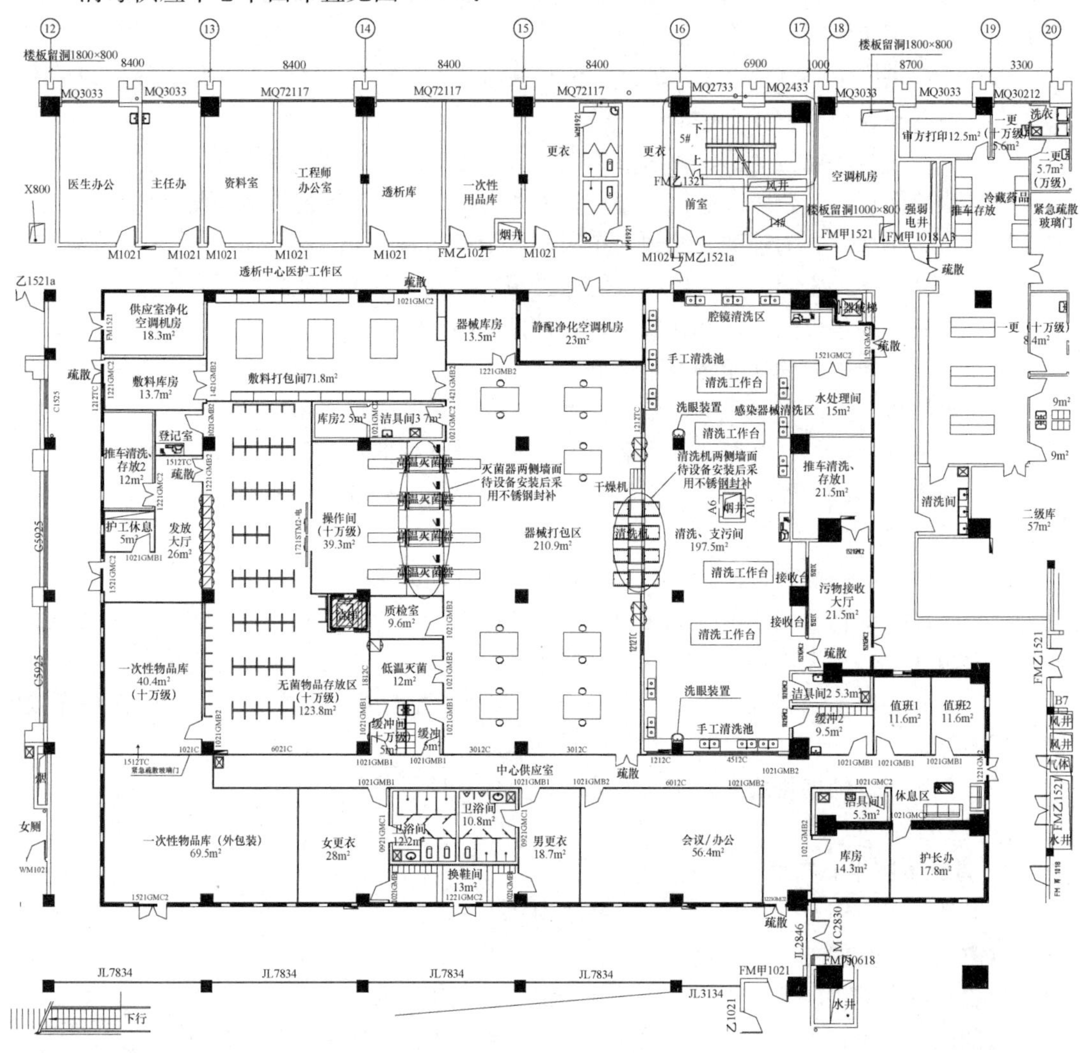

图 4.1-6　消毒供应中心平面图

4. 消毒供应中心装饰施工

（1）消毒供应中心装修材料的选择和装饰施工同静脉配置中心，参见静脉配置中心。

（2）注意事项

1）在建筑初步设计阶段提前进行布局流程，相关水、电、蒸汽设计，把需要的相关条件与设计院充分沟通，避免重复设计与施工。

2）消毒供应中心的各级灭菌区、室内装修与医疗设备相关，应与设备厂家密切配合。

3）设计时考虑适宜的设备通道，满足设备运输需要，以便设备安装及更新。

4）充分考虑建筑承重，以便设备安装。

所用的灭菌设备属于大型设备，重量可能达到 1～3t，外形尺寸也比较大，医院在设备购买时应充分考虑该问题，避免造成设备安装时拆除墙壁、楼板，甚至需要设备拆分，造成很多建筑和设备使用隐患，增加了很多费用。

5）施工过程中，应从方便使用的角度，不断完善和修改细节设计和做法，最大限度地优化施工做法，有效避免使用后的再次改造。

4.1.7 洁净室具体施工方法

1. 洁净室安装场地的画线

清洁安装画线场地，使地面平整干净，以不影响弹线为原则。

找出基准线，一般以洁净室大门所在墙面为基准线，从门框处开始划线，以顺时针方向依次画好。

画出各中心点、直角及斜角标志，以便安装。

注意事项：洁净室外框尺寸允差±5mm，对角线允差±10mm；吊顶板外框允差−3mm，对角线允差−6mm；吊顶板内框线尺寸允差+2mm，对角线允差+4mm。

2. 结构部分安装

用射钉枪或膨胀螺栓把周边的沿地龙骨固定好，接头的地方用电焊接好并补上防锈油漆。

用M12的螺栓把立柱、主梁、斜支撑连好或焊接好，把主梁校平且垂直于立柱，用电焊固定好主梁。

竖龙骨与沿地龙骨用电焊固定好（图4.1-7），并补上防锈油漆。

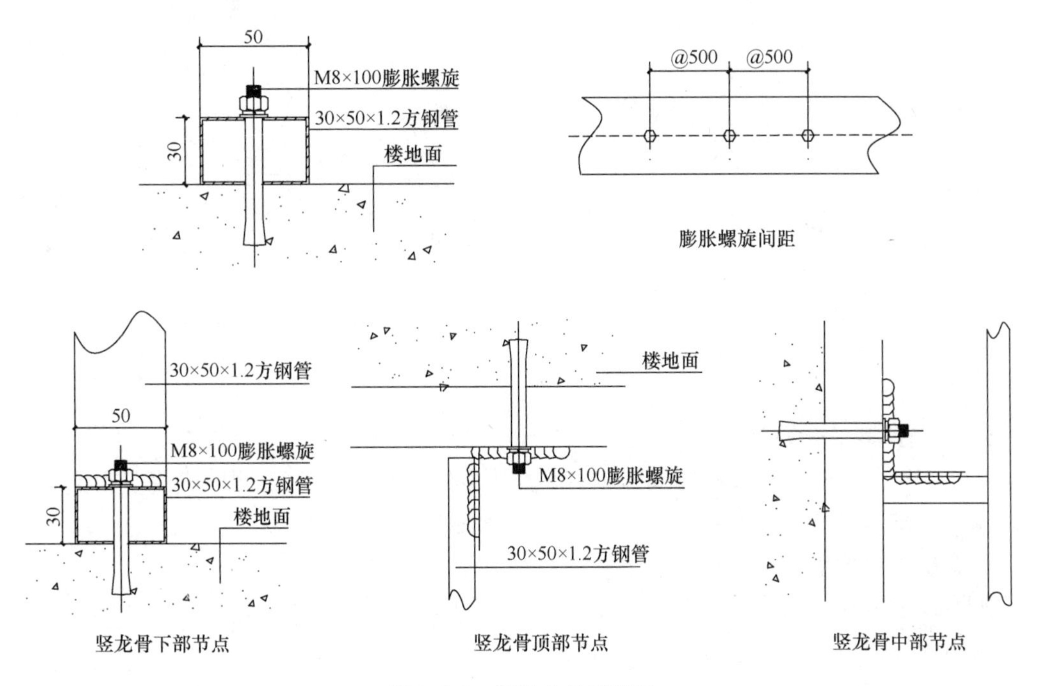

图4.1-7 沿地龙骨安装图

在画好水泥顶棚吊槽钻孔位置上标注，配装平爆、螺栓杆、垫片及螺母；

按图纸调整好吊槽的角度并调好水平。

按图纸用电焊把四条吊槽焊接成长方形框。

在吊槽四个角上垂吊坠到地面上且与地面吊槽垂点投影相重合。

安装顶棚吊槽斜支撑，将斜支撑依据图纸位置焊接在主梁及顶棚吊槽之间。

注意事项：有烧焊位置须及时补上防锈漆。

3. 墙板部分安装

从大门所在侧按照顺时针方向依次用 M6 的螺栓把周边墙板与立柱连接好。

把墙板校平、校直，再用电焊把墙板立柱与主梁固定好。

把角部墙板装到角上，并用电焊固定好。

把相邻俩墙板用电焊连接好。

用磨机在焊接有凸出墙面打磨平并补上防锈漆。

注意事项：每件墙板间保持相平，墙板凸凹不超过 1.5mm。

整个墙面必须在一个平面上，凸凹不超过 5.0mm。

整个墙面必须垂直水平面，垂直度±3.0mm。

墙板连接图 4.1-8。

4. 吊顶板部分安装

按照图纸先在地上排好吊顶板。

按顺序用 M5 螺栓把吊顶板之间及吊顶板与吊槽之间连接好，注意板与板之间不能超过 0.5mm（图 4.1-9）。

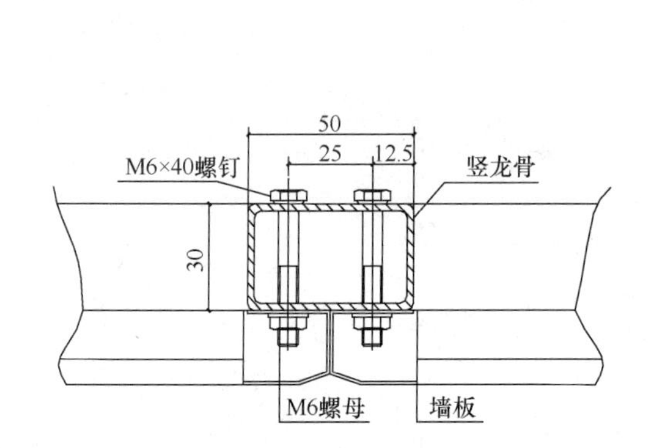

图 4.1-8　墙板连接图

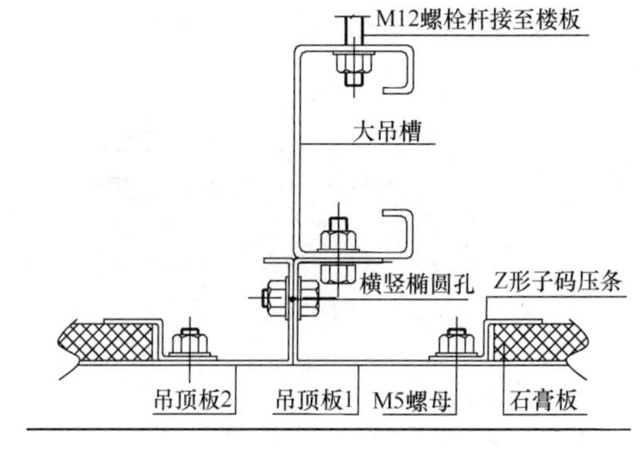

图 4.1-9　吊顶板连接图

5. 斜天顶棚部分安装

按图纸顺序在墙板顶端排好圆弧顶棚，用 4.0mm 抽芯钢钉或点焊与墙板连接好。

用 M5 螺栓与吊顶板连接好。

注意事项：吊槽的吊码必须固定好。

圆弧顶棚之间必须平整，凸凹不能超过 0.5mm，板件之间焊接好。

所用烧焊的地方必须及时补上防锈漆。

6. 洁净室内部装潢

流程

刮灰 → 打磨 →（地面自流平→地面地材铺设）→ 滚底油→ 喷中油 →喷面油 → 安装器械柜、药品柜、书写台、控制面板、开关插座等配件。

墙板、圆弧顶棚、吊顶板的刮灰

处理干净地面及钢板墙壁表面。

用专用刮灰工具按要求进行调配原子灰。

把调配好的原子灰用专用的工具进行刮灰。

用稀释剂清洗干净刮灰工具，然后再进行配灰及刮灰。

调配好的原子灰必须符合标准。

刮灰必须均匀成一直线。

墙板、圆弧顶棚、吊顶板的原子灰打磨。

用40号风磨砂纸把每条原子灰打磨一次。

检查磨后是否平整，在凹处补上原子灰。

用80号风磨砂纸把每条原子灰打磨，直至平滑为止。

如采用成品挂板不需要上述工序，按照挂板工艺进行安装。

注意事项：打磨工作期间必须穿戴劳保服、手套以及防尘口罩。

必须正确使用风磨机。

打磨原子灰后，整个面必须保持非常平整，用手摸到没有凹凸感为止。

自流平施工

施工条件：施工室内温度不得低于15℃，环境湿度不得大于80％，地表抗压大于或等于C15混凝土强度等级，表面坚硬，地表湿度小于或等于4.5％。

处理地坪：用铲刀、吸尘机除去地面的小结块、尘沙、杂物及前道施工的残留物。检查、清理、修补地表小面积的疏松、空鼓、裂缝、凸起、凹陷。

精测地坪：用地坪检测器在待施工的地坪上检测任意2m范围内的不平整度。如自流平的厚度为2mm，地坪的不平整度不能大于3mm；如大于3mm，则使用磨地机处理。

涂布底油：用底油滚筒涂布地坪每一处，不可遗漏。

自流平基泥：将清水按比例倒入搅拌桶，再倒入自流平水泥，用搅拌器搅拌均匀。

正式施工：将自流平分批倒入地坪，用专用刮板推刮均匀，并用放气滚筒进行放气。

精细处理：待24h自流平干燥后用砂皮机进行打磨修整，清除表面微小颗粒，使施工后自流平表面更加平整、光洁。

注意事项：施工前地坪处理很重要，前道施工的残留物一定要清理干净，尤其是小凹坑、门口转角处不可遗留。

涂布底油不得遗漏任何角落，如果气温高时必须关闭门窗，以减少底油得挥发。如地坪吸水性过强则需上两遍底油。

自流平在施工时的搅拌及施工时间隔不能过长，否则会影响自流的流淌性。

施工现场负责人必须做好检测检查、配料比例、时间控制、现场保护和施工人员配备工作。

地面圆角处理

1）将108胶水和白水泥的混合物在墙面和地面转阴角处用圆筒刮出R50造型。

2）铺地面地板胶及地脚线：整理地面使地面平整无孔（地面不平整时需用自流平处理地面）；用吸尘器具及抹布擦干净地面；喷一层防锈油漆（底油）后在钢板墙壁底脚用胶水铺上地脚胶条；用胶水从手术室中心线往四边铺地板胶；用与地板胶同种颜色的焊条烧焊地板胶及地脚胶条；清洁胶地板。

注意事项：在地板胶烧焊完工后，须再次检查并在有缝隙处补焊，以防日后渗水。

手术室踢脚线节点图见图 4.1-10。

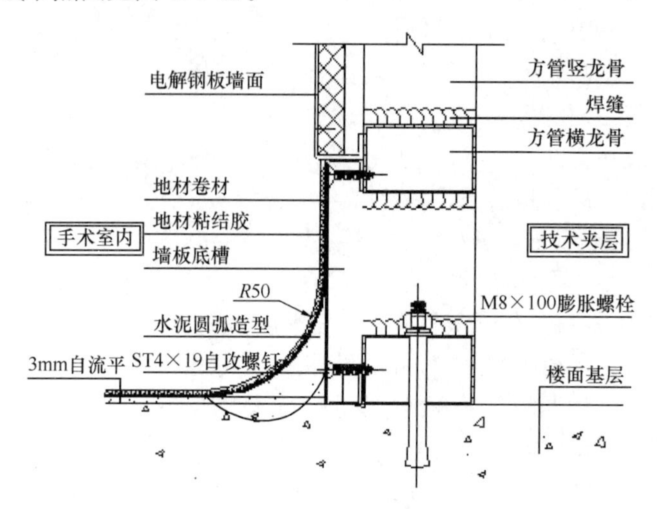

图 4.1-10　手术室踢脚线节点图

洁净室喷涂

把照明顶棚、地板胶及所有设备用塑料薄膜保护好。

在地脚线上用皱纹胶纸留出 20mm 的位置，连同钢板墙壁喷油。

用抹布清洁地面和钢板墙表面。

用真空喷油机均匀的喷一层手术室专用底油。

待底油完全干透后再分时间喷两层中油俩层面油。

待面油干透后，把所有保护膜拆掉。

注意事项：喷油前，必须保证钢板墙壁表面无油脂、铁屑、灰尘等杂质。

喷油施工现场温度不得低于+8℃，湿度不得超过 70%，

喷油工作期间，必须佩带氧气防毒面罩，穿保护衣服，注意安全。

底油与第一层中油相隔时间不少于 24h，第二层中油与第一层面油相隔时间不得少有 48h，同种油漆相隔时间不得少于 24h。

喷每层油漆时，喷油面必须保证不能有花点及漏油现象。

7. 骨科手术室铅防护施工方法

对于骨科手术室，需要采用相应的防辐射措施以保护工作人员。骨科手术室的四面墙及顶面均采用 2mm 的铅板防护，铅板搭接处连接件另外用铅板包覆；手术室周边所有门均采用优质防辐射门。地面、屋面采用硫酸钡砂浆进行浇筑。

8. 走廊及辅房复合铝板施工方法

（1）施工要点

吊顶工程应在顶棚内设备管道、检修通道安装完善后施工。

吊顶的吊挂件不得与设备管道及检修通道的吊挂件合用，也不得吊挂在其他管道或设备上。

吊顶施工前应在结构顶底面测放出大龙骨吊点位置和吊顶周边线以及高程控制线。

吊顶的吊挂点与结构连接可采用膨胀螺栓，位置应正确并固定牢固。膨胀螺栓钻孔遇

以结构钢筋时，应沿大龙骨方向前后移动 50～100mm 补设。

大面积的顶棚吊顶中间应起拱、起拱高度宜为顶棚短边长度的 1/400～1/500。

吊杆与吊点及大龙骨的连接件必须连接牢固，吊杆不能弯曲。大、中、小龙骨的挂、插件应连接牢固。

吊顶的预埋件、钢筋吊杆和型钢吊杆、加固斜撑应进行防锈处理，重型灯具、电扇及其他重型设备严禁安装在吊顶的龙骨上。

吊杆距主龙骨端部距离不得大于 1.5mm 时，应设置反支撑。当吊杆与设备相遇时，应调整并增加吊杆。

吊顶上的灯具、通风口及广播音箱的安装，不得架设在龙骨上。

在进行吊顶施工前，应对天棚净高、洞口标高，吊顶内管道、设备及其支架的标高进行复查并时进行正规的交接验收，不能因其他承包商的原因影响吊顶的净高尺寸。

(2) 施工工艺及注意事项

测量放线

根据图纸弹吊顶的水平标高线、龙骨布置线和吊杆悬挂点弹水平线要用水平仪找水平，然后根据吊顶的设计标高将水平线弹到墙面上或柱面上或特设的标杆上（指站台顶面无墙而设），龙骨和吊杆位置线弹到楼板上。

吊杆的制作、安装

安装膨胀螺栓、螺栓的螺杆要有足够长度符合设计要求和满足施工规范规定与吊杆搭接焊的长度。

吊杆与连接件间的连接要牢固，这里的连接件是指吊杆与主龙骨的连接，连接方法（是套丝连接还是焊接）按设计规定办理。

对吊直及焊缝要进行防腐、防锈处理。

(3) 龙骨安装

龙骨的安装一般是从吊顶空间的一端依次安装到另一端，有高低跨造型时，先安装高跨部分而后再安装低跨部分：先安装上人龙骨，后安装一级龙骨，对于检修口照明灯、喷淋头通风口等部位，在安装龙骨的同时，应将尺寸及部位留出，在口的四周加设封边横撑龙骨，而且检修口处的主龙骨应加设吊杆。一般轻型灯具可固定在吊顶的主龙骨上：重型灯具应按设计要注重新加设吊杆，不应固定在吊顶的主龙骨上，对筒灯可直接安装在顶棚表面上。

(4) 安装饰面板

1) 饰面板安装前应已经完成以下准备工作

①所有龙骨已调整完毕。

②重型灯具、电扇等设备的吊杆布置完毕。

③吊顶内通风、水电管道及上人吊顶内人行及安装通道适应安装完毕。

④吊顶内灯槽、斜撑、剪刀撑应根据工程情况适当布置，并已完成防腐、防锈处理。

⑤饰面板的安装首先应对饰面板的规格、尺寸、质量指标进行复检，对有图形的饰面板事先进行试拼。

2) 复合铝板墙面及吊顶的成品保护

注意事项：金属吊顶安装完毕后不得随意剔凿、安装灯具、消防喷淋头和通风罩等，不得污染和损坏吊顶，吊顶板安装完后，后继工序作业时应采取保护措施防止污染，如有污染应马上进行清洁处理。

3）复合铝板吊顶的质量标准

主控项目

吊顶标高、尺寸、主控项目、起拱和造型应符合设计要求。

饰面材料的材质、品种、规格、图案和颜色应符合设计要求。

暗龙骨吊顶工程的吊杆、龙骨和饰面材料的安装必须牢固，板面平整、板缝纵横直顺、宽窄均匀一致。

吊杆、龙骨的材质、规格、安装间距及连接方式应符合设计要求。金属吊杆、龙骨应经过表面防腐、防锈处理。

一般项目

饰面材料表面应洁净、色泽一致，不得有翘曲、裂缝及缺损。压条应平直、宽窄一致。

饰面板上的灯具、烟感器、喷淋头、风口箅子等设备的位置应合理、美观，与饰面板的交接应吻合、严密。

金属吊杆、龙骨的接缝应均匀一致，角缝应吻合，表面应平整，无翘曲、锤印。

吊顶内填充吸声材料的品种和铺设厚度应符合设计要求，并应有防散落措施。放线固定地龙骨，将地龙骨用膨胀螺栓固定到基层上。

4）复合铝板安装

洁净区内所有阴、阳角全部采用半径≥50mm 的喷塑铝合金圆弧过渡。铺贴完毕，在现场条件允许时，用清洁剂将金属板及框表面清洁干净后，立即在板与板之间的缝隙中注入抗菌防霉耐候胶处理，注胶要饱满，不能有空隙或气泡。

9. 装饰基本装备安装方法

1）各器械柜、药品柜、麻醉柜内应清扫干净，无杂物、灰尘，柜门开启、滑动应灵活可靠，用于手术室内的各种柜子都必须安装安全接地端子。

2）自动门在施工前要确认现场预留孔洞的位置，门的尺寸重量，电源开关等。必须考虑横梁和门框对门的承受能力。电动门开启应轻巧、灵活、安全可靠，关闭后应保证密封状态。

3）各手动门也应开启轻巧、灵活、可靠。

4）各洗手池应设置非手动开关的龙头，按每间手术室不少于 2 个龙头配置。洗手池应该是窄而深的，池底略小于池口宽度，方便刷洗，防止污水外溅。

4.1.8 检验科

检验科是医院最为重要的医技科室之一，检验科由众多实验室组成，应设有生化检验科、免疫检验科、血液学检验科、微生物学检验科、分子生物学检验科、门诊检验科、产前诊断实验室、急诊检验室、体液检验室、HIV 筛查实验室、感染性疾病检验室以及体检检验实验室等，承担医院临床标本的常规检测及临床药物验证的中心实验室检测工作。主要开展甲、乙、丙、丁、戊型肝炎，人类免疫缺陷病毒（HIV 艾滋病），麻疹，风疹，流行性乙型脑炎，流行性脑脊髓膜炎，菌痢，梅毒，疟疾，伤寒和副伤寒，霍乱等传染性疾病的实验室病原学检测。各类实验室每天会收到大量来自门诊及住院患者的标本，所以检验科是各种病原体密集的地方。这些病原微生物可以以气溶胶（一种悬浮于气体中粒径一般为0.001～100μm的固体、液体微小粒子形成的胶溶状态分散体系）的形式出现在空气中。这些附着在气溶胶上的病原体一方面污染环境，对部分检验项目的检测产生影响；另一方面这些来自病人标本的未知病原体可以通过血液、呼吸道等方式进行传播，极易发生实验室感染，甚至还须考虑污染物的控制和防扩散措施。

传染病医院的检验科，在专业设置及划分上同综合医院基本相同，所不同的是，除开展的检验项目有所不同外，工作人员所接触的大部分都是含有病原微生物的、具有传染性的病人标本。

工作人员每天都可能受到潜在致病微生物感染的威胁，如果病原微生物从实验室泄漏，还可能在实验室及其周围，甚至更广的范围内造成疾病传播，因此，加强传染病医院临床实验室的生物安全防护非常重要，它既是医院感染控制的需要，也是传染病预防和控制的需要。

1. 检验中心建筑设计要求

检验科实验室将有效的空间划分为清洁区（办公室、休息室、学习室）、缓冲区（储存区、供给区）和污染区（工作区、洗涤区、标本储存区、高压消毒区）。PCR实验室按照卫生部《临床扩增检验实验室管理暂行办法》的要求划分为：①试剂储存和准备区；②标本制备区；③扩增产物分析区。这种工作区域的严格划分，很大程度上避免了病原体的交叉污染，同时为保护工作人员的安全和实验室周围环境的安全提供了有力的保证。

临床医疗机构的检验科室为生物安全二级实验室，按照生物安全二级实验室的设施要求应配备经国家FDA批准的、符合国家标准的Ⅱ级生物安全柜和高压灭菌容器，并按期检查和验证以确保符合要求。另外，实验室应安装洗眼器和紧急喷淋装置。

检验科的位置应在门诊与病房之间，或设在住院部内。由于检验科有些部门属于污染的部门，所以其交通路线应避免和其他科室交叉、混杂。最好自成独立单元系统，以达到相对封闭隔离的目的，规模较大的医院应建立中心检验室，其建筑面积占医院总建筑面积的5%～10%，由于条件不成熟而暂不能建时，必须将中心检验室列入医院总体规划中，并留有空地，以便今后扩建。

2. 工程施工重点

（1）原材料加工、机械设备采购的控制重点

原材料加工、机械设备采购，如空调系统中的新风机组和循环机组、检验中心的墙面材料、地面卷材等都是要在工程中标后施工开始前就要做好与厂家采购、订货、安装、运输的相关合同要求，因此在施工时选择合格的经销商是工程能否达到合同约定的质量标准、工期目标、设计效果目标的控制重点。

（2）工程进度控制的重点

检验中心装饰工程在施工前的材料封样、材料的厂家订货、其他物资、设备的订货加工、材料物资是否按计划时间进场，是否完成此项工程进度控制的重点之一；依据工程进度计划，在规定时间内必须严格认真进行图纸会审，对存在交叉作业的位置需综合图纸及时解决图纸深化问题，避免施工冲突是此项工程进度控制的重点之二；依据工程进度计划，与业主及时的沟通，以便对相关专业系统的安装及相关系统的打压、通水试验的协调

配合是此工程进度控制的重点之三；增加技术力量雄厚的劳务人力，分区施工是实现工程工期的最佳途径，是此工程进度控制的重点之四，同时组织安排好适量的各工种预备人员队伍一旦工程需要，即可增派相应人员充实到施工队伍中来。

（3）工程安全控制的重点

施工单位和其他施工单位能否按法规、规章、制度执行及执行的力度，和各项施工安全预案的准备，是此项工程安全控制的重点；施工安全和周围环境的安全关系着工程的成败，必须高度重视。

（4）工程质量控制的重点

质量控制的重点在于中标单位对检验中心施工范围内的施工工艺、施工规范、施工质量检验标准的熟知程度，对工人的施工技术教育程度，对施工现场监督、管理的程度。因此中标施工单位在施工中，加强过程控制，是确保施工质量的重点。

（5）在施工过程中装饰图纸与现场和其他专业图纸难免有不相符之处，实际施工时，需要会仔细放线，认真复核尺寸，将不符之处，及时向业主、监理汇报，同时与设计师多沟通、多配合，是对设计图纸的控制重点。

（6）检验中心对装修材料的环保性要求比较高，且装修后环保检测要满足要求，因此在施工时，材料的选择是重点。

3. 施工重点解决措施

1）按照招标文件指定的检验中心墙体材料、顶钢板的品牌，地面卷材的品牌，提前与厂家联系，现场测会后，提前签订供货合同，落实进场时间。

2）组织安装友邻单位进行会审，将风口、灯具、烟感、喷淋、综合布线等图纸汇总，重新绘制整体天棚平面图，并标注详细尺寸，以便于三维放线，确保顶面的整体效果，墙面处理方面同上（如消火栓、配电箱、应急指示、插座插口等）。

3）及时解决装饰工程中的隐蔽工程质量隐患，同时强调施工技术交底的针对性和贯彻性。

4）相关施工工艺的质量通病必须有针对性的专项施工方案，并结合相关工程经验和相关部门的支持与配合，采用新材料、新工艺防止通病的发生。

5）对于错综复杂的隐蔽工程，施工单位需加大力度进行配合，派专业工程师与项目经理和友邻相关单位严格把关，在满足功能、装饰效果上下工夫，与其他分包单位采取合理的方式布置管线，合理避让梁柱的方式，确保标高。

6）在一些特殊部位的处理与装饰施工时及时与甲方和设计单位共同商量节点的处理，在保证不破坏装饰效果和使用功能的前提下进行“样板先行”和相关确认工作。

4.1.9 防辐射科室

医技楼作为医疗建筑的重要组成部分，其特殊的功能要求决定了其结构设计的特殊性，尤其对辐射污染的控制。本章重点阐述医疗建筑设计中医技楼的防辐射实心砖墙施工技术措施以及防护体大体积混凝土施工技术措施。

1. 防辐射科室建筑设计要求

医技楼放射科包括X光室、CT、DSA、核磁共振（MRI）及相应的控制机房等特殊房间。为了防止这些房间内设备对人体的电离伤害，应增加房间的墙及楼板厚度以隔离辐射伤害，墙体一般采用钡砂浆砌筑 370mm 厚实心黏土砖墙或 200～300mm 厚混凝土墙。

若采用混凝土墙体与主体结构整体浇筑，虽然屏蔽效果好，但混凝土墙因刚度较大，常因不能均匀布置而造成结构刚心与质心偏移，增加扭转效应，对主体结构抗震有不利影响；而采用实心砖墙作为围护结构时，施工较为简便，但对砌筑质量有一定要求。一般建议采用 370mm 厚实心砖墙，砌筑质量为 A 级，砂浆饱满度要求高。若不能满足要求，可以通过在墙体外挂铅板或分层涂刷钡水泥来提高防辐射能力，墙外防护层的粉刷由专业厂家配合施工。

2. 工程施工重点

（1）合理安排施工顺序，保证工程按期完工是防辐射的施工重点

由于防辐射科室为特殊专业分包工程，相关专业单位一起施工，产生各专业交叉施工；因此包括业主方在内，协调好各施工方与业主、监理、各专业分包等各方关系，确保工程按期交工是本工程的重点。

（2）营造绿色环境，加强材料的选择控制是工程的重点

医院是一个特殊的环境，同时也是面向全市人民的窗口，这就对室内环境质量提出了更高的要求，因此保证进场材料的质量，为业主营造一个绿色的环境是需要进行控制的重点，另外为保证工期的顺利实现，所以材料的订货、进场及验收和使用方面的控制也是工程的重点。

3. 大体积混凝土防护墙体

医疗建筑工程中的直线加速器室，通常采用加大混凝土防护墙板厚度的方法，达到屏蔽射线的作用。防辐射混凝土所用的骨料包括褐铁矿（$2Fe_2O_3 \cdot 3H_2O$）、赤铁矿（Fe_2O_3）、磁铁矿（Fe_3O_4）、重晶石（$BaSO_4$）、废铁块、铁砂或钢砂等，国内防辐射混凝土多用重晶石（$BaSO_4$）作为防辐射用集料。本节重点介绍重晶石防辐射混凝土材料选用及施工过程控制。

（1）材料选用

图 4.1-11　重晶石

重晶石是以硫酸钡（$BaSO_4$）为主要成分的非金属矿产品（图 4.1-11），纯重晶石显白色、有光泽，由于杂质及混入物的影响也常呈灰色、浅红色、浅黄色等。较纯净的重晶石表观密度为 4.3～4.7t/m^3。由于密度较大，以其作为主要骨料的重晶石混凝土，对 X 射线具有较强的屏蔽作用。粗骨料粒径为 5～31.5mm 连续粒级，表观密度为 4.180t/m^3，细骨料粒径为 0～10mm，细度模数为 2.8，表观密度为 4.12t/m^3。重晶石的岩石解理类似页岩（片状解理），纯度越高，密度越大，而材质越脆，强度越低。

重晶石混凝土中的胶凝材料一般采用水化热低的硅酸盐水泥或高铝水泥、钡水泥、锶水泥等特种水泥。

（2）施工质量控制

为了降低混凝土入模温度及水化热，对堆场重晶石、重晶石砂进行洒水降温的措施，对水泥生产厂家进行技术交底，要求把水泥温度尽量降低，控制出厂时水泥温度低于

60℃。为防止大体积混凝土温度收缩产生裂缝，防辐射混凝土中掺入微膨胀剂补偿温度收缩。另外，掺入一定量的减水剂配制混凝土，可大大减少混凝土单方用水量，并保证混凝土有良好的抗离析性和流动性。由于重晶石混凝土的骨料重晶石容重较大，且强度较低，经强制搅拌容易出现骨料碎裂和混凝土离析。因此，必须严格控制重晶石混凝土的搅拌时间在 60s 以内；且在运输途中，要求搅拌车降低自拌速度。为了不超载保证行车安全及保证在较短时间内浇注完一车混凝土，每车重晶石混凝土只能装载 $4m^3$ 以下。

如图 4.1-12 所示，直线加速器室的普通混凝土采用泵送浇筑，重晶石混凝土采用吊车吊运串筒入模，入模高度控制在 2m 以内。混凝土进行分层浇筑，每一层控制在 30～40cm。顶板高密度混凝土带两侧设置钢丝网，保证高密混凝土和普通混凝土的同时分层浇筑。混凝土振捣使用功率较低的 30mm 直径的振动棒，每一点振捣时间控制在10～15s。

图 4.1-12　直线加速器室施工现场

混凝土浇筑 12h 以内进行覆盖养护。侧壁保温养护措施为：带模养护，模板面再覆盖棉被进行保温保湿覆盖养护，侧壁模板安装完成后即可安装保温材料。顶板大体积混凝土采用棉被覆盖保温保湿养护。先覆盖一层纤维布，再覆盖棉被，棉被保持湿润并不得对大体积混凝土大量浇冷水。由于放疗室内部空气不流通，因此不再采取进一步的保温措施。但必须对内部空气温度进行监测，防止温度过高或过低。温度过高时须采用鼓风机进行通风处理，温度过低时则采取封闭空气流通的洞口处理。为保证放疗室内部保持湿润，在内部装设 4 个自动喷头淋水。但为不使内部降温过快，喷水控制在 2h 一次，每次 2～3min。

4. 砖墙体防护墙体

放射科各机房隔墙一般采用 370、240 厚灰砂砖实砌，370 厚墙体面上采用工业硫酸钡粉搅拌黄砂、水泥涂刷，240 厚墙体采用工业硫酸钡粉搅拌黄砂、水泥砌筑以及面上用工业硫酸钡粉搅拌黄砂、水泥涂刷。

（1）材料选用

硫酸钡在自然界主要是以重晶石矿形式存在，分子式为 $BaSO_4$，纯硫酸钡显白色、有光泽，由于杂质及混入物的影响也常呈灰色、浅红色、浅黄色等，结晶情况相当好的硫酸钡还可呈透明晶体出现。硫酸钡的硬度为 3～3.5（莫氏），比重为 4.3～4.7，具有比重大、硬度低、吸收 X 射线、性脆的特点。硫酸钡化学性质稳定，不溶于水和，无磁性和毒性。防射线水泥、砂浆及混凝土正是利用硫酸钡具有吸收 X 射线的性能，硫酸钡制做钡水泥、钡砂浆和钡混凝土，用以代替金属铅板核反应堆和建造科研、医院防 X 射线的建筑物。

(2) 施工质量控制

砌筑时应预先试排砌块，并优先使用整体砌块。须断开砌块时，应使用手锯、切割机等工具锯裁整齐，并保护好砌块的棱角，锯裁砌块的长度不应小于总长度的1/3。

图4.1-13 硫酸钡粉

灰砂砖砌块灰缝应横平竖直、砂浆饱满，正、反手墙面均宜进行勾缝。砂浆的饱满度不得小于80%。竖向灰缝应采用临时内外夹板夹紧后灌缝。

灰砂砖砌块与承重结构或构造柱连接的部位，应按设计要求预埋拉结筋。

有抗震要求的砌体填充墙按设计要求应设置构造柱、圈梁，构造柱的宽度由设计确定，厚度一般与墙等厚，圈梁宽度与墙等宽，高度不应小于120mm。圈梁、构造柱的插筋宜优先预埋在结构混凝土构件中或后植筋，预留长度符合设计要求。当设计无要求时，构造柱应设置在填充墙的转角处、T形交接处或端部；当墙长大于5m时，应间隔设置。圈梁宜设在填充墙高度中部。

灰砂砖砌块在转角处及纵横墙交接处，应同时砌筑，当不能同时施工时，应留成斜槎。砌体每天的砌筑高度不应超过1.5m。

5. 内墙抹灰

(1) 材料选用

水泥：采用普通水泥，强度等级以设计图纸要求为准。

砂：采用中砂，平均粒径为1.2～2.6mm，细度模数为2.3～3.0，用前要过筛子（孔径为0.5cm），要求颗粒坚硬、洁净、无杂质，含泥量不超过30%。

硫酸钡：严格按照配合比要求用量掺加，重量配合比为：硫酸钡：水泥：108建筑胶＝100∶25∶2，即每4袋硫酸钡（每袋重50kg）配1袋水泥（每袋重50kg）和4kg108建筑胶。

石子：采用宜采用粒径为0.5～3.2cm且含泥量小于1%的碎石。

(2) 施工质量控制

抹灰前的基层处理是确保抹灰质量的关键。基层表面砂浆残渣污垢、隔离剂油污、析盐、泛碱等，均应清除干净。一般对油污隔离剂可先用5%～10%浓度的火碱水清洗，然后再用水清洗；对于析盐、泛碱的基层，可用3%草酸溶液清洗。基层表面凹凸明显的部位，应事先剔平或用1∶3水泥砂浆补平。

不同基层材料相接处，应铺钉钢丝网片，搭接宽度应从相接处起，两边均不小于200cm。

抹灰前墙面应浇水。砖墙基层一般浇水两遍，砖面渗水深度约8～10mm，即可达到抹灰要求。如果各层抹灰相隔时间较长，或抹上的砂浆已干燥，则抹上一层砂浆时应将底层浇水润湿，避免刚抹的砂浆中的水分被底层吸走，产生空鼓。此外，基层墙面浇水程度，还与施工季节、气候和室内外操作环境有关，应根据实际情况酌情掌握。

抹灰较厚大于3.5mm时，应挂加强网分层进行抹灰，一般每次抹灰厚度应控制在

10～15mm 为宜。中层抹灰必须分若干次抹平。应待前一层抹灰层凝固后，再涂抹后一层；用大拇指用力压挤抹完的灰层，无指肚坑但有指纹（八、九成干），再涂抹后一层。这样可防止已抹的灰层内部产生松动或几层湿砂浆合在一起，造成收缩率过大，产生空鼓、裂缝。

水泥砂浆罩面，应用水泥砂浆，待抹完底子灰后，第二天进行罩面，先薄抹一遍，跟着抹第二遍（两遍总厚度约 5～7mm），用刮杠刮平，木抹子搓平，然后用钢皮抹子揉实压光。当底子灰较干时，罩面灰纹不易压光，用劲过大会造成罩面灰与底层分离空鼓，所以应洒水后再罩面抹压。

当底层较湿不吸水时，罩面灰收水慢，当天如不能压光成活，可撒上 1∶1 干水泥砂（禁用素水泥）粘在罩面灰上吸水，待干水泥砂吸水后，把这层水泥砂浆刮掉后再压光。

6. 铅板防护

辐射防护工程具有多种施工方案，一般用于射线防护的材料有铅板和硫酸钡水泥；硫酸钡水泥的缺点是开裂。因此一般使用的是铅板防护防止射线的穿透，铅板选用纯度不小于 99.9%的电解铅，使用的木料通过蒸汽烘干，含水量<12%，表面经过精刨打磨，并经过防火防腐处理。铅板和木板用专用胶水通过热压工艺制作合成复合铅板，形成一个保护层，达到防护的功能（图 4.1-14）。

（1）材料选用

目前国内常见的厚度为 0.5～20mm，常用规格为 1000×2000mm。

（2）施工质量控制

1）铅板搭接防护，既铅木复合板接口处使用双层铅板，搭接量不小于 20mm。可以保证接缝处的防护效果，并且搭接处永久不会变形（图 4.1-15）。

图 4.1-14　复合铅板

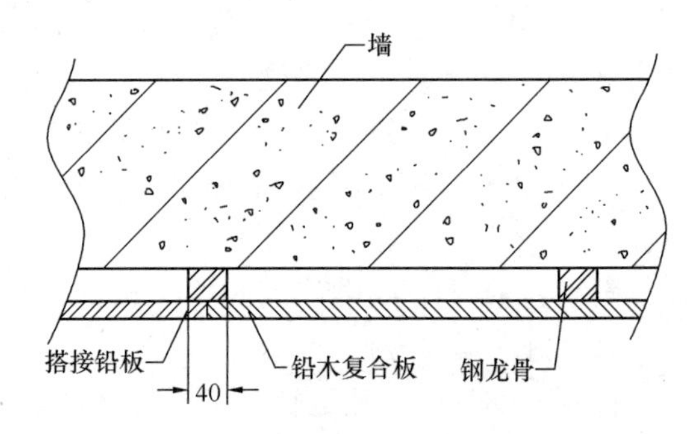

图 4.1-15　铅木复合板防护搭接

2）墙面防护与防护门窗的过渡，防护门窗洞口使用含铅的筒子板，含铅筒子板与墙面铅木复合板进行搭接，防护门窗套与防护门或防护窗搭接。防护门窗套安装后表层为木质，可供用户进一步装饰装修。防护墙面与洞口防护搭接示意图见图 4.1-16。

3）防护板与开关、灯具之间孔的补强（图 4.1-17）

4）墙面防护安装

工艺流程：找线定位 → 核查预埋件及洞口 → 龙骨配制与安装→钉装防护面板。

找位与划线：木护墙、木筒子板安装前，应根据设计图要求，先找好标高、平面位置、竖向尺寸，进行弹线。

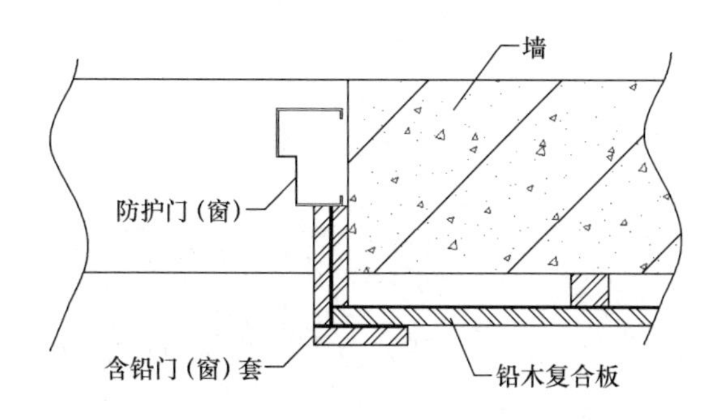

图 4.1-16　墙面防护与门窗防护搭接图

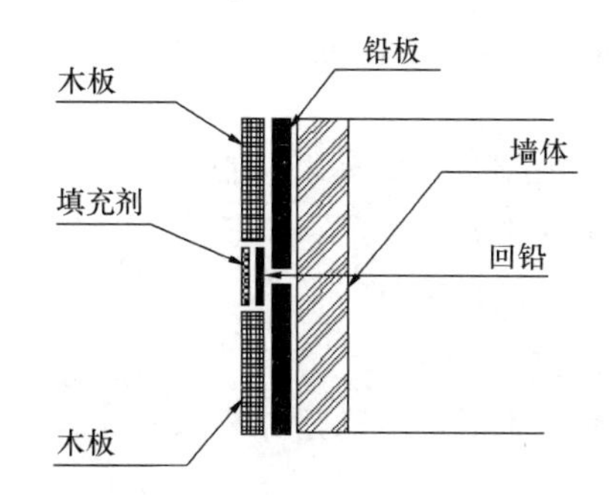

图 4.1-17　防护板与开关、灯具之间孔的补强

核预埋件及洞口：弹线后检查预埋件、木砖是否符合设计及安装的要求，主要检查排列间距、尺寸、位置是否满足钉装龙骨的要求；量测门窗及其他洞口位置、尺寸是否方正垂直，与设计要求是否相符。

镀锌钢龙骨安装：局部镀锌钢龙骨根据房间大小和高度，可预制成龙骨架，整体或分块安装。全高护墙龙骨首先量好房间尺寸，根据房间四角和上下龙骨的位置，将四框龙骨找位，钉装平、直，然后按设计龙骨间距要求钉装横竖龙骨。当安装钢龙骨间距设计无要求时，一般横龙骨间距为 400mm，竖龙骨间距为 600mm。钢龙骨安装必须找方、找直，焊接牢固可靠。

防护面板安装：面板安装前，对龙骨位置、平直度、钉设牢固情况等进行检查，合格后进行安装。面板配好后进行试装，面板尺寸、接缝、接头处构造完全合适，才能进行正式安装。面板接头处应涂胶与龙骨钉牢，钉固面板的钉子规格应适宜，钉长约为面板厚度的 2～2.5 倍，钉距一般为 100mm，钉帽应砸扁，并用尖冲子将针帽顺木板方向冲入面板表面下 1～2mm。

7. 涂料工程

防辐射涂料为一种由多种金属元素及化学原料组成的金属细粒及石粉。具有阻挡射线能力强、粘结牢固、铅当量稳定、无毒无害等优点。防辐射涂料可吸收多余的电磁波，这样不仅减少杂波对自身设备的干扰，也有效防止电磁辐射对周围设备及人员的骚扰和伤害；而且，防辐射涂料能够在复杂的曲面、微小的角落、孔、棱边等处方便地涂抹，从而在精密复杂的部位，准确坚固地形成涂膜，满足工业、科学和医疗设备的屏蔽、EMC 的需要（图 4.1-18）。

（1）材料选用

涂料细腻柔软，且无毒、无味、无污染；表面光滑、平，无反光，粘结力强；有一定耐水性，装饰效果好。

（2）施工质量控制

防止材料固化（一般平整的墙体为 $40m^2/t$～1cm 厚），且最好在出料至施工时保证 2h 内用完。

在粉刷涂料前打好底，因为砖墙砌筑时

图 4.1-18　防辐射石粉

肯定会有某些不平整的地方或砖缝之中有部分空隙，尤其在反面墙时，会造成大量的消耗。

涂料较厚时，应分层粉刷涂料，每层不超过5～8mm，间隙时间一般在2～8h（以墙面呈7成干为宜）。

施工现场要求打开窗户，保证通风，且温度不低于15℃环境中操作，防止墙面不干产生垂裂。

涂料施工时，将聘请并委派专业人员到现场指导，保证质量，节省材料，达到涂料验收要求。

8. 吊顶工程

吊顶工程分轻钢龙骨石膏板、轻钢龙骨条形微孔铝板，木龙骨塑铝板、玻璃面层吊顶等。

轻钢龙骨石膏板吊顶

1）材料选用

进场石膏板（硅钙板）应保证表面光滑，无翘曲、凹凸等现象，同时应剔除可能由于运输而损坏的石膏板，此类可作边角料使用。

2）施工质量控制

自攻螺丝的钉眼涂刷防锈漆三遍，然后对所有的钉眼、虫眼用腻子补平，做到表面与原石膏板面基本平整。

跨度较大空间（大于4m）安装主龙骨时，根据设计和规范要求中间部分应起拱，一般为短跨方向的1/200，主、次龙骨长度方向可用接插件连接，接头处要错开。

在大面积上石膏板应骑缝安装，接缝处留5～8mm缝，便于批嵌。石膏板排布和板面处理按有关规范进行操作，以保证其吊顶质量。

在石膏板与石膏板或石膏板与墙面接缝处，可能由于石膏板收缩而产生裂缝，需在该部位用弹性腻子嵌缝，外贴玻璃网格布，然后用腻子批平。

①轻钢龙骨条形微孔铝板吊顶

A. 材料选用

进场铝板应保证表面光滑，无翘曲、凹凸等现象，同时应剔除可能由于运输而损坏的铝板。

B. 施工质量控制

施工时，应待水电安装工程或其他的预埋工作结束以后进行，避免交叉作业造成轻钢龙骨变形。

由于微孔铝板安装以后，不再进行表面涂装处理，所以应做好面层的成品保护工作，防止损害或表面污染。

②木龙骨塑铝板

A. 材料选用

木龙骨的木材必须经过干燥处理，含水率控制在12%以内。

木龙骨需做表面刨光时，其开料尺寸单面刨光加3mm，双面刨光加5mm。

异型龙骨当其断面高度超过100mm或有变截面时可用18mm厚的柳安芯木工板制作。

预制成型的木龙骨应及时做好防火处理，并按设计要求涂刷防火涂料。

B. 施工质量控制

按照设计要求和图纸尺寸进行造型木龙骨安装，与吊筋的连接固定应符合设计和施工规范要求，且牢固可靠。

按照设计图纸的标高要求对安装好的木龙骨进行调平，在同一的水平线上拉通长线进行，只有控制好了龙骨的准确性，才能确保装饰面层的准确性。

龙骨调平应安排技术较好和有责任心的操作工人进行，避免粗制滥造给面层施工留下质量隐患。

龙骨调平的平整度要求为 2mm。

龙骨调平后，应及时检查防火涂料的涂刷情况，如有损坏应进行修复涂刷。

③玻璃面层吊顶

A. 材料选用

加工裁制好的半成品应分类堆放，并按顺序标注好编号。

需外加工的玻璃应提前进行，以免影响施工进度。

基层板的背面应按设计要求涂刷防火涂料。

B. 施工质量控制

基层板的安装有五夹板和九厘板两种，应按照设计图纸的要求进行，在弧形部位应采用五夹板做基层板。

基层板与木龙骨的固定用乳白胶和 F30 气钉固定，先在木龙骨和基层板的四周均匀涂刷白乳胶，贴面调整后，用 F30 气钉固定，其间距为 3～5cm。

基层板的平整度要求为 2mm，圆弧形处应顺畅、清晰。

基层板和木龙骨的安装属于隐蔽工程，应及时进行隐蔽工程的检查和验收，并办理相关的手续。

塑铝板（玻璃制品）与基层板的粘贴采用万能胶进行，万能胶应涂刷均匀，粘贴牢固，避免塑铝板空鼓脱壳，板缝间应按设计要求留设缝口，嵌坞与塑铝板同色的玻璃胶。

9. 自流平地坪漆

自流平地坪漆为无溶剂、自流平、粒子致密的厚浆型环氧地坪涂料。它是多材料同水混合而成的液态物质，倒入地面后，这种物质可根据地面的高低不平顺势流动，对地面进行自动找平，并很快干燥，固化后的地面会形成光滑、平整、无缝的新基层。除找平功能之外，自流平还可以防潮、抗菌，这一技术已经在无尘室、无菌室等精密行业中广泛应用（图 4.1-19）。

（1）材料选用

按照招标文件指定的自流平地面的材料、需提前与厂家联系，提前签订供货合同，落实进场时间。

（2）施工质量控制

防水处理：楼地面需已做好防水处理。

素地处理：依素地状况做好打磨、修补、除尘。

环氧底漆：采用渗透性及附着力特强环氧底漆滚涂一道，增强表面附着力。

环氧批刀：依实际需要施工数道，要求达到平整无孔洞，无批刀印及砂磨印为准。

环氧面漆：溶剂型环氧面漆或止滑面漆滚涂两道，完工后整体表面光亮洁净，颜色均

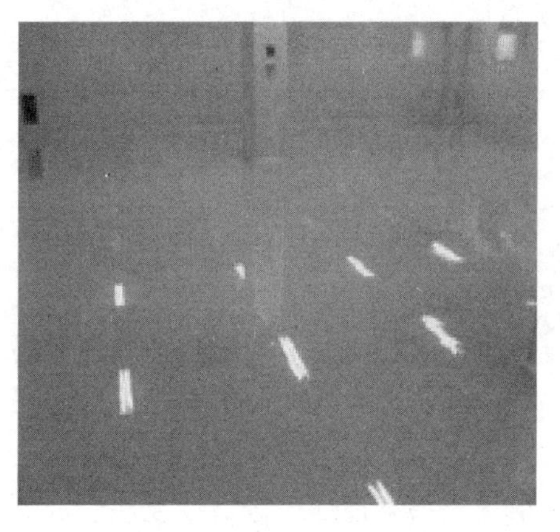

图 4.1-19　自流平地面

一，无空鼓。

施工完成：24h 后方可上人，72h 后方可重压（25℃为准，低温开放时间需适度延长）。

10. 防护门窗安装

（1）钢质平开防护门

内部使用钢质结构，表面使用不锈钢或冷板喷塑，整体结构坚固耐用、外观大方。门体采用一次成型技术，将铅板直接复合在门体里面。铅板表面由防护粘合剂、抗氧化剂、特种密度板、隔声填充材料等组成。具有强度高、防氧化、不变形、吸收射线性强快、使用寿命长等优点（图 4.1-20）。

门体与门框内部均有铅板，防护搭接量不小于 15mm，缝隙小、均匀，可以保证门缝处防护效果。防护门节点图 4.1-21 所示：

图 4.1-20　钢制平开防火门

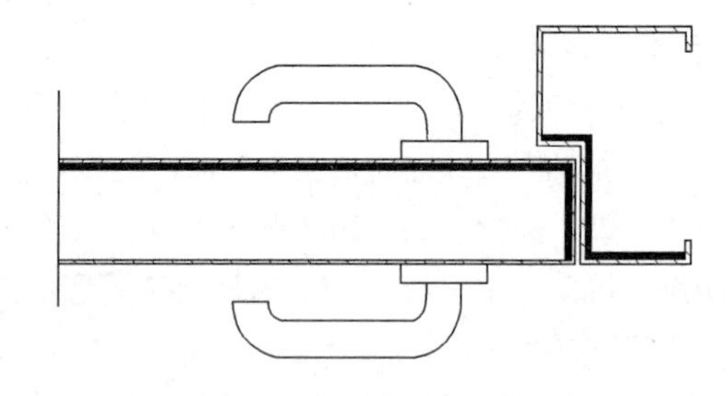

图 4.1-21　门体防护示意图

（2）电动射线防护门

内部结构由钢骨架、新型复合压制成型铅防护板（含铅量为 99.99%、全粘接工艺，铅板表面无任何钉孔）、防护粘合剂、抗氧化剂、特种密度板、隔声填充材料等组成。具有强度高、防氧化、不变形、吸收射线性强快、使用寿命长等优点。门体面板：采用 VCM 彩图板，该材料表面色彩丰富、装饰效果好，有较高的表面光泽度、具有耐磨、耐腐蚀、耐油渍、方便擦洗等（图 4.1-22）。

门铃式开关，该开关样式美观、大方，灵敏度高；异常情况下可手动开关。门体四周靠墙面装有密封条，可以防尘、隔声；隔声值≤20dB。

（3）防护窗安装

防护金属门窗框四周外表面的防腐处理设计有要求时，按设计要求处理。如果设计没有要求时，可涂刷防腐涂料或粘贴塑料薄膜进行保护，以免水泥砂浆直接与防护金属门窗表面接触，产生电化学反应，腐蚀门窗。

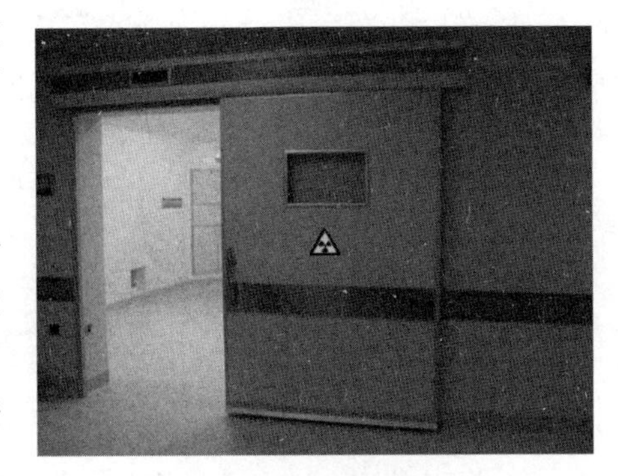

图 4.1-22　电动射线防护门

安装防护金属门窗时，如果采用连接铁件固定，则连接铁件，固定件等安装用金属零件最好用不锈钢竹。否则必须进行防腐处理，以免产生电化学反应，腐蚀防护金属门窗。

4.2　机电安装工程施工技术

4.2.1　洁净室的通风空调系统

净化系统科室都属于洁净室，作为洁净室空气洁净控制的核心，洁净空调系统的技术要求高、施工安装过程质量要求严格，投资较大，一旦达不到使用要求，将造成较大损失。因此对洁净室空调系统从设计、施工及维护清洁都需要非同一般的专业精神和严格的制度管理。另外，要做好医院建筑的暖通工程，还必须针对医院建筑的特殊性，采取一些必要的措施。

洁净室的施工安装需各专业、多工种密切配合，按具体工程实际情况，制定施工安装程序和计划进度，循环渐进地完成洁净室的施工建造。

1. 安装前的准备

洁净空调在安装前必须先收集现场资料，仔细分析施工图纸，充分领会设计意图，做好图纸会审和技术交底工作是保障洁净室施工质量的重要技术环节，发现和解决在施工中难以操作的技术难题，为保证洁净室施工质量打下坚实的基础。还要按照洁净室主要施工程序认真制定施工进度计划，为保证洁净要求，进度计划必须充分考虑其他专业对洁净的影响，真正做到其他专业特别是建筑专业（包括地面、墙面、楼板）的装饰装修满足洁净要求后方可进行洁净空调的施工。

净化空调施工，交叉作业多，必须制定科学合理的施工程序，确定施工程序时，要考虑以下要素：

（1）先有尘后无尘

即先安排有尘作业，后安排无尘作业。这样便于尘埃的控制，否则会带来大量的擦洗工作。

（2）先上后下、时有交叉

洁净室的施工大体遵循先上后下的原则，即首先安装上不的支吊架、主管道、电缆桥架，然后进行洁净室装修，待洁净室装修初步完成后，再安装顶部与洁净室吊顶相连接的设备支管，这样既可保证施工精度，又省时省工。

（3）先大管后小管

净化空调属全空气系统，风量大，风管尺寸大，应先安装主风管，后安装消防水管、自来水管、蒸汽管、工艺管道。否则，会增加安装难度，甚至会导致返工。

2. 洁净空调风管制作与安装

洁净空调风管材料的选用及安装质量是保证洁净空调系统功能实现的关键，抓好风管制作安装环节就能在极大程度上保证洁净系统的顺利运行。要达到这一目标，必须抓好如下几点：

（1）材料选用

净化空调系统风管的材质应按工程设计文件的要求选择，工程设计无要求时，宜采用镀锌钢板。对于洁净手术室等洁净要求较高的场所，风管甚至要采用不锈钢板制作。当采用镀锌钢板时应选用优质板，由于医院通常大量使用消毒药水消毒，对风管有一定的腐蚀作用，所以镀锌层应为100号以上，其双面3点试验平均值应不小于100g/m²，且应镀层均匀，无起壳、氧化、划痕、锈蚀等现象。国产镀锌钢板一般没有经过脱脂处理，钢板表面涂有油脂，使用时就必须将油脂除去，否则就会黏着细菌和灰尘。如果有条件应直接购买无油镀锌钢板（图4.2-1）。

图4.2-1　无油镀锌钢板

吊架、加固框、连接螺栓、风管法兰、铆钉均应采用镀锌件，法兰垫料应采用有弹性、不产尘、弹性好不易老化软橡胶或者闭孔海绵橡胶等（图4.2-2），风管的外保温不得使用玻璃棉等纤维制品。

图4.2-2　闭孔海绵橡胶

材料采购运输过程中应注意保持完好的包装，防潮、防撞击、防污染。材料进场时，还应注意材料规格、材料光洁度，板材还应检查平整度、边角角方度、镀锌层的粘结度等，并填写《材料进场验收单》。

（2）材料保管

洁净空调用材料应设立专用仓库集中存放。存放处要干净、无污染源，避免潮湿，特别是风阀、风口、消声器等部件更应严密包装存放。洁净空调的材料要缩短仓库存放时间，宜随用随进货。制作风管用的板材应将整件运至现场，避免散件搬运途中引起的污染。镀锌钢板应平放在下面有木板垫层的地面上，切忌直接平放在水泥地面上，以防与地面接触的镀锌钢板表面被腐蚀脱皮。切忌把镀锌钢板靠墙斜放，以防变形影响加工质量。不锈钢材料在存放时一定要防止与其他碳钢材料接触，避免不锈钢材料锈蚀。

（3）材料加工

1）加工环境

加工制作洁净系统的风管应在相对密封的室内进行（图 4.2-3）。室内的墙壁宜光滑、不产尘、不积尘，地面可铺设加厚塑料地板，地板与墙体结合处宜用胶带封贴，避免灰尘产生。风管加工前，室内必须做到干净，无尘、无污染。制作用的工具、设备必须保持干净，无灰尘。参加制作的人员宜相对固定，人员进入制作场所应佩戴一次性无尘帽、手套、口罩，工作服应经常换洗。

图 4.2-3　加工环境

2）材料处理

制作用材料应经过 2～3 次酒精或无腐蚀清洁剂擦洗并吹干后，才能进入制作场所待用。搬运洁净的钢板不得拖行，要用推车搬运。加工后半成品应再次擦洗后进入下道工序，风管下料咬口后应立即组合成型，不宜久放。

3）风管制作

4）洁净风管的制作除达到图纸和设计规范要求的几何尺寸外，最重要的是确保风管的密封性能，必须从以下几个方面去控制：

① 风管应尽量减少纵向接缝，不得有横向接缝。风管边长小于 900mm 不得有纵向接缝，应尽量用卷板制作，利用卷板的宽度作为风管的长度，避免风管的纵向接缝。

② 选择好风管联合角咬口的密封方式。为防止风管的联合角咬口漏风，可选择在联合角咬口用锡焊接；在翻边打胶；翻边下橡胶条；翻边前在咬合口槽内涂中性胶等方法，具体方式如图 4.2-4 所示：

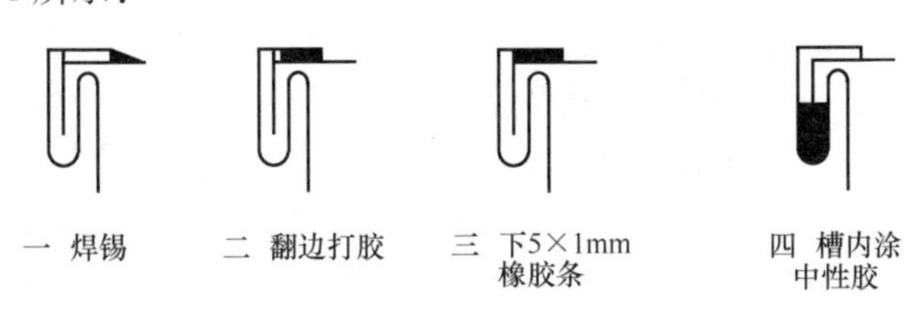

图 4.2-4　风管联合角咬口方式

应选择第四种方式，因为采用图 4.2-4 中一锡焊需要用盐酸清洗焊接处，再用电烙铁上锡，操作比较麻烦且成本高，焊口易振裂；采用图 4.2-4 中二的方式打胶时在翻边咬口前涂抹密封胶，会有涂抹不均匀的现象，从而产生漏风；采用图 4.2-4 中三的方式在翻边前加入 δ=5×1mm 橡胶条的方式操作较为麻烦且密封性能不佳，风管振动时易漏气；采用图 4.2-4 中四的方式在联合角咬口翻边前在咬口槽内涂中性胶，风管咬口时中性胶会将缝隙填满。这种方法既可确保风管能密封又能避免在风管拼装后在正压侧涂密封胶，密封胶的胶体不平滑或涂抹不均匀产生漏风或积层的现象。

③ 注意选择风管的连接方式，确保密封。高压风管连接口可选用角钢法兰连接，中压风管连接可选用角钢法兰，薄钢板法兰，C形平、立插条的连接方式。但考虑到薄钢板法兰的刚度较低，C形插条插缝不紧密，容易漏风的缺点，建议中压风管也应采用法兰连接。风管与法兰连接不得使用抽芯铆钉，1～5级风管法兰铆钉间距应小于65mm，6～9级风管法兰铆钉间距应小于100mm。风管翻边与法兰连接紧密，铆钉处应涂中性密封胶。风管法兰翻边四角缝隙应在内侧涂中性密封胶。

④ 法兰密封垫应选用弹性好、不透气、不积尘的材料，严禁采用乳胶海绵、泡沫塑料、厚纸板、石棉绳、铅油、麻丝及油毡纸等含孔孔隙和易产尘的材料。另外法兰密封垫应尽量减少接头。接头处采用阶梯形或企口形，并涂密封胶，如图4.2-5所示。密封垫应擦拭干净后，涂胶粘牢在法兰上，不得有隆起或虚脱现象。法兰均匀压紧后，密封垫内侧应与风管内壁相平。

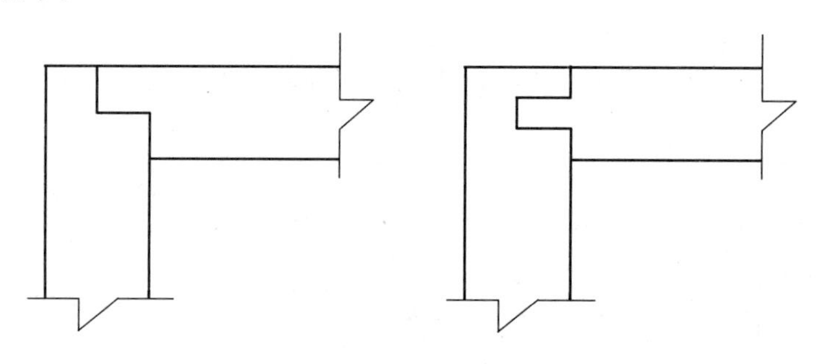

图4.2-5　法兰密封垫接头形式

⑤ 注意成品风管的保管。制作好的单段风管应进行清洗，使用中性清洁剂即可。清洗应在环境干净的房间进行，主要洗去制作过程中的油渍、灰尘。应用不易掉毛的布料将风管擦干，并用干净塑料布将管口封闭。风管搬运及存放时要轻搬轻放，不要堆放太高，以免压裂咬口造成漏气或划伤铁皮日后容易生锈。

3. 支、吊架的制作安装

支、吊架的设置形式、间距，以及所采用的材质，需根据风管所安装的具体位置及风管的管径大小确定；设置前应对每个系统的支吊架进行整体规划；要兼顾其他专业的管线布置情况，以确定是否采用共用支架或组合式支架，避免管线间发生冲突，保证机电专业整体施工的顺利进行；支吊架位置按风管中心线确定，其标高要符合风管安装的标高要求；支吊架位置不允许设在风口、阀门、检查门及自控机构处；离风口或插接管的距离不小于200mm。吊杆应平直，安装时位置要正确，做到牢固可靠；风管支架、吊架的选型参照标准图集；对于水平安装的矩形风管可以按照表4.2-1执行：

水平安装的矩形风管规格　　**表4.2-1**

风管长边b（mm）	吊杆直径（mm）	吊架规格	
		角钢（mm）	槽钢（mm）
$0<b\leqslant400$	$\phi8$	L25×3	[40×20×1.5
$400<b\leqslant1250$	$\phi8$	L30×3	[40×40×2.0
$1250<b\leqslant2000$	$\phi10$	L40×4	[40×40×2.5
$2000<b\leqslant2500$	$\phi10$	L50×5	[60×40×2.0
$b>2500$	$\phi12$		[64×40×4.8

对于水平安装的风管一般采用以下几种支吊架设置形式。见图 4.2-6～图 4.2-9。

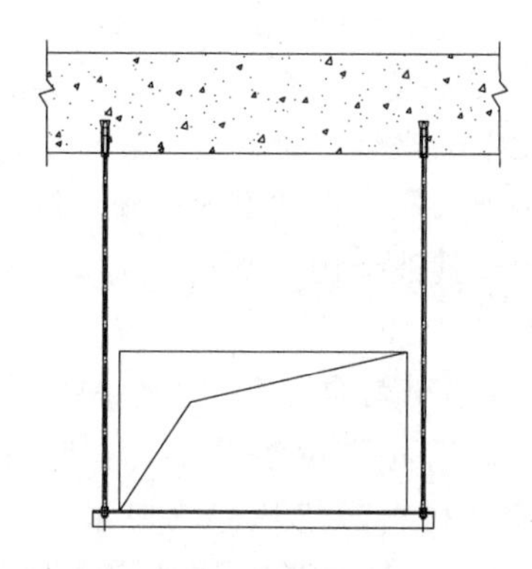

图 4.2-6　水平风管的吊架示意图

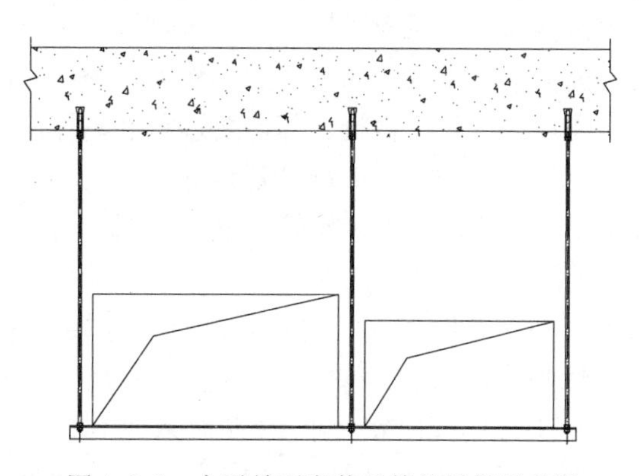

图 4.2-7　水平并列安装风管的吊架示意图

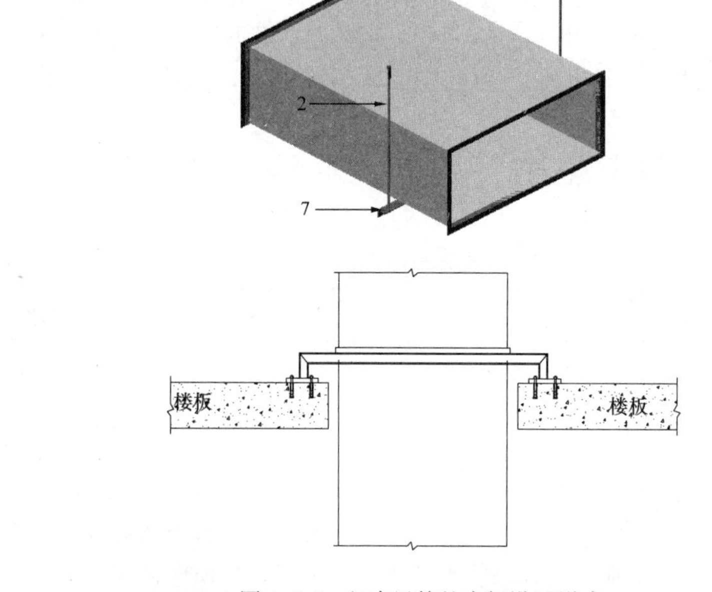

图 4.2-8　竖直风管的支架设置形式

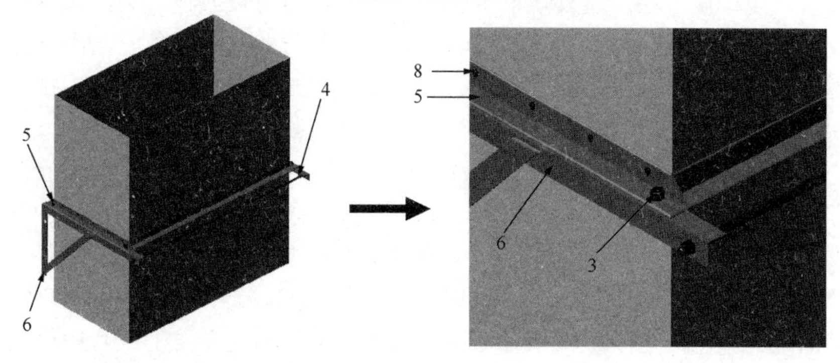

图 4.2-9　穿楼板立管或管井的立管支架示意图

1—内膨胀螺栓；2—通丝吊杆；3—六角螺母；4—通丝拉杆；5—法兰或加固框；6—角钢（或槽钢）支撑架；7—角钢（或槽钢）横担；8—镀锌拉铆钉 $\phi 5 \times 13$

4. 洁净风管的安装

室内清洁后，将系统风管运入。风管搬运过程中应注意封头的保护，风管进入现场前应进行表面清洁工作。参加安装的工作人员需经吹淋后，穿戴无尘衣、口罩、鞋套才可进行施工。使用的工具、材料、部件要进行酒精擦洗，无尘纸检查，符合要求后方可进入施工现场。一般的施工现场很难具备良好的无尘环境，必须采取一定的方成措施。例如：不得交叉施工，将要进行安装风管的地方围闭，清去积尘及其他杂物，待安装风管后再进行其他工种的施工。

风管管件、部件连接应边打开封头边连接，风管内做到无油污，法兰垫料应为不易老化有弹性强度的材料，并且不得直缝拼接。风管开口后先敷设法兰垫片，垫片应用厚度为 3～5mm 的高级密闭孔橡胶板条或其他闭孔弹性材料，垫片接头应采用梯形方式或企口形。密封垫离风管内边应有 1～2mm 的余量，避免压紧时垫片突入风管内。上好垫片应立即进行风管连接。洁净室内的空调送排风管路应短、直、顺，尽量减少管件，应采用气流性能良好、涡流区小的管件和静压箱，管路系统尽量不采用软管连接。安装后开口末端仍要保持封口状态。风管安装前应根据图纸及现场的环境放好线，打好吊件，避免使用冲击钻钻孔而产生扬尘。暂停施工时，风管的敞口要用塑料薄膜封好以防灰尘进入。

风管连接后要进行漏光检查。检查时，应根据洁净度级别的高低按表 4.2-2 的规定进行：

通风检查方法和评定标准　　表 4.2-2

洁净度	风管部位	检查方法	漏光标准
任意级别	送、回风支管	漏光法	无漏光
低于 1000 级	送、回风管	漏光法	无漏光

风管保温应在系统漏风检测合格后进行，洁净风管、风阀、静压箱等采用 $\delta=30$mm 厚的橡塑保温板材。橡塑板保温时，先按所需尺寸裁剪好，板材内表面及风管表面涂上专用胶水，风干到刚好不粘手则安装到风管上，用密封带密封纵横向接缝。铝箔离心玻璃棉板或毡安装时，先按规范在风管外表面上粘上保温钉，再将板或毡安装到风管上，纵、横缝用铝箔胶带密封。保温层外表面应平整、密封、无胀裂和松弛现象。洁净室内的风管保温时，保温层外应做不锈钢保护壳。保护壳的外表面应光滑不积尘，便于擦拭，不得破坏系统的密闭性。

保温完成后室内必须做到彻底打扫干净。

5. 空调水管安装

水管安装相对简单一些，但是施工细节绝对不能忽视。除注意无尘要求外，在施工过程中还要严格按照设计规范进行施工，采用弹簧减振吊架将冷冻水管与冷却水管吊起时，不能将吊架固定到施工的混凝土楼板上，尽可能地将吊架固定在梁上或者用槽钢横梁架设在梁与梁之间，然后将吊架固定在槽钢横梁上。DN250 以上的空调水管吊架宜在深化设计阶段考虑设置结构预埋件如预埋钢板等措施。穿过楼板或穿墙的水管外面必须采用套管，套管与水管之间的缝隙通常选用阻燃材料进行封堵。

4.2.2 洁净空调设备安装

1. 普通部件安装

在风管上安装的设备主要有新风机、恒温恒湿机、防火阀、调节阀、亚高效过滤器、风口等。在订购设备时除设备应达到系统参数要求外，应特别强调设备的洁净保障。设备内应干净无尘、无油污并且密封，并有出场的合格检验报告。防火阀、调节阀的轴和零件表面应做镀锌和喷塑处理，阀体轴应为铜制，在轴端伸出阀体处应密封处理。叶片开启角度应有标志，调节手柄固定可靠，避免使用喷漆类产品，防止在使用内出现掉漆、生锈等现象。回风口百叶应选用竖向可调节叶片。消声器的用材应能耐腐蚀，不产生和不易附着灰尘，填充料不应使用玻璃纤维及其制品。软接头材料不应使用玻璃纤维及其制品。软接头材料应为双层，光面不产尘、不透气、不产静电的材料。

2. 空调器安装

安装空调器时应对设备内部进行清洗、擦拭，除去尘土、杂物和油污。空调器拼装结束后，内部先清洗，再安装初效及中效过滤器。风机开启后运行一段时间再安装末端的高效过滤器。净化空调系统的空调接缝应做密封处理，安装后应进行密封检查，其方法按“空调器漏风率检测法”进行检漏、堵漏，测量其漏风率。测量其漏风率时，空调器内静压漏风率不应大于2%。表冷器冷凝水排水管上应设水封装置和阀门，在无冷凝水排水季节应关闭阀门，保证空调器密闭不漏风。

3. 空气过滤器安装

空气过滤器的安装是保证洁净度的最重要的一个环节。我们在空气过滤器选型时均应采用一次抛弃型。过滤器前后必须装压差计，压差测定管应畅通、严密、无变形和裂缝。洁净室通常是粗、中和高效三级过滤，系统中的中效过滤器安装在风机的正压段，高效过滤器安装在送风末端、回风口安装中效或粗效过滤器。注意粗、中和高效三级过滤器的安装位置直接影响洁净效果，安装人员在安装过程中一定要严格按照设计要求安装，并且注意末级过滤器不得使用木框制品。

高效过滤器是洁净空调系统的主要设备。安装前必须在安装现场拆开包装进行外观检查，内容包括滤纸、密封胶和框架有无损坏，边长、对角线和厚度尺寸是否符合要求；框架有无毛刺和锈斑（金属斑），有无产品合格证，技术性能是否符合设计要求。然后进行检漏，经检查和检漏合格的应立即安装。安装时根据各自过滤器的阻力大小进行合理调配，对于单向流，同一风口或送风面上的各过滤器之间，每台额定阻力和各台平均阻力相差应小于5%。

洁净度级别等于100级洁净室的高效过滤器，安装前应按规定检漏。需在洁净室内安装和更换高效过滤器的送风口，风口翻边和吊顶板之间如有裂缝必须封闭好。详见图4.2-10；

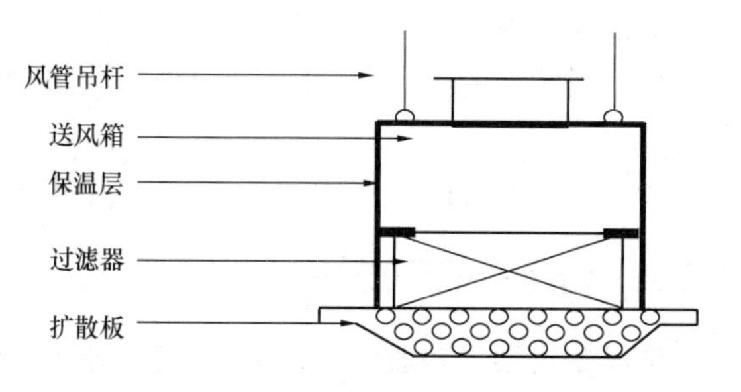

图4.2-10 风口翻边和吊顶板之间裂缝封闭

风口表面涂层破损的不得安装。风口安装完毕应随即和风管连接好，开口端用塑料薄膜和胶带密封。由于滤纸非常精细、易损坏，因此只能在安装时现场拆除高效过滤器包装。高效过滤器安装时，施工人员除了要避免将其损伤外，还要注意安装时须将压紧螺栓拧紧，而且施力要均匀。另外，安装高效过滤器的框架应平整，每个高效过滤器的安装框架平整度允许偏差不大于1mm。安装高效过滤器时，还需保证外框上箭头应和气流方向一致，垂直安装时，滤纸折痕缝应垂直于地面。在边框搭接处封条应注入足够的密封胶，否则造成的泄漏将直接使室内洁净度超标。在系统试运转时，必须在进风口处加装临时中效过滤器作为保护。待试运转结束后，把临时中效过滤器拆下，换上高效过滤器运行。

4.2.3 洁净空调系统调试验收

净化空调系统的调试工作是工程验收阶段不可少的一项重要工作。通过调试可以及时发现施工中存在的一些缺陷并及时进行整改和修补，调试对设计图纸也是一个重要的验证过程。洁净室和空调送回风管道应在安装高效过滤器前达到清洁要求，净化空调系统必须连续空吹12h以上，空吹后再对送回风管和空调机组内部进行清扫和擦洗干净。工程竣工后，建设单位应组织医疗部门、使用洁净室的相应科室、设计和施工单位依照工程设计文件和《医院洁净手术部建筑技术规范》GB 50333—2013、《通风与空调工程施工质量验收规范》GB 50243—2002和《洁净厂室施工及验收规范》GB 50591—2010等有关施工质量验收规范对洁净室进行严格的质量验收，并应委托有资质的第三方检测单位对洁净室内洁净度对照设计文件和有关标准规范进行检测。

系统的严密性不好，主要表现在两个方面。其一，当系统停止运行时，系统经过的非洁净区或低等级洁净区域中的含尘空气就会渗入系统中，从而直接降低室内的洁净度，特别是在系统运行时，经过系统的负压段漏入的含尘空气量将更大；其二，净化空调系统中的全压比一般空调系统大，以保证在系统总阻力较高的情况下，获得比一般空调系统大得多的换气次数。如果严密性不好，必然大量向外漏风，造成能量损失；而且为保持室内正压，必须补充大量含尘新风，这样对室内洁净度也会产生不良影响。

为了保证系统的严密性，主要采取以下技术措施：

（1）风管、配件及法兰制作的各项允许偏差必须符合《通风与空调工程施工质量验收规范》GB 50234—2002的规定，风管与法兰连接的翻边应均匀、平整，不得有孔洞和缺口。

（2）风管的咬口缝、铆钉缝、翻边四角等容易漏风的位置应将表面的杂质和油污清除干净，然后涂密封胶密封。空气洁净系统使用的密封胶常用硅橡胶，它具有良好的力学性能，很好的气密性和粘结性，涂刷前应在清洁的表面上涂刷硅硼表面处理剂一道，晾干后就可以嵌涂硅橡胶。

（3）风阀上的活动件、固定件及栏杆等应作防腐处理（如镀锌等），与阀体连接处不得有缝隙。

为了保证系统的严密性，在系统安装完毕后必须做漏光试验，进行隐蔽验收。

4.2.4 洁净室的防排烟

洁净室启用后一般均处在正压状态，且洁净室间密闭性好，人流、物流通道曲折，一旦发现火警，疏散、扑救均较困难，同时，由于火源热量不易散发，因此室内的材、物升温快，易着火扩大火灾面。目前，《洁净厂房设计规范》GB 50073—2013 中对洁净室内疏散走道、装修材料及耐火极限作了严格的规定，对排风系统防火、防爆措施、防火阀设置、防排烟措施、消防给水、自动喷淋都作了具体规定。因此，对洁净室的防排烟系统的施工必须遵照有关规定认真实施，特别要注意的是防排烟的布管及预埋件必须与建筑专业相配合，同步进行，并确保不漏项。

4.2.5 洁净室的噪声控制

医院是一个特殊场所，对噪声的要求较高，室内允许噪声级如表 4.2-3 所示：

室内允许噪声级表　　　　表 4.2-3

房间名称	允许噪声级（A 声级 dB）		
	一级	二级	三级
休息室	40	45	50
门诊室	55	60	
手术室	45	50	
听力测试室	25	30	

空调系统的噪声主要包括：通风机噪声，主要由空气动力噪声和机械噪声组成。空气动力噪声包括涡流噪声和旋转噪声。机械噪声包括轴承噪声和旋转部件不平衡而产生的噪声。通风机噪声随着不同系列或不同型号、不同转数而变化。因此为降低通风机噪声，需合理选用风机型号，尽量采用低转数的产品。电机噪声主要有电磁噪声、机械噪声和空气动力噪声。以上三部分噪声中，以空气动力噪声为最强。我国国内电机噪声限值分为普通级、二级、一级和低噪声等四级。为降低噪声，应选用低噪声级产品。

风机进出口的位置要安装阻抗消声器，将消声百叶安装在新风进口处。新风进口处还要安装消声器，它要安装在风管合适的区域，在风管弯头采用消声弯头，用质量较好的保温材料将空调和新风消声器保护起来，与静压箱做法相同，其内贴质量较好的吸声材料。现在施工均采用大风量、低风速的送回风管来降低噪声，风管截面积会做得较大，这时如果风管整体强度及刚度不能满足要求，风管整体就会因摩擦及振动产生噪声。这时需要将橡胶减振垫应用到风管吊架上，就可以保证风管不会再产生过多的振动噪声。

4.2.6 洁净室的水系统

洁净室水系统施工包含工艺用水系统、空调用水系统和局部生活用水系统的给水与排水系统。

1. 给水

污染区域特别是微生物污染区域内的供水管，不得与用水设备直接相连，必须有空气隔断。配水口应高出用水设备溢出水位，间隔不应小于 2.5 倍出水口口径。在供水点和供水管路上均应安装压差较高的倒流防止器，供水管上还应设关断阀，供水管上的倒流防止器和阀门应设在清洁区。

洁净区的给水管道应涂上醒目的颜色，或用挂牌方式注明管道内水的种类、用途、流向等。

生活用水系统不应采用镀锌钢管，可选用热熔连接的给水塑料管（不能用 UPVC 管道）、不锈钢管、铜管，工艺和空调给水系统应选用无缝铜管、无缝钢管、聚丙烯管、不锈钢管等，并应采用焊接或快速接口连接。

2. 排水

污染区特别是致病微生物严重污染区域的排水管应明设，并与墙壁保持一定检查维修距离。有高致病性微生物污染的排水管线宜设透明套管（如透明 PVC 管）。

污染排水管道应有足够的强度和耐腐蚀性能。采用化学灭菌的排水管道可用聚丙烯、聚氯乙烯材料。

致病微生物严重污染的排水管道如设有自动阀，应在其前后再设手动阀，阀门安装位置和方式应有采用蒸气和其他气体灭菌的条件。

管线布置应符合设计要求。当设计未明确要求时，压力给水管应避让重力流排水管；附件少的管道应避让附件多的管道。

致病微生物严重污染的排水管道上的通气管应伸出屋顶，距站人地面应在 2m 以上，不要接到清洁区；周边应通风良好，并远离一切进气口。处理排气的高效空气过滤器的安装位置与方式应方便维修和拆换。不同用途房间的排水通气管应各自独立。不得将通气口接入净化空调系统的排风管道。

致病微生物严重污染的排水管的末端应设定期检查水样的采样口，采样口应有严格密封措施。

致病微生物严重污染的排水管道穿墙的地方应采用不收缩、不燃烧、不起尘的材料密封。

地漏的安装应平整、牢固、无渗漏。地漏顶标高应低于附近地面 5～10mm。地漏安装后必须先封闭。

3. 热水

生活和清洁用热水绝热措施的安装应能维持储存温度不低于 60℃或循环温度在 51℃以上的条件。

作为消毒器件用热水的绝热措施的安装应能维持储存温度不低于 80℃或循环温度在 65℃以上的条件。

冷热水混合用的自动调温阀应安装在出水口处。

4. 纯化水与高纯水

（1）工艺用纯化水与高纯水处理设备的安装应符合下列规定：

1）纯化水处理设备的安装除应符合设计要求外，还应符合国家现行标准《电子级水》GB 11446.1 等有关规定。

2）纯化水处理流程工艺布置与安装方式应合理、安全、方便、美观。必须校核安装承重安全。

3）纯化水水站的地面、沟道和设备必须作防腐处理，应有急救处理药箱的固定放置地点。

4）沙滤器、活性炭过滤器和离子交换器的安装应保持垂直。膜过滤器、反渗透系统、超滤系统和电再生离子系统基架应安置水平。

5）集水滤帽固定应牢固、无污损。

6）滤器中所有介质应按量投入、铺平、冲洗，待所有介质全部加完后反洗，反洗时间对沙层应为1h，对活性炭应为2h。并应再正洗30min。

7）离子交换器应按设计要求加装树脂。

8）反渗透压力容器的交换膜可用甘油作润滑剂，但不得使用硅脂。

9）膜过滤设备安装膜之前应彻底清洗设备管路，不得有颗粒物进入膜组件。

10）纯水和高纯水管道、管件、阀门安装前应清除油污和进行脱脂处理。

11）管道、管件的预制、装配工作应在洁净环境内进行，操作人员应穿洁净工作服、戴手套上岗。

12）管件安装前后或停顿工作时，应充高纯惰性气体保护，并应以洁净塑料袋封口，一旦发现封袋破损应及时检查处理。

（2）纯化水和高纯水（含注射用水）管道以及纯蒸气管道采用不锈钢（SUS）管时，其管道加工、安装应符合下列规定：

1）不锈钢管在堆放、加工过程中，不应直接与碳钢支架管卡接触，应以塑料或橡胶垫片隔离。

2）管道连接宜采用焊接、焊环活套法兰和凹凸法兰等连接方式。

3）焊接应采用自动焊，管内灌充纯氩气（纯度99.999%）直至焊接、吹扫完毕。管壁冷却后再用四氯化碳脱脂，然后封闭管口。施焊方向与充气气流方向一致。

4）管道部件的点固焊可采用手工钨极氩弧焊，充氩应直至管壁冷却。

5）设计无要求时，法兰垫片宜采用非金属的聚四氟乙烯或软质聚氯乙烯板。法兰紧固螺栓应采用不锈钢材料。

6）焊接人员应有相应资质，施焊前应按施工要求做出样品，并应在检验合格后上岗。

7）管道系统安装应具备无不流动死水段的特性，系统安装后应有不小于0.5%的坡度。系统管道和所有设备的安装应具有残余水放空能力。

8）管道在焊接、安装结束后，应将管内焊缝氧化物冲洗干净，再进行脱脂和酸化钝化，并记录在案。

9）纯水、高纯水管道系统压力试验合格后，应在系统运转前进行自来水冲洗，冲洗速度宜大于2m/s，直至冲洗前后水质相同。冲洗后应再用10%过氧化氢进行后级循环消毒4h以上，然后用反渗透透过水冲洗直至前后水质符合设计要求。

4.2.7 洁净室的配电系统

应在对所需各种材料、管线、盘柜、开关、灯具等检验合格后开始配电系统施工作业。

1. 线路

1）洁净区用电线路与非洁净区线路应分开敷设；主要工作（生产）区与辅助工作（生产）区线路应分开敷设；污染区线路与清洁区线路应分开敷设；不同工艺要求的线路应分开敷设。

2）穿过围护结构的电线管应加设套管，并应用不收缩、不燃烧材料将套管密封。进入洁净室的穿线管口应采用无腐蚀、不起尘和不燃材料封闭。有易燃易爆气体的环境，应使用矿物绝缘电缆，并应独立敷设。

3）不应在建筑钢结构构件上焊接固定配电线路、设备的支架螺栓。

4）施工配电线路的接地（PE）或接零（PEN）支线必须单独与相应的干线连接，不得串联连接。

5）金属有线导管或线槽不应焊接跨接接地线，应用专用接地点跨接。

6）接地线穿越围护结构和地坪处应加钢套管，套管应接地。接地线跨越建筑物变形缝时，应有补偿措施。

2. 电气设备与装置

1）洁净室所用100A以下的配电设施与设备安装距离不应小于0.6m，大于100A时不应小于1m。

2）洁净室的配电盘（柜）、控制显示盘（柜）、开关盒宜采用嵌入式安装，与墙体之间的缝隙应采用气密构造，并应与建筑装饰协调一致。

3）配电盘（柜）、控制盘（柜）的检修门不宜开在洁净室内，如必须设在洁净室内，应为盘、柜安装气密门。

4）盘（柜）内外表面应平滑，不积尘、易清洁，如有门，门的关闭应严密。

5）洁净环境灯具宜为吸顶安装。吸顶安装时，所有穿过吊顶的孔眼应用密封胶密封，孔眼结构应能克服密封胶收缩的影响。当为嵌入式安装时，灯具应与非洁净环境密封隔离。单向流静压箱底面上不得有螺栓、螺杆穿过。

6）洁净室内安装的火灾检测器、空调温度和湿度敏感元件及其他电气装置，在净化空调系统试运转前，应清洁无尘。在需经常用水清洗或消毒的环境中，这些部件、装置应采取防水、防腐蚀措施。

4.2.8 洁净室的自动控制系统

洁净室的自动控制系统的施工验收，不含机电设备自带控制和有特殊要求的控制的施工和验收。

1. 自控设备的安装

1）自控设备仪表和材料在安装前的保管期限不应超过半年。当超期保管时，应符合保管的专门规定。

2）自控设备的安装应根据其使用目的，选择易于正确检测和动作的安装部位，在安装位置周围应预留相应的维修保养空间。

3）自控设备、仪表不应安装在有振动、潮湿、宜受机械损伤、有强电磁场干扰、温度变化剧烈和有腐蚀性气体的位置。

4）温湿度传感器、湿度变送器和压力变送器应安在能真实反映输入变量的位置，并应避开风口的直吹气流。安装底板和接线盒之间应密封处理。

5）风管或配管上插入式温、湿度传感器应按绝热层的厚度选择安装支架或套管。套管应垂直或水平面向管内流体。

6）直接安装在管道上的设备、仪表，宜在管道吹扫后和压力试验前安装，当必须与管道同时安装时，在管道吹扫前应将其拆下。

7）压力变送器的压力检测部位与导压管之间应安截止阀。导压管至变送器应有1：20的倾斜度。压力变送器安于蒸汽管道上时，应安装防止与蒸汽直接接触的虹吸管；当安于风管上时，变送器应垂直于空气流动方向。

8）安装电动调节阀时应注意安装方向，阀体和执行器应垂直于管内流体流动方向并应在上流方向安过滤器。执行器应在阀体上方。安装于室外的非防水执行器应有防护罩保护。

9）设备、仪表上接线盒的引入口不应朝上，当不可避免朝上时，应采取密封措施，施工过程中应及时封闭接线盒及引入口。

10）仪表盘、柜、操作台安装时应将其内外擦拭清洁，并排的两盘、柜、台之间的缝隙应不大于2mm，并应密封。

2. 自控设备管线的施工

1）洁净室自控设备管线的施工应满足建筑装饰的要求，应可随时进行清洁处理。

2）自控设备管线应采用金属线管或金属线槽。

3）线槽经过建筑物变形缝时，线槽本身应断开；槽内应用内连接板搭接，不需固定。保护地线和槽内导线均应留有补偿余量。

3. 自控设备的综合调试

在自控设备综合调试之前，应完成各控制设备的单体检测和调试，即通过模拟信号出入，完成给定的单体控制动作。

综合调试应完成下列工作：

1）相关动力设备的启动停止和联动。

2）确认设备运行动作和控制范围符合设计要求。

3）确认控制状态，微调各控制回路的控制参数。

4.2.9 洁净室设备安装

设备在现场开箱之前，应在较清洁的环境内存放，并应注意防潮。

设备应在指定的非受控环境拆除外包装（生物安全柜除外），但不得拆除、损坏内包装。设备内包装应在搬入口前室的受控环境中先按从顶部至底部方向采用净化吸尘器吸尘、清洁后再拆除。设备的外层包装膜应按从顶部到底部的顺序剥离。

设备运到现场拆开内包装，应核查装箱文件、配件、设备外观，并应填写开箱验收记录，然后向监理工程师报验。设备开箱检查完毕后应立即开始安装。

1. 净化设备安装

有风机的净化设备当其风机底座与箱体软连接时，搬运时应将底座架起固定，就位后放下。

净化设备安装应在建筑内部装饰和净化空调系统施工安装完成，并进行全面清扫、擦拭干净之后进行，但与围护结构相连的设备（如余压阀、传递窗、空气吹淋室、气闸等）或其排风、排水（如排风洁净工作台、生物安全柜和净化空调器的排水地漏等）管道必须与围护结构同时施工时，与围护结构应圆弧过渡，曲率半径不应小于30mm，连接缝应采用密封措施，做到严密清洁。

设备或其管道的送、回、排风（水）口在设备或其管道安装前、安装后至洁净室投入运行前应封闭。

安装设备的地面应水平、平整，设备在安装就位后应保持其纵轴垂直、横轴水平。

带风机的气闸室或空气吹淋室与地面之间应垫隔振层，缝隙应用密封胶密封。

带风机的层流罩直接安装在吊顶上时，其箱体与吊顶板接触部位应有隔振垫等防振措施，缝隙应用密封胶密封。

凡有风机的设备，安装完毕后风机应进行试运行，试运行时叶轮旋转方向应正确，试运行时间按设备的技术文件要求确定，当无规定时不应少于 1h。

2. 设备层中的空调及冷热源设备安装

1）安装空调设备时应按设计要求，核对型号、规格、方向和功能段（或模块）。

2）安装空调设备时应对设备内部进行清洗、擦拭，除去尘土、杂物和油污。

有检查门设备的门框应平整，密封垫应符合本相应规范的规定。

3）应对现场（包括技术夹层和机房）组装后的组合式空调机组本体的各连接缝做密封处理，然后按现行国家标准《组合式空调机组》GB/T 14294—2008 的方法检查。

4）净化风机盘管的进出水管均应绝热，排水软管不得折弯、压扁，凝水盘的排水口应处于最低位置。

5）安装空调设备四周的设备层地面应做防水处理，并应平整、无麻面、不起尘。该处地面应设挡水线，不应设排水沟。挡水线范围之内设地漏，地漏水封高度应符合设备技术文件要求。当无明确要求时，不应小于 70mm（防高压穿透）。冷凝水出管应有阀门，无冷凝水排出季节阀门应关闭，并应有提示标志。

6）当空调设备内表冷器设在负压段时，地面应设不小于冷凝水出水水封段高度的水泥底座，底座高度不宜低于 200mm（防风机全压穿透）。

7）空调设备内加湿器的安装应设独立支吊架，不得在空调机组壁板上开设固定支架用的安装孔。加湿器喷管与机组壁板间应做好绝热、密封处理。

8）吊顶内空调设备应留有一定的检修、维护空间，应在洁净室外就近吊顶处设便于人员进出的检修口，并应有照明设施。

9）安有空调设备的吊顶不应直接与室外相通。

10）吊顶内的空调设备宜设置防止水直接漏至吊顶上的导流措施。

11）吊顶内空调设备水管主要接口处正下方不应设置电线接盒、电气元件等。

12）吊顶内安装的空调设备应有减振措施。

13）冷冻水、冷凝水、冷却水、蒸汽（热水）等各种阀门应选用铜或不锈钢等材质的优质阀门，并应安装在方便操作和维修的位置。

14）系统中的电加热器安装必须与不耐燃部件保持安装距离，电加热与其他构件接触处应垫以不燃材料的绝热层；与风管的连接法兰，应采用耐热不燃材料。电加热器的外壳应有良好接地，外露接线应有安全防护罩。

15）大型医疗设备的运输、电源、散热等需针对性考虑，必要时对设计进行校核。

3. 生物安全柜安装

1）生物安全柜内如有气管和水管，应同时安装完毕。

2）当多台生物安全柜的排风支管与竖井内封闭的排风立管相连接时，支管应采用防回流装置，并应从立管入口后向上伸入最少 0.6m。

3）生物安全柜安装就位之后，连接排风管道之前，应对高效过滤器安装边框及整个滤芯面扫描检漏。当为零泄漏排风装置时，应对滤芯面检漏。

4）在采用压力相关的手动调节阀定风量系统中，当多台安全柜排风并联时，整个系统在安全柜安装后应重新平衡，采用压力无关的风量平衡阀时可不做此项平衡。

5）生物安全柜安装并检漏之后，应进行下列现场检验。

Ⅱ级安全柜安装后，应做操作区气流速度检验，应确认结果符合现行国家标准《生物安全实验室建筑技术规范》GB 50346—2011 的要求。

Ⅰ、Ⅱ级安全柜安装后，应做工作窗口气流方向检验，应确认通过整个操作口的气流流向均指向柜内。

Ⅰ、Ⅱ级安全柜安装后，应做工作窗口气流速度检验，应确认结果符合现行国家标准《生物安全实验室建筑技术规范》GB 50346—2011 的要求。

接地装置的接地线路电阻检验，应确认接地的分支线路在接线及插座处的电阻不超过设计规定值。

4. 工艺设备安装

工艺设备的安装不应影响洁净室参数和服务功能。

工艺设备安装时，现场的净化空调系统应已连续运行 24h 以上；现场除正常照明外，应配备三相 380V、单项 220V 和低压行灯电源。

任何用于大设备的提升、牵引或定位的专用设备在进入洁净室安装现场前，应彻底清洁，并应检查有无脱屑、剥落的表面或不宜进入洁净环境的材料。

设备安装时应妥善保护墙壁与地面，设备的软胶轮应予包裹，避免在地面拖磨。开洞作业不应划伤或污染所在表面。设备安装位置穿越不同洁净级别区域时，穿越处缝隙应用柔性材料填充、密封，并应装饰处理。

设备安装时宜在设备周围设临时隔离墙，设备周围应留出足够的安装空间。隔离区内应阻断正压送风。进入隔离区的人员应按进入洁净区要求。

除设计有明确要求外，设备的安装宜不作永久性固定，不采用地脚螺栓方式。宜安装成可移动性的半固定式。

无脚轮的设备安装就位时，应有承重部位地面的保护措施。

1）设备离墙距离应能满足维修和清扫要求。当靠墙安装时，与墙间的缝隙应密封。

2）设备底面应抬离地面 80～150mm，不能抬高这一距离时，应落地安装同时地面间的缝隙应密封。

3）水池、水槽等用水设备与围护结构接触的边沿部位的缝隙应密封。

4）设备配管配线所用各种管线原料和垫料、填料等辅料应对产品和环境无不良影响。应避免在洁净环境中进行材料加工，当不可避免时，应采取防止粉尘扩散措施。

5）应在设备找正、调平后再进行设备二次配管、配线。

4.2.10　检验科机电施工

检验科空调应注意分区、独立设置，保持合理的气流流向。由于检验科汇集了各种具有致病性的标本，因此检验科的空调系统除可共用冷热源外，末端机组应和医院空调系统分开，预防和避免交叉感染。另外，检验科内部区域也应分开设置空调系统。对于办公区等不受污染的区域，出于成本考虑，可以使用风机盘管系统，但应设置辅助空气净化机组，并且定期对室内空气进行消毒净化处理。而实验区（含缓冲区）应设置带粗、中、高三级过滤的全空气系统，其回风口和送风口应布置在实验室内部，不得与外部联通，保持清洁区和污染区分开。

空气处理机组的初效过滤器应设置在机组负压段，同时新风口处也应设置初效过滤器；中效过滤器应设置在空气处理机组的正压段；高效过滤器应设置在系统的末端。此外，全新风系统宜在表冷器前设置一道保护用的中效过滤器；新风入口应采取有效的防雨措施，并应安装防鼠、防昆虫、阻挡绒毛等的保护网，且易于拆装。办公区新风量应不少于每小时 4 次的通风换气次数，实验区应不少于每小时 12 次通风换气次数。气流组织方面，为确保实验室内气流由清洁区流向污染区，实验室内不应使用双侧均匀分布的排风布局，不应采用上送上排的通风方式。宜采用上送下排方式，送风口和排风口布置应有利于室内可能被污染空气的排出。生物安全柜的安装位置应远离实验间入，避开工作人员频繁走动的区域，且有利于形成气流由“清洁”区域流向“污染”区域的气流流型。生物安全柜操作面或其他有气溶胶产生地点的上方附近不应设送风。此外，安装时还应注意，实验室房间排风与实验设备（如生物安全柜）排风须共用一个排风系统，否则大大增加消除房间正压的难度。

实验室通常的送风和排风系统应用传统材料制作。排风罩因为放射性物质、挥发性溶剂、强氧化性药剂如：高氯酸的缘故，应该用不锈钢制作。内部有放射性和传染性物质，必须在排风口安装超高效过滤器，并且应有一套安全替换和处理污染过滤器的过程和设备。有最小水平分支的排气管，要尽可能的短。对于高危险易爆炸的高氯酸，这尤为重要。从生物化学、组织学、细胞学、病理学、玻璃器皿清洗、灭菌和血清细菌学等实验室排除的气体，不能形成循环。典型的排风扇以高达 20m/s 的速度在高于屋顶 2.1m 的地方，垂直排放。血清细菌实验室相对邻近区域应保持密封，以减小污染标本的气溶胶渗透的可能性。

化验室：灯具不能对空间的灰尘有影响，污染到到检查样品，灯具需要为带罩洁净灯。灯具不仅要求对化验样品造成质变，尤其紫外线。同时照明要求照度要在 300Lx 以上，光源色显色性 Ra>90。推荐使用灯具：格栅灯盘外附透明灯罩或者高透光亚克力面罩（图 4.2-11）。

图 4.2-11　格栅灯

眼科检查室：眼科检查室内有明室和暗室。明室的照度从 10000lx 到 50lx、暗室的照度从 50lx 到 0lx 的范围内变化。有些检查内容应能够进行间隔点灯。低照度的部分适合使用调光。

脑波、肌电图室：在脑波及心电图的测量方面，由于近年来仪器的技术进步，基本上不需要对照明器具进行屏蔽。但是，肌电表等测量微小电压的仪器，为了避免静电诱导、电磁诱导的障碍，就需要进行屏蔽。在脑波、肌电图室应使用将防止电磁噪声的导电体直接印制到器具板面上的照明器具。

4.2.11 防辐射科机电施工

1. 供电

（1）电压

X线机的供电电源一般均为交流电源，它是指X线机自耦变压器的输入电压。由于供电系统的不同，各厂家生产的各种X线机对电源电压的要求也不同，因此在安装说明书中都明确地标出了各自所需的供电形式和电源电压值。供电电源电压要求：

一致性：供电电源的电压必须与X线机所要求的电源电压一致；

就高性：选择较高的电源电压（380V），可降低对电源内阻的要求；

稳定性：电源电压的波动范围应≤±10%。最好使用专用的供电变压器。

（2）电源频率

电源频率是X线机电路设计时的一个重要参数。X线机中，许多电路和元件的工作特性与电源频率有关。这些部件对频率变化十分敏感，波动大时最终会影响到图像质量。

选定电源时，必须考虑电源频率是否准确稳定，是否与机器的要求相符。

电源频率变化范围不应超过±1Hz，有些设备要求不超过±0.5Hz。

（3）电源容量

电源容量是指为X线机提供电源的专用供电变压器的容量，其单位是kVA。在选择供电变压器容量时，既要保证X线机在满载时的输出准确稳定，又要避免供电变压器低负荷状态运行。

X线机对电源容量的要求，应以满足X线机摄影曝光时最大输出功率为标准。在设计供电电源时，其供电变压器的容量必须与X线机摄影曝光时的最大输出功率相匹配。

X线机所需电源容量，在X线机说明书中都有规定，也可根据X线机说明书中提供的资料加以计算。

$$最大总功率\ P_B = 最大输出功率\ P_X + 其他电器的耗电功率\ P_0$$

变压器具有允许瞬间过负荷的特性，即在短时间内过负荷的限度可达100%。因此，供电变压器的容量 $P_B = 1/2(P_X + P_0)$

（4）电源内阻

电源内阻 R_m = 电源变压器内阻 R_0 + 电源导线内阻 R_L。

电源导线内阻是电源变压器输出端至X线机电源开关间的导线所具有的电阻。电源内阻增大，其输出端电压必然降低。

X线机是瞬时大功率负载，在摄影曝光时，其供电电流很大，很小的电源内阻将产生很大的电压降，这会导致X线机不能正常工作，输出的图像效果差。所以，电源内阻应严格控制在要求范围内。

供电变压器的容量和其内阻是一一对应的，当供电变压器的容量选定后，电源内阻的大小仅与电源线的电阻有关。

在实际工作中，电源线的选择原则是：①电源线的阻值 $R_L \leqslant R_m - R_0$，即不大于X线机所要求的电源内阻与电源变压器内阻之差；②电源线能安全通过X线机最大负载时的电流。

（5）供电形式

除小型X线机可由低压电网直接供电外，大、中型X线机都需专用的供电变压器供电。

在此电力电缆上不准接入大功率电感性负载。如空调、电梯、冷冻机等，以免避免设备启动和停止时引起的干扰。

变压器距离配电箱应小于50m。

为保证本机的正常工作，本机必须置于小于0.05mT的静磁场环境中，安装地点必须远离MR（核磁共振）等强磁场设备。

2. 接地要求

为防止触电事故，保护人身安全，凡电气装置都要求有良好的“接地”。

X线机接地的意义有两个：

工作接地：即为保证某些电路的工作，将电路中的某一点与大地做电气上的连接。

保护接地：即将X线机不带电的各金属外壳以及与金属外壳相连的金属部件与接地装置之间做良好的金属连接，一旦某些电器绝缘破坏，或者被击穿使外壳带电时，由于人体电阻远大于接地电阻，短路电流可通过接地装置流向大地，从而使触及带电外壳的人体免受电击，起到安全保护作用。

接地装置是连接电器与大地间的过渡装置，是专为泄流接地短路电流而设置的，它由接地电极（接地体）和接地线两部分组成。

接地电极：也称为探针，是直接埋入地下并与地壤接触良好的导体或几个导体的组合。该电极可用铜板、钢管或圆钢制成。

接地线：是连接接地电极与X线机金属外壳间的金属导线。接地线与接地电极应焊接牢固，构成一体。

接地电极的埋设：

接地电极应埋设在建筑物以外3m，地下深度应>1.5m。

接地电极周围应放置木炭、食盐等吸水物质，以保证接地电极周围湿润，导电良好。

接地线应敷设地下进入机房，与机器各金属外壳相连接，或通过地线分线板与机器各金属外壳相连接。

我国规定X线机的接地电阻应<4Ω。

3. 电气线路与照明

X线机的电源与控制线路采用电缆沟槽敷设：地槽式或明线式，见图4.2-12。

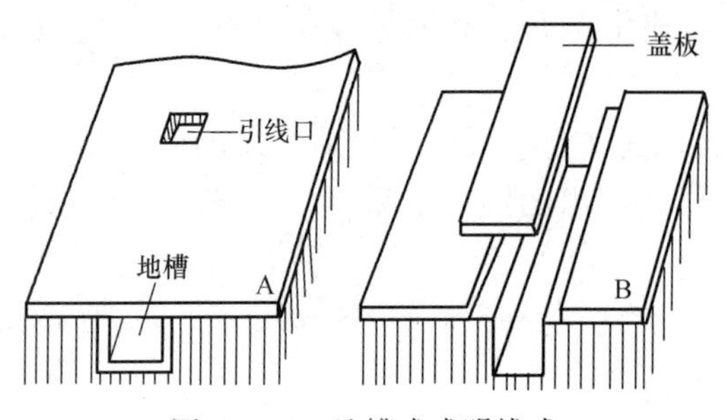

图4.2-12　地槽式或明线式

放射科治疗室照明保证足够的亮度、柔和，照度100～200lx；顶棚吸声、防火（图4.2-13）。

机房外应安装X线曝光信号灯，以引起各方面人员的注意。另外，机房门上应装门开关，以防防护门开启时出X射线。信号灯和门开关的引线应穿管到高压发生器附近。

图 4.2-13　放射科室照明和防火

4.3　辅助诊疗区智能系统施工技术

辅助诊疗区智能系统设置监控系统、门禁系统、紧急广播及背景音乐系统、智能照明系统、楼控系统、有线电视系统、综合布线系统、医护对讲系统、静脉配液系统。但静脉配液系统对于辅助诊疗区相当重要，可以避免护士出错和提高工作效率，提高人力物力的使用价值。

4.3.1　静脉配液中心管理系统

系统概述

(1) 静脉用药调配中心

静脉用药调配中心就是在符合国际标准，依据药物特性设计的操作环境下，受过培训的药技人员（也可包括护理人员）严格按照操作程序，进行包括全静脉营养液、细胞毒性药物和抗生素等药物配置，为临床医疗提供优质服务，是集临床与科研为一体的机构。

静脉输注是患者接受治疗的主要手段，输液加药已极为普遍，据报道，这种现象在国外达 45%～76%左右，在我国高达 80%以上。但这一常规操作在我国还没有规范性管理，而在西方发达国家普遍实施的医院静脉药物配置中心恰好填补国内这一空白。其在合理用药，防止空气中微生物、微粒进入输液，减少输液反应，促进临床药学的发展等方面发挥了较大作用。

静脉药物配置中心一般分为住院静脉用药调配中心和门急诊静脉用药调配中心。他们服务的对象不同，在工作流程上有较大区别，住院静脉药物配置中心负责全院长期医嘱及肿瘤化疗药物、TPN 药物的配置；门急诊静脉配置中心负责除夜晚及危重患者以外所有患者输液的配制。中心要求严格按 GMP 建立，由办公室、摆药室、准备室、缓冲室、更衣室、配置室、成品区和药物仓库组成。

静脉药物调配中心的使用后，能够提高静脉输液成品质量和合理用药水平，确保病人临床静脉用药安全，减轻护士工作压力，提高护士工作效率，减少医患纠纷，准确考核工作量、统计输液配置中心相关数据，提高医院管理水平和药物治疗水平等方面都有着促进作用，同时还可协助医院创建高标准、高质量的临床静脉用药配置管理新模式。

（2）静脉药物集中配置后的优越性

保证输液成品的质量，降低获得性感染：由于加药是在万级环境下，局部百级的洁净层流台上操作，严格按照无菌配置技术配置药物，从而保证药品的无菌性，减少微粒的污染，给患者提供无菌、安全的高品质药品。

发展临床药学，推广合理用药：药师参与静脉药物配置，要对输液成品质量负责，责任心加强，自然会充分将掌握的药学知识运用到工作中并能强迫药师更新现有的知识，掌握新技术，同时加强与医生、护士的沟通与联系，更多地掌握临床合理用药的资料，累积经验，推广合理用药；建议药品的合理给药时间、合理的配伍、合理给药顺序等，确保药物的相容性和稳定性。

减少用药错误：静脉药物由于配置前药师、配置时护士、配置后药师的多次核对与检查，能及时发现问题，包括错误的药物、剂量、给药途径、溶媒等，减少差错的发生。

减少药品的浪费和降低医疗成本：药品集中规范管理，防止药品过期失效和流失。集中冲配，通过合理并用，减少药品浪费。同时通过同种药物、同种溶媒在保证质量的情况下共用注射器、针头等，减少医疗成本，节约资源。

职业暴露防护：将对正常人体有害的细胞毒性药物、抗病毒药物及抗生素在相对负压的生物安全柜中配置，大大减少了对加药人员的毒害和对周边环境的污染。

把护士还给患者：集中配置，规范管理，提高工作效率，护士将有更多的时间和精力进行临床整体护理，提高护理质量。

减少医疗纠纷：由于质量得到保证，可以减少由于输液反应而引起的医疗甚至法律的纠纷。

（3）静脉用药调配中心系统注意问题

明确“静脉用药调配中心管理系统”与医院 HIS 的关系：PIVAS 系统相对独立但与 HIS 完全兼容。PIVAS 系统对 HIS 系统和临床工作无影响。

因建立 PIVAS 系统，而带来的临床药局摆药的工作习惯的改变；配置中心的药品由配置中心摆药，而其他药品才由临床药局摆药。要注意两个发药科室同时摆药的情况。

系统运行初期的临床协调：要与临床协调确定输液单批次的信息、确定医嘱下达完毕的时间、确定每个批次送药的时间，尤其要确定不能配置、只排药送药的输液单等。

退药问题的处理：因为配置中心为集中配置，所以在未配置前都可以进行退药处理。关键在于如何确定需要退药的输液单，要求系统能够按照停止的医嘱，进行自动提取退药数据，进行退药。在特殊情况下，如病人死亡、病人用药后出现过敏或医师根据病人病情发展需要修改医嘱、停止医嘱，临床科应在规定的配药时间前，通知配置中心停配或缓配药品以避免浪费。PIVAs 软件系统要支持自动的退药和退病人费用。

注意经济核算问题：在可以进行静脉配置费用收取的地区，配置费用应该直接收取到静脉配置中心，不应由临床科室代收；这就要求系统能够和 HIS 系统无缝链接，进行费用自动收取工作。

合理用药和临床药学工作的推广：在合理用药上应逐步纠正医生的用药习惯，在合理给药时间和输液批次上要逐步进行合理的调整，不能操之过急，要加强药师与医生、护士的沟通与联系；利用软件系统提供的强有力的分析工具，逐步加强临床药学工作的开展。

5 门诊诊疗区施工技术

门诊区为医院的门户所在，是医院人员分流，排队叫号的主要场所，所以对智能化的要求较高。完备的智能系统是门诊区就诊效率的保证。

5.1 土建施工技术

医院门诊区根据不同科室的相关特色要求进行装饰装修施工。在土建施工中与常规工程基本一致，这里就不再累述。

5.2 机电安装施工技术

门诊部的照明一般以科室为单位来选择照明的方式和确定照度标准。门诊大厅应以简洁明快的荧光灯具为主。大面积的荧光灯照明，灯具数量较多时，应采用三相配电或电子镇流器，克服荧光灯的频闪现象和噪声。有条件的场所应尽可能充分利用自然光，并设计照明节能控制。当大厅部分采用自然采光时，要注意照度分布和克服炫光等问题。

药房的药品储存柜，旋转取药架的照度为 100～150lx，取药窗口内及天平等部位应设置局部工作灯，工作灯应采用下反射型壁灯或顶灯方式，避免使用妨碍工作的台灯。

门诊部的一些科室会产生异味，需要通风的科室有口腔科、中医科的理疗区、妇产科的检查及门诊手术室、药房、输液区、病人等候区等。以上科室的通风系统应是独立的，通过低噪声的管道通风机在本层直接排至室外或是接入排风竖井均可，如设有集中空调新风系统，可利用空调的新风作为补风，未设集中空调新风系统的要考虑自然补风或是机械补风。

公共卫生间的洗手盆应采用感应式自动水龙头，小便斗应采用自动冲洗阀，蹲式大便器宜采用感应冲洗阀。

具体施工方法可参照 4.2 节。

5.3 智能系统施工技术

门诊区智能系统设置监控系统、门禁系统、紧急广播及背景音乐系统、智能照明系统、楼控系统、有线电视系统、综合布线系统、医护对讲系统、排队叫号系统、信息发布系统、计算机网络系统。门诊区是整个医院人流最多最集中的位置，整个医院的患者都要经过门诊区的诊疗在进行下一步的治疗，因此排队叫号系统和信息发布系统对于现代化医院的建设就显得尤为重要，不仅可以合理规范整个门诊大厅的秩序，而且提高医护工作人员的效率，让患者得到更及时的诊治。

5.3.1 排队叫号系统、信息发布系统

1. 系统概述

我国医疗保健系统快速发展，医院规模也愈加庞大，大医院的日均就诊病人动辄成千上万，医院内部人流混乱，就医环境质量下降，医患矛盾愈加突出。

排队叫号系统、信息发布系统，将全面提升医院类项目公共服务技术水平，提升医院档次，提升医患病人对医院的满意度。

1）合理有效引导来医院就诊的人流，改善就医环境。

2）提升医院的视觉环境质量。

3）提供明晰有序的分诊显示，减少护士因导医咨询而产生的工作量，化解医患矛盾。

4）多媒体精确显示，让患者有序候诊，减少患者间因排队而产生的矛盾与冲突。

5）实现医院各个科室的动态多媒体导引。

6）针对不同科室和职能部门，发布对应的医院特色服务信息。

7）进行多媒体医疗宣传教育。

8）为患者播放娱乐短片，缓解等待烦恼。

2. 需求分析

医院类项目信息显示屏设置要求：

1）一楼大厅设置室内全彩 LED 显示屏，建立医院公共电子信息公告系统。

2）一楼大厅设置室内落地触摸屏，供患者查询信息。

3）楼层电梯口、人行楼梯口、医疗街等显要位置设置落地显示屏。

4）挂号、收费、药房窗口设置 LCD 屏，科室候诊区设置两块 LCD 屏。

本系统基于医院内部计算机网络，与医院 HIS 系统建立数据接口，采用以上显示屏，实现门诊挂号液晶显示、一级分诊液晶显示、二级分诊液晶显示、化验取单液晶显示、取药排队液晶显示、科室导引液晶显示、医疗宣教液晶显示等各项功能。

3. 系统方案设计

（1）LED 显示设计

医院大楼电子公告显示，主要用于显示各种新闻实事、通知、宣传等各类公告信息，同时也可以播放有线电视、录像等视频节目。系统采用室内全彩色 LED 屏，配置各种常规接口，从而充分满足医院的需求。具体优点后有详细说明。

1）播放文字宣传

系统能够播放各种文字宣传：例如药品报价、医院政策宣传、活动接待致辞、重要通知、新闻时事等。

2）播放视频信号和 RGB 信号

配合音视频设备，可以播放电视、VCD、DVD、录像、计算机、网络等节目，起到装饰环境、烘托气氛的作用。

3）管理控制

采用菜单和填充方式操作；控制中心可对显示内容和显示屏工作状态进行监测。

4）外形屏体要求

系统采用全彩 LED 显示屏、全彩色显示模组，换帧速率可与计算机显示器的自动同步，不可出现不连续的闪烁现象及画面晃眼、眩目等问题。

5）信号传输

控制器与视频显示屏之间的并行信号传输线应达 100M，有较强的抗干扰能力。

（2）系统基本功能要求

1）编辑功能

通过键盘、鼠标、扫描仪等不同的输入手段编辑，增加、删除和修改文字、图形、图像等信息。编排存于控制主机或服务器硬盘的信息，节目播放顺序与时间，实现一体化交替播放，并可相互叠加。可以接收实时电视频、录像机、影碟机等音视频信号，并可进行网络实时播放。

2）播放功能

视频播出功能——实时显示彩色视频图像。

转播电视节目——视频卡具有视频输入接口，可以驳接电视机、录像机、影碟机等视频图像。

驳接图文电视信息网络——具有电视画面上叠加文字信息，全景、特写、慢镜头、特技等实时编辑和播放功能。

用于播出计算机信息——可以显示各种计算机信息，图形、图画及动画等；并与计算机显示器同步显示。

3）网络功能

可配有网络接口可以与计算机联网，同时播出网络信息，实现网络控制。

4. 系统组成

（1）系统结构图（图 5.3-1）

结构说明

1）网络平台：可以是医院的局域网络，系统要求带宽：中心出口 10Mbps，终端节点 1Mbps，支持 wifi 无线网络。图中交换机支持 2 层交换即可。

2）信息发布服务器：系统核心，可采用高性能 PC 架构服务器，装有系统主服务程序，用于多媒体内容的存储、调度，数据库的运行操作。它与网络应有良好的带宽保证。

3）分诊服务器：用于接收 HIS 接口服务器、医生诊室电脑、护士站电脑传来的信息，实时生成最新的分诊导引信息，并按显示规则推送到各个显示终端上，系统规模较小时，它可与信息发布服务器合并为一台。

4）HIS 接口服务器：是与医院已有 HIS 系统进行通信的接口机，它可以设计为双网模式，保证 HIS 系统安全，该机也可根据实际情况，与信息发布服务器合并为一台。

5）管理工作站：用于对系统的管理，包括系统设置，系统监控，内容组织，发布，系统维护等，该机可以利用医院原有 PC 设备，系统根据权限可设计多台管理工作站。

6）医生诊室电脑：采用医院原有的电脑，加装虚拟叫号器软件，医生方便进行患者叫号。每个医生诊室电脑都需安装“虚拟叫号器”软件。

7）护士站电脑：采用医院原有设备，加装分诊台软件，护士可方便进行排队信息检索查询、患者调号等工作。

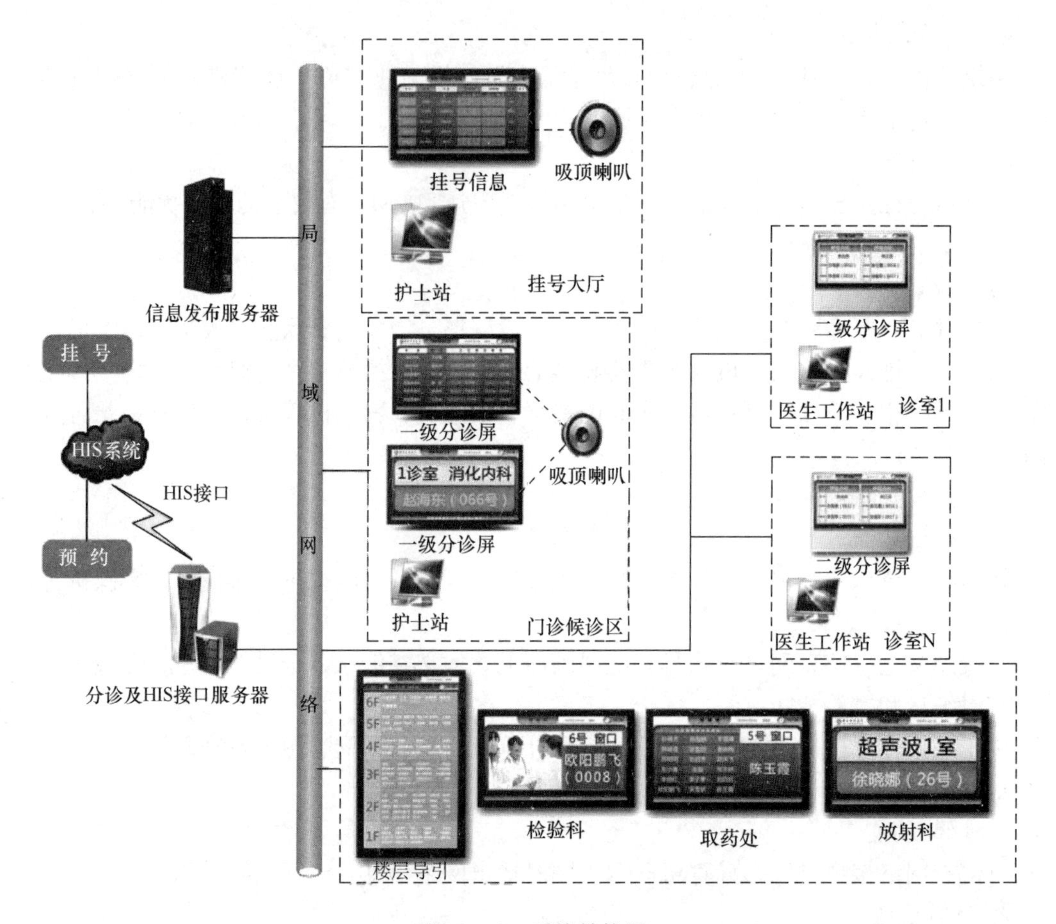

图 5.3-1　系统结构图

8）媒体播放显示机：用于显示医生叫号信息、多媒体导引信息。它是一台带有网络播放能力的专业液晶显示器，该设备内嵌有网络媒体播放终端，一体化设计，可实现全自动定时开关机，并设计有多种尺寸和样式，便于医院内不同区域安装及工业化应用。

9）媒体播放终端：医院内已有液晶电视时，系统可提供独立的网络媒体播放终端，它接受来自网络的数据及信令，实时显示需要播放的内容。

（2）系统管理软件结构（图 5.3-2）

结构说明

1）数据层：用于数据挂号、排队叫号信息的采集、汇总。

2）应用层：实现数据及内容的组织、调度控制，并接受医生、护士的交互触发事件，生成信息显示列表。

3）表现层：由网络终端对收到的数据进行解析并生成显示数据。

5. 排队叫号子系统

系统实现排队叫号信息及患者就医状态信息全自动显示，单一画面显示信息量大，表现力丰富。

子系统包含的软件模块有：分诊叫号模块、虚拟叫号器模块、分诊台软件模块、显示及语音模块、HIS 接口模块。

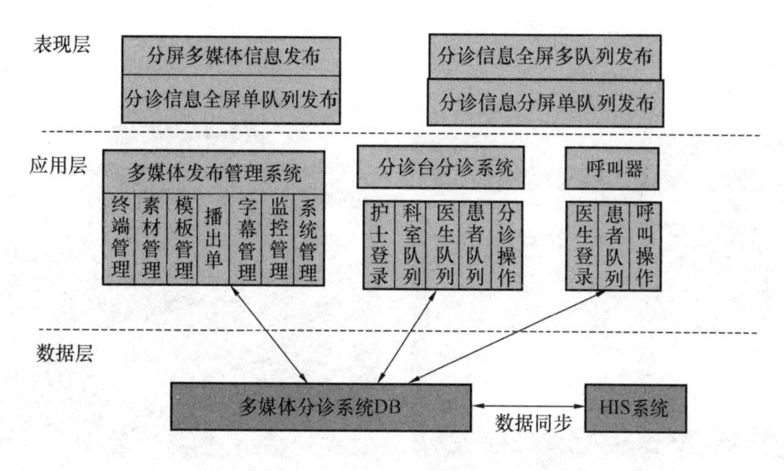

图 5.3-2　系统管理软件结构

6. 分诊导引显示业务流程

以下是结合医院业务流程，设计的分诊导引显示业务流程（图 5.3-3）。

从上图可以看出，我们设计的导引显示系统可以导引患者的在医院的全部就诊流程，这将极大提升患者的就医体验，提高患者满意度，同时也将减少期间护士的服务量，增加绩效。

7. 分诊叫号显示效果

以下是分诊叫号显示子系统为某医院设计的门诊显示效果，显示画面及内容可以根据各医院的实际情况进行灵活的定制调整。

（1）科室分诊叫号显示（图 5.3-4）

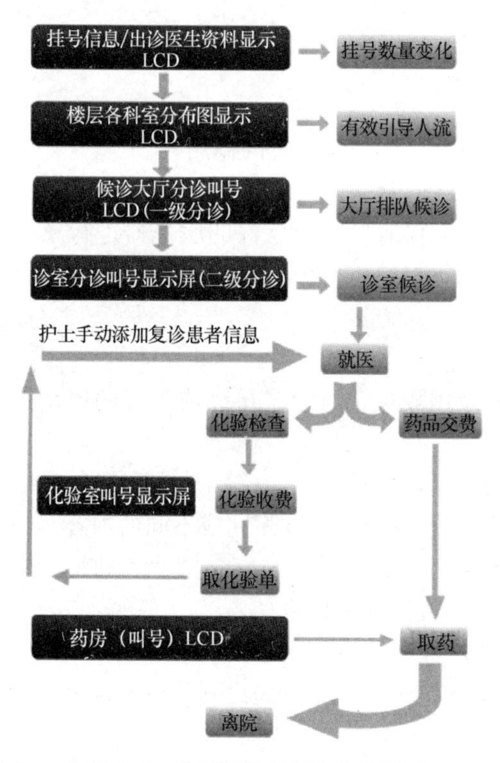

图 5.3-3　分诊引导显示业务流程图

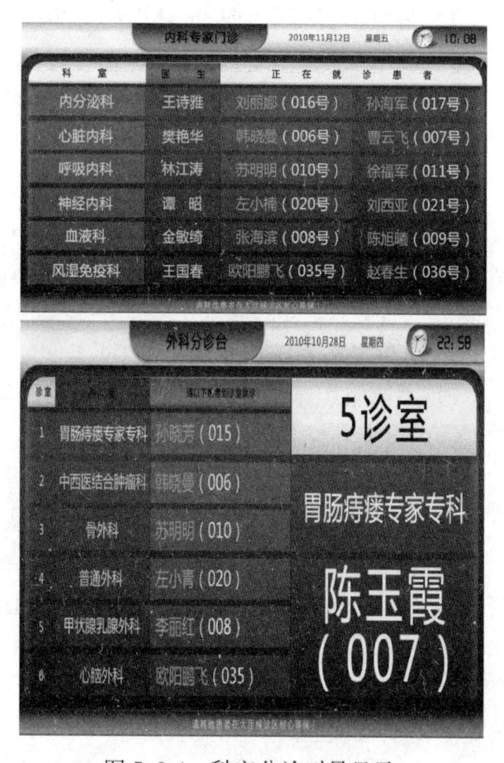

图 5.3-4　科室分诊叫号显示

（2）化验取单显示（图 5.3-5）

（3）取药排队显示（图 5.3-6）

图 5.3-5　化验取单显示

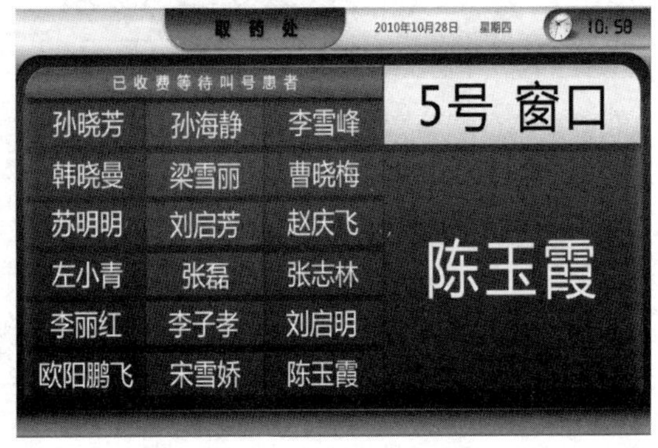

图 5.3-6　取药排队显示

8. 信息发布系统

采用动态、高亮、联网自动发布内容的液晶电视一体机，替代医院原有的玻璃橱窗、纸质易拉宝、板报等传统老旧宣传手段，已成为医院信息化建设的必要工作。

多媒体信息发布子系统可以满足这种需求，可应用在以下场景：

1）发布出诊医生信息，方便患者挂号。

2）发布特色门诊和科室介绍，提高知名度。

3）播放权威医生、专家介绍，方便患者按需求有针对性的进行诊断。

4）紧急、实时信息发布，提高办事效率。

5）显示医院电子地图，方便患者咨询和就诊。

6）播放形象宣传片、塑造医院品牌形象。

7）宣传健康生活理念，倡导良好的生活习惯，达到公益宣传的作用。

8）播放对患者有益的娱乐节目，调节患者情绪，营造良好就诊氛围。

多媒体信息发布子系统基于 B/S 架构，由装载有信息发布软件的服务器进行核心数据调度，网络上的任意一台管理机登录子系统，通过认证后即可实现的内容编辑、管理、发布。

9. 信息发布系统技术特点

1）系统组织结构的搭配灵活：根据医院的应用规模，可设定单级或多级的树型组织管理、内容发布结构，方便系统统一管理、控制。

2）发布内容的自主管理：系统可自主控制管理，可精确的定义播放内容的播放终端点、发布时间及发布周期。同时支持相同或不同发布点分别播放相同或不同的内容。

3）内容丰富且可灵活搭配：医院提供的素材可以是视频、文字、图片、动画、数据信息、文档，也可以来自互联网、电视频道、网络直播等多种途径。

4）模板界面的自主设计：用户可自由定义各种显示风格；系统提供了全屏幕发布、自定义窗口发布及动态信息发布模式，并且分别支持 16∶9、4∶3 比例的模板自定义，及其显示器横屏或竖屏的完美表现。

5）系统的兼容性设计：采用异构设计模式，系统支持各类操作系统。方便并灵活扩展。同时控制多种媒体播放终端，为用户提供了最高的性价比选择。

6）系统的易管理性：采用B/S架构，方便用户对系统的管理。远程登录访问，即可根据设定权限控制管理系统。

10. 管理软件功能说明

（1）软件业务流程图（图5.3-7）

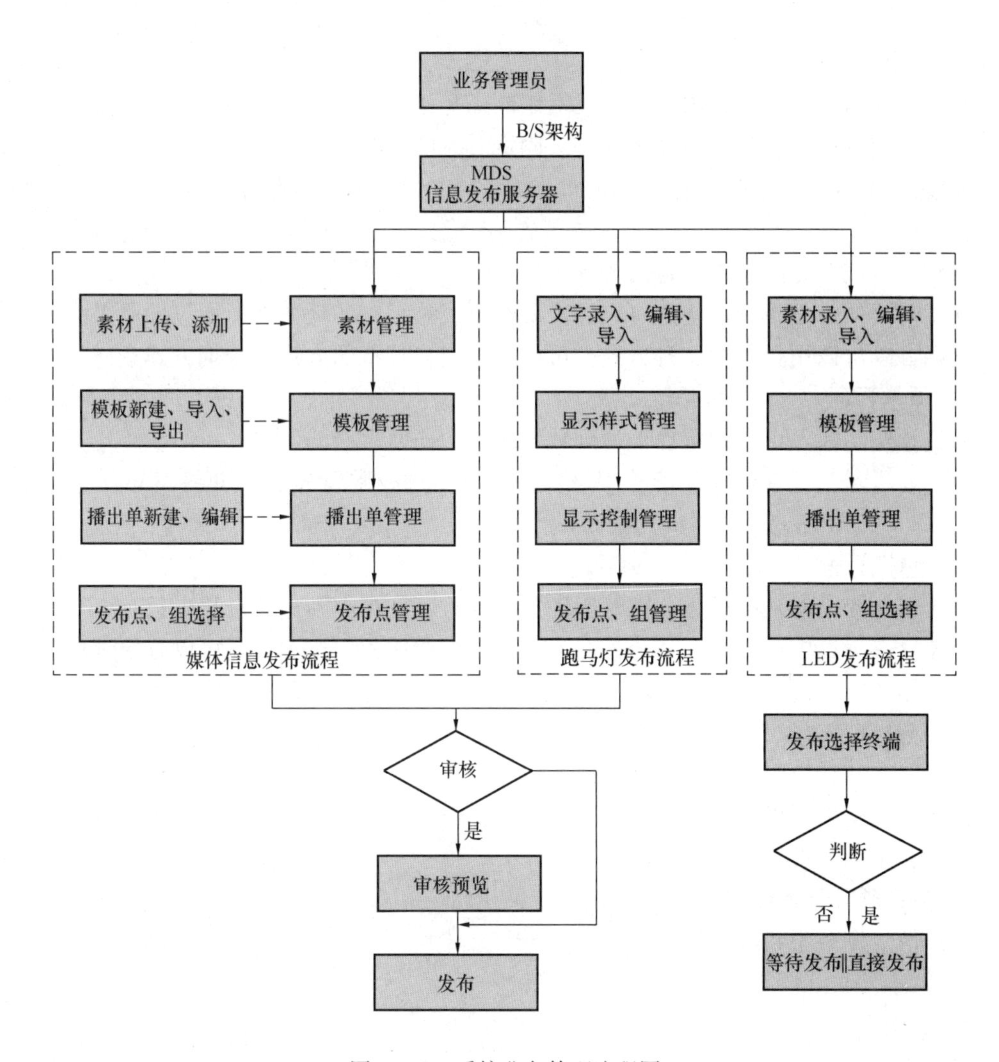

图5.3-7　系统业务管理流程图

（2）软件功能说明

1）元素管理

元素特指系统中所有要发布的媒体信息的统称，元素管理是指对系统所能支持的文件类型及节目格式的管理。管理员可对素材进行相应的预览查看，并对素材库进行相应的管理（添加、删除），为发布节目准备素材资源。

支持的素材文件类型包括各种常见格式的视频、音频、图片、文字、网页、接口数据、字幕、天气预报、时钟、电视频道、网络组播频道等。

2）模板管理

在同一显示画面上，可设计多个不同区域，不同类型元素可在特定的区域内播放；这样的组合即是模板概念。

医院编辑人员可随意设计不同风格的模板。在不同的区域可以设计针对性不同模板。如竖屏窗口模板，可用于医院的宣教；横屏窗口模板可用于就诊信息和宣教节目同时播放。

3）播出单管理

根据具体需求定义元素内容，是灵活定制任务排程的前提。

可任意定制某年、某月、某天或每天固定时段的发布任务。

插播：插播时不会影响主任务正常发布的有效期，待插播结束后，主任务会继续播放。

针对单点或多点的播出单自由排程。

任意时段的排程查询，快速定位到需要变更或是编辑的任务上，所见即所得。

查询方式可以用日、周、月方式，可使用列表、甘特图方式，查询方式多样化。

4）预览管理

通过预览功能，可以预览已上传到数据库里的任何素材的效果；

可以通过预览设置，辅助于外围设备，可以通过权限首先看到即将发布任务的全部内容。

5）审核管理

对于已经提交的发布任务，审核管理员有权对其发布内容进行审核，只有审核通过后的内容才会在屏幕中播放。在系统界面上有“待审核任务”提示栏，可以方便管理员进行及时的操作。

6）跑马灯字幕发布管理

设置发布和结束时间日期，字幕位置，终端组和字号的大小。

在跑马灯管理栏里，可以先建一个新的字幕样式，字幕样式里包含字体颜色、背景演示、字号、字体等设置。

7）后台软件界面图（图5.3-8）

（3）信息发布子系统显示效果

1）信息发布（图5.3-9）

2）健康宣教

11. 多媒体查询系统

在设计多媒体信息查询系统时充分考虑到医院大楼的需求，医院的多媒体触摸屏信息查询一体机安装在等候区、一层大厅、部分楼层电梯口，本着“以病人为中心”的服务宗旨，支持医院为病人提供全面位的服务，病人可以通过触摸屏查询系统了解医院的各种信息。系统通过提示引导病人自行操作查询：医院的概况，医院的工作人员信息，医院的科室信息，医院的药品/耗材价格，医院的手术项目，住院的床位费及相应的取暖费/空调费等价格，医院在进行调价后系统会自动更新价格，使病人及时得到医院各收费项目的价格。通过本系统病人可以及时快速的了解医院的一切信息，同时也节省了医院人员的繁琐工作。

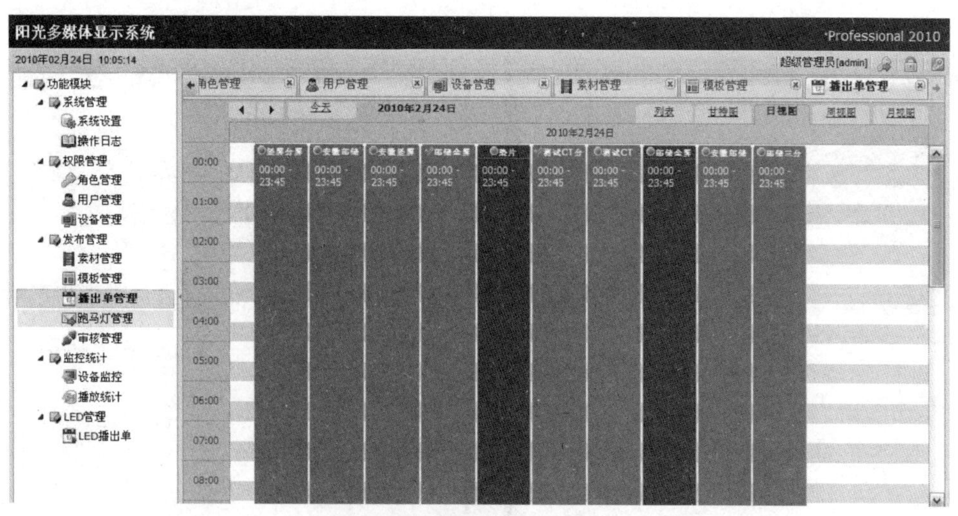

图 5.3-8　后台软件界面图

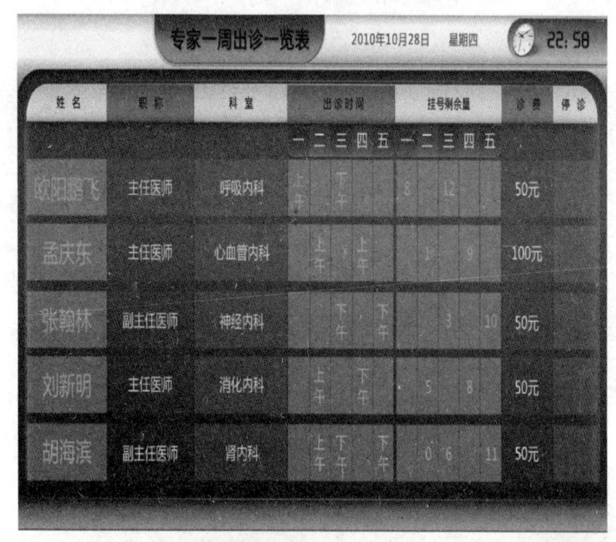

图 5.3-9　信息发布

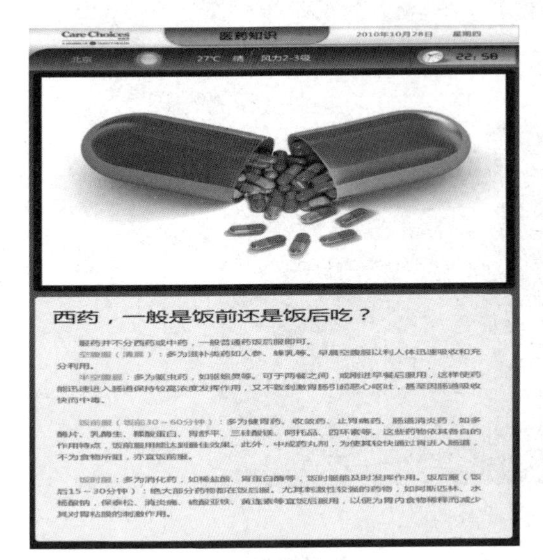

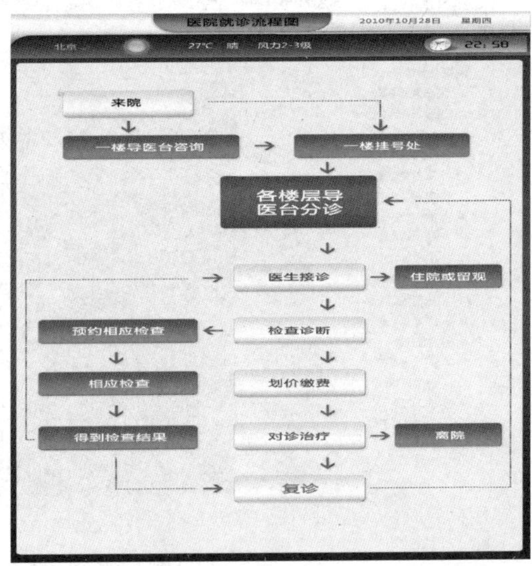

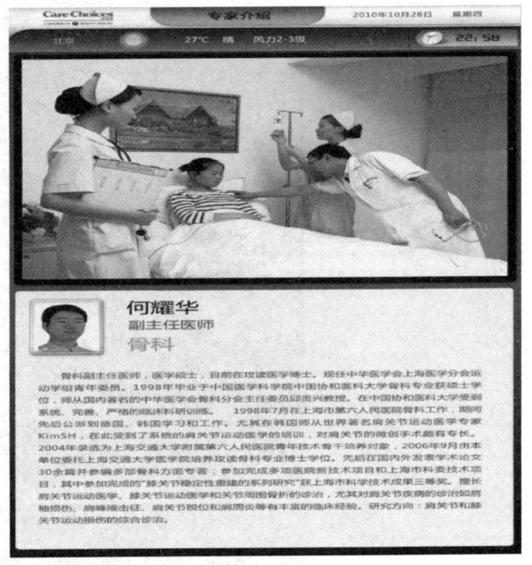

图 5.3-10　健康宣传

系统使用的查询软件首先应界面精美，操作简便，触控点布局合理，方便触摸，提高触摸准确率。其次系统结构设计合理，充分利用图、文、声、像以及交互性等多媒体特征对用户的操作、信息查询与接收等进行合理引导，以便用户以最少的时间和精力查询到最多的信息。

多媒体查询系统查询软件可设计不同的功能模块。主机与网络中心的文件服务器联网。软件以 WEB 方式开发，用户终端采用浏览器方式浏览。与医院内部网络挂接，实现与医院 HIS 系统的连接。软件在 WINDOWS95/98/2000 环境下运行。

医院多媒体查询软件见图 5.3-11。

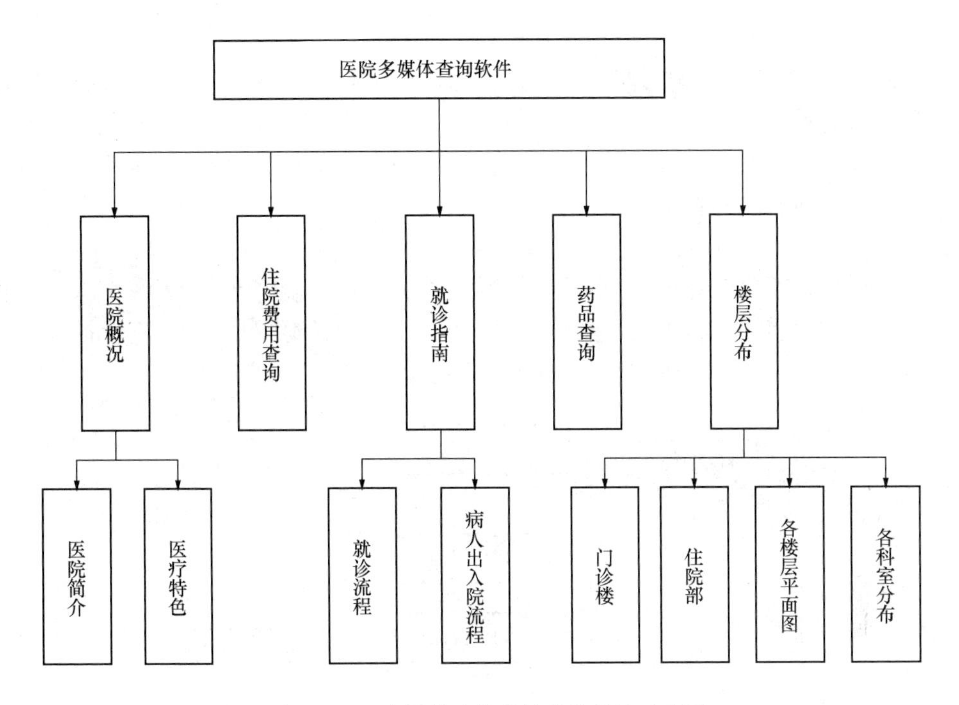

图 5.3-11　多媒体查询系统软件结构示意图

5.3.2　紧急广播及背景音乐系统

1. 系统概述

紧急广播及背景音乐系统具有背景音乐广播、公共广播、火灾事故广播功能。

火灾事故广播功能作为火灾报警及联动系统在紧急状态下用以指挥、疏散人群的广播设施，在建筑弱电的设计中有举足轻重的作用。该功能要求公共广播系统能达到需要的声扬强度，以保证在紧急情况发生时，可以利用其提供足以使建筑物内可能涉及的区域的人群能清晰的听到警报、疏导的语音。

背景音乐的主要作用是掩盖噪声并创造一种轻松和谐的听觉气氛，由于扬声器分散均匀布置，无明显声源方向性，且音量适宜，不影响人群正常交谈，是优化环境的重要手段之一，在现代智能化多功能建筑中广泛应用。背景音乐（BGM）通常把记录在磁带、唱片上的 BGM 节目，经过 BGM 重放设备（磁带录音机、激光唱机等）使其输出分配到各个广播区域的扬声器，实现音乐重放。背景音乐为单声道音乐，音源的位置隐蔽，使人们不易感觉音源的位置。该功能要求扩声系统的声场强度以不影响相近人群讲话为原则。

公共广播系统在医院大楼中可以起到宣传、播放通知、找人、紧急情况下广播疏散等作用。该功能要求扩声系统的声场强度略高于背景音乐，以不影响两人对面讲话为原则。

2. 需求分析

1）广播区域划分满足消防广播区域的划分要求，按照建筑物及相应楼层划分为多个广播区域。

2）系统采用全数字总线的音频信号/控制信号的输入输出带 DSP 功能的处理器。

3）扬声器在播放背景音乐时，能产生轻松、舒适的效果；在紧急广播时，音量大、洪亮、清晰。

4）各区域设置独立音响回路，音量控制器，可以自由选择播放的节目和播放分区，并可单独进行音量调整。

5）火灾时，自动或手动打开相关层紧急广播，同时切断公共背景音乐广播及各单独经营区域设置就地功放等设备音源。

系统结构

医院广播系统项目由音频信号源、音频输入单元、音频输出单元、功率放大器、现场末端扬声器及物理连接线路组成。紧急广播与背景音乐系统共用一套主机设备（图 5.3-12）。在挂号区与门诊区均可实现本地独立广播功能。

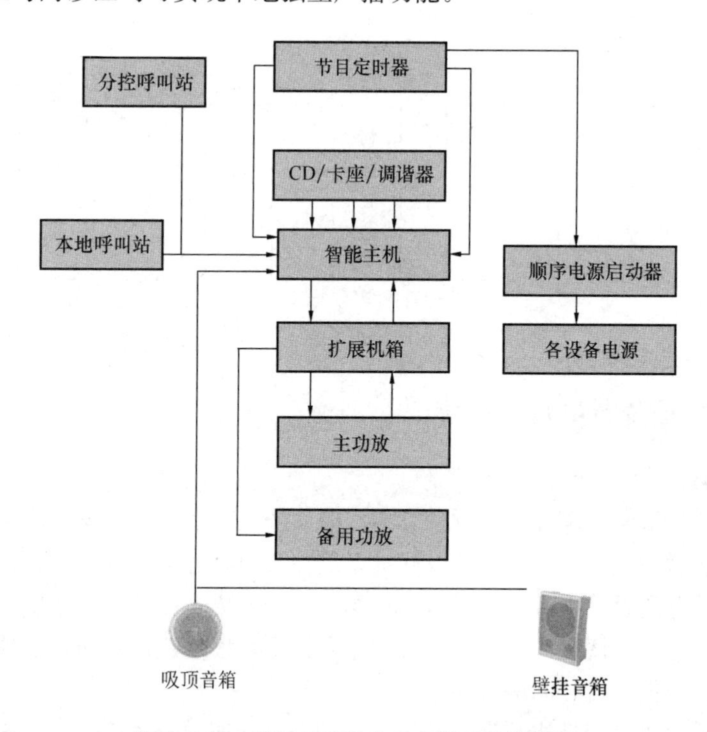

图 5.3-12　背景音乐及公共广播系统结构图

6 后勤区施工技术

医院后勤系统为医院正常运营的必要保障，包含食堂，供水，供电，机房等必要区域。下面根据后勤区特点对相关施工技术进行简单介绍。

6.1 土建施工技术

医院后勤系统在土建施工中，要求在进行机房、锅炉房等房间施工时，要考虑设备的布置及承重要求，施工顺序要合理以满足后期设备的进出要求。具体施工技术与常规房间相同，不再赘述。

6.2 机电安装施工技术

6.2.1 冷冻机房

1. 冷水机组的安装

(1) 安装前的准备工作

1) 设备基础核对

冷水机组安装前，应根据设备选型及订货参数，完成管线深化设计布置，根据制冷设备安装工程施工及验收规范等有关规定，对设备基础进行核对，满足设计及施工要求。同时做好设备开箱检验工作等，为保证设备安装创造条件。

2) 机组布置及安装间距

在冷冻机房中，设备的布置应力求做到流程合理、排列整齐及操作和维修方便，尽量缩短各种管道的长度，注意节约占地面积。同时应注意以下几点：

① 机组的操作面应面向光线良好、操作和观测方便的方向。

② 压缩机曲轴及换热排管拔出端，应留有足够的空间，以便检修。

③ 为确保安全，机房应在不同的方向设两个通向室外的门，且门窗均应向外开启。

3) 安装间距应注意问题

① 机房内主要操作通道的宽度为 1.5～2m，非主要通道的宽度不小于 0.8m。

② 机组和墙的距离一般不小于 1～1.5m，不应紧贴墙壁布置。

③ 设备的外廊与开关柜等其他电气装置的距离为 1.5m。

④ 多台机组相邻安装时，两台机组间的间距应保持 1～1.5m。

⑤ 冷水机组的基础高度一般应高出地面 0.1m 以上。

4）设备基础土建施工

当混凝土养护期满时，进行检查、验收及交接工作。主要内容有：外形尺寸、基础平面的水平度、中心线、标高、地脚螺栓孔的距离、深度、基础的埋设件等。基础尺寸主要项目的误差允许范围：长度允许偏差不大于20mm，凹凸程度允许偏差不大于10mm，地脚孔中心距允许偏差不大于5mm，机组主要轴线间尺寸允许偏差不大于1mm。如有不合格，应及时处理，重新组织验收。验收合格后，在设备基础上放出纵横中心线。

5）设备的开箱检查

设备开箱前，首先应查明设备型号和箱号是否一致，箱数有无差错，箱体有无损伤，确认无误后，方可进行开箱。开箱时，施工单位、监理单位和建设单位共同进行检查验收。同时应注意以下几点：

开箱时，用开箱工具先启开箱顶木板，再开启四周的箱板。要尽量减少箱板的损坏，不要用大锤进行敲打。

依据设备清单，清点设备、备件、随机文件等是否齐全。

开箱后，应检查所有的机件有无缺陷、损坏、变形及锈蚀现象。对精密零件和易碎品要妥善保管。同时作出详细记录。

检查各主要部件的尺寸，如地脚螺栓孔的规格尺寸，应与技术文件相符。

6）复查及平整基础工程

地脚板对应的基础平面应平整光滑，尤其是地脚孔两侧放垫铁的部位一定要平整，并清除地脚孔内的杂物。各基础支撑面之间的最大高差应小于3mm。

（2）机组的安装

1）搬运和吊装

安装前避免设备的变形和受潮，使用衬垫将设备垫好。起吊机组时钢丝绳应挂在机组的规定起吊处，使负荷均匀分布。吊索与设备接触部位要用软质材料衬垫，防止设备受损或擦伤表面的油漆。要尽量水平起吊。起吊时最大允许倾斜20°。

2）设备就位

将制冷机组吊放在基础上，调整设备使之与中心线相符。

3）套穿地脚螺栓

应注意螺栓顶端高出螺母2～3扣。

4）设备的找平找正

设备安装时的找平找正对安装质量有重要的作用。一般冷水机组各部件已组装在公共底盘上，安装时只需在每个地脚螺栓孔附近放置斜垫铁，调整垫铁使底盘水平。机组纵横向水平度允许偏差0.2‰。然后用手锤逐个敲击垫铁，检查是否均已压紧。

5）浇灌地脚

机组找平后，应及时在地脚螺栓孔、底盘及基础间隙之间浇灌混凝土。浇灌前必须彻底清除基础面上和地脚孔内的杂物、灰土、油垢及积水，浇灌须一次完成。且浇灌密实，做好养护。当强度达到75%以上时，拧紧地脚螺栓。机组底盘外面的灌浆层应在砂浆稍硬后压光抹平，并向四周抹坡度，以防止运行中油水流向底盘。

（3）安装后的施工机组

按施工图进行冷冻水及冷却水接管施工，需注意不要将管路负荷作用到蒸发器及冷凝器上。空调施工管理人员应认真编制空调调试专项方案，针对冷冻水、冷却水的水压试验，系统管道冲洗，冷凝水的坡度调整和满水试验，风管的严密性试验，各子系统的风量调整，噪声的调整，设备单机调试，系统的联动调试都应有详细的论述和切合实际的措施。管道冲洗阶段应断开冷水机组，避免杂物进入机组内部。安装后的施工机组见图6.2-1。

图 6.2-1　安装后的施工机组

2. 冷却水泵及冷冻水泵的安装

空调工程中常用的水泵有单级单吸清水离心泵和管道泵，当流量大时也可采用单级双吸离心泵。

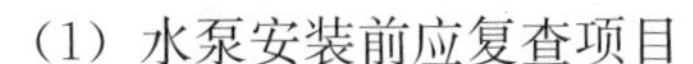

（1）水泵安装前应复查项目

1）基础的尺寸、位置、标高应符合设计要求。

2）开箱检查不应有缺件、损坏和锈蚀现象。管口保护物和堵盖应完好。

3）水泵盘车应灵活、无卡阻现象，无异常声音。

（2）安装与校正

1）用水平仪检查底座的水平度，用楔铁找平，并安装牢固。

2）小型整体式水泵水平度每米不超过 0.1mm。离心水泵的联轴器应保持同轴度，轴向倾斜每米不得超过 0.8mm，径向位移不得超过±0.1mm。

3）水泵与管路连接后，应复核找正。如由于管路连接不正常时，应调整管路。

（3）水泵的管路安装

1）泵的管路应按规范设有支架，不允许管路的重量加在泵上，以免应力过大使泵损坏。

2）钢管与水泵相互连接的法兰端面应平行、对中，不能借法兰螺栓或管接头强行连接。

3）排出管路阀门的安装顺序为：泵出口→闸阀→止回阀→出水管。一般排出管径DN350mm 以上，扬程 50m 以上的泵，应采用缓闭式止回阀或增设水锤消除器。严禁无水试车。

3. 制冷系统的联动试运转

在电气、自动化仪表的调试人员对各电气设备的性能和各主回路及控制回路进行试验时，模拟动作无误，同时各单体设备试车合格后，首先对冷却水系统进行试运转，考核冷却水系统连续运转的可靠性，确保向制冷系统正常供应冷却水。然后对冷冻水系统进行试运转。

4. 制冷机房布置注意事项

1）中央机房应尽可能靠近冷负荷中心位置。

2）中央机房应采用二级耐火材料或 A 级不燃材料建造，并有良好的隔声性能。

3）制冷机房的净高应根据制冷机的种类而定：

A. 采用离心式或者大中型螺杆机，机房净高 4.5～5.0m；

B. 对于活塞式制冷机或者小型螺杆机，机房净高不应小于 3～4.5m；

C. 对于吸收式冷水机组，设备顶部距屋顶或楼板的距离，不得小于 1.2m。

4）中央机房内压缩机间，宜与水泵间、控制室间隔开，大型冷冻机房还应根据具体情况，设置维修间、储藏室及厕所等。尽量设置电话，并应考虑事故照明。

5）中央机房设在地下层时，应设机械通风，小型机组按每小时 3 次换气计算；离心式机组，换气量可按 $V=0.404Q$（m^3/h）计算，Q（kcal/h）为总制冷量。

6）机组及机组的突出部分到配电盘不小于 1.5m；两台机组之间不小于 1.0m，机组与墙壁之间及其他通道不小于 0.8m。

7）成排阀门高度一般离地 1.1～1.5m，便于日常操作。如高于此高度，一般要设置平台便于操作。

8）中央机房内，应设给水排水设施和排水沟，并将排污泵平时设置为自动排水状态。

9）中央机房的设备布置和管道连接，应符合工艺流程，并应便于安装、操作和维修。

10）在冷冻机组调试期间，应做好排水措施，有预防跑水的应急措施。

6.2.2 变电站

1）一般大型综合医院供电指标采用 80W/m^2，专科医院供电指标采用 50W/m^2。

医院的用电负荷比例，一般照明插座负荷约占 30%，空调负荷约占 50%，动力及大型医疗设备负荷约占 20%。

图 6.2-2 供电电源

2）医院宜按门诊、医技和住院三部分分别计算负荷。门诊、医技用房的用电负荷主要为日负荷，住院用房的用电负荷主要为夜负荷。

3）供电电源

供配电系统是医院最主要的能源来源，一旦供电中断其他大部分系统将立即瘫痪，严重时可危及人的生命安全。综合医院的供电设施应安全可靠，保证不间断供电。综合医院应采用双路供电（来自不同变电站的两路电源），不具备双路供电条件的医院，应设置自备电源。医院的特别重要负荷应配置安全可靠的自备电源。院区内应采用分回路供电方式（图 6.2-2）。

6.2.3 锅炉房

1. 锅炉本体的安装

（1）一般要求

1）锅炉安装必须符合劳动部《热水锅炉安全技术监察规程》的要求，应符合《锅炉安装工程施工及验收规范》GB 50273—2009 的有关规定。

2）安装质量的分段验收和总体验收，由安装单位、使用单位和监理公司共同进行。水压试验和总体验收时，应有当地锅检所和技术监督局锅炉压力容器安全监察机构派员参加。

（2）锅炉的检查

1）锅炉到达现场后，依据生产厂家的图纸及有关资料，与有关方对各部件进行检查，受压部件如有缺陷，须请当地技术监督局锅检所复查。

2）锅炉附属设备到达现场后，按清单核实数量，并与有关方共同检查，如遇问题会同厂家解决。

（3）基础的检查划线

1）基础的外观检查，混凝土表面不应有蜂窝、麻点、裂纹等缺陷，应有混凝土抗压强度试验报告。

2）对土建施工时确定的锅炉纵向中心线进行复查，如超过误差时应进行调整，然后才能进行划线工作。

（4）锅炉就位

1）组装锅炉应将上、下部大件先就好位，再将其放到地基上，让锅炉中心对准基础的中心线。

2）锅炉安装时应前高后低，以便于排污。

（5）炉排试运、检查和调整

1）传动装置的安装

① 通过放线确定减速机位置后应对预埋基础进行核对，对不合格的地方作必要的修正。

② 进行二次灌浆的基础表面在灌浆前进行清洗干净。

③ 齿轮箱进出轴的联轴器安装检验应符合要求。

2）试运前的准备检查

① 用管钳进行手动盘车，应无机械阻力及碰撞部位。

② 检查电机绝缘程度，接线是否正确。

③ 清除炉床下表面及风室中的杂物。

④ 检查炉排片与侧密封的装置和墙板之间是否留有足够的间隙，有无刮碰现象。

⑤ 齿轮箱及转动部位应按规定加上足够的润滑油。

3）试运中的检查和调整

① 炉排是否跑偏——调整两轴水平度与平行。

② 炉排的紧张程度——调整前后轴距离。

③ 炉排起凸或挤卡现象——调整炉排与固定件的间隙。

④ 炉排运行是否平稳，无异常声响。

⑤ 启动鼓风机检查并调整风室、侧密封、墙板等处是否漏风。

锅炉本体安装就位见图 6.2-3。

图 6.2-3　锅炉本体安装就位

2. 锅炉房附属设备安装

锅炉房附属设备安装应符合设备安装说明书及《机械设备安装工程施工及验收通用

规范》GB 50231—2009 的要求。

（1）基础检查

1）基础外观检查：基础的外表不得有裂缝，蜂窝、孔穴及剥落等现象。

2）基础尺寸检查：基础外形尺寸，基础面的水平度、中心线、标高，地脚螺栓孔的预留，混凝土内的埋设件等，符合规范允许的偏差要求。

3）基础强度检查：设备基础的强度检查，应有土建单位出具的基础强度试验报告。

4）设备基础的检查情况：应按照规范要求作出实测记录。

（2）设备地脚螺栓的安装

1）每根地脚螺栓应按规定配用一个垫圈和一个螺母，对振动较大的设备，应用锁紧螺母或用双螺母。螺栓和螺母的丝牙必须完好无损。

2）地脚螺栓在安装前，应将油脂和污垢或锈斑清除干净，但螺纹部分应涂润滑脂，以防时间长了拆卸困难，并检查与螺母的配合是否良好，在安装过程中应防止杂物掉入地脚螺栓预留孔中。

3）地脚螺栓的安装应垂直，不垂直度不应超过千分之十，即每米长度不超过 10mm，尾端弯钩处不得碰孔壁和孔底，距孔底至少留有 30～100mm 的间隙，距孔壁各个侧面的间隙不得少于 15mm，垫圈与设备底座、螺母与垫圈之间的接触必须良好，拧紧螺母后，螺栓必须露出 2～3 扣。

（3）地脚螺栓浇灌

1）每台设备定位后在灌浆之前，要严格检查设备的标高。中心水平以及地脚螺栓垫铁的松紧程度是否完全符合技术要求。并将实测结果记录在质量检查表格中，如检查结果完全符合安装技术标准，经质检部门审查合格，方可进行灌浆工作。地脚螺栓孔内一定要清理干净，灌浆宜采用细石混凝土或水泥砂浆，其强度等级至少比基础混凝土强度等级高一级，石子可根据缝隙大小选用 5～15mm 的粒径，灌浆时应保持地脚螺栓垂直，其倾斜度的偏差不能超过螺栓长度的 1/1000。

2）灌浆后要连续进行洒水养护，养护时间不得少于 7d。

3）混凝土的养护期到强度的 70%以上时，才允许拧紧地脚螺栓。

4）灌浆工作要连续进行，不能中断，要一次灌完。

5）设备检查后必须及时灌浆，若超过 48h，就要重新检查该设备的标高、中心和水平。

6）拧紧地脚螺栓时，应采用对称、分次拧紧的方法。拧紧应先从中间开始，然后往两头交错对称进行。

（4）垫铁安装

1）垫铁的放置方法，主要采用标准垫法和十字垫法。

2）在基础上安放垫铁的位置要铲平，要求垫铁与基础全部接触，紧密贴合。

3）垫铁应放在地脚螺栓两侧，每个地脚螺栓旁至少有一组垫铁，垫铁在能够放稳，与机座和基础接触良好和不影响灌浆的情况下，应尽量靠近地脚螺栓两侧，这样可避免拧紧地脚螺栓时机座产生变形。

4）相邻两垫组之间的允许最大距离一般为 500～1000mm，如超出，中间应增加一组垫铁。

5）垫铁应露出设备底座外缘，一般平垫铁应露出 10～30mm，斜垫铁应超出 30～50mm，以利调整。

6）垫铁与地脚螺栓外缘的距离一般为50～150mm，以便于往螺孔内灌浆，垫铁的高度一般为30～100mm范围内，如过高将影响设备的压力，但每组的块数则越少越好，最多不超过三块，垫铁组每块之间要安装整齐，平稳，接触良好，厚的应放在下面，最薄的应放在中间。并应将各垫铁相互焊牢，但铸铁垫铁可不焊。

7）拧紧地脚螺栓后，应检查每组垫铁的压紧程度是否一致，不允许有松动现象。检查的方法：用手锤轻轻击打垫铁组用听声音来判断接触情况是否良好，若接触不好，声音发哑；接触良好则声音清脆，响亮。

（5）设备安装

1）安装前应检查其规格、型号、电动机的型号、功率、转速，基础的尺寸位置等，是否符合设计要求，然后对设备及其配件仔细检查，检查合格后才能安装。

2）设备安装前应按图纸绘出的设备位置，依据建筑物的轴线、边缘线和标高放出安装基准线，重要的设备应安装永久性的中心标板。

3）安装时，先将设备底盘对准基础螺栓的位置摆正，四周用垫铁垫起来20～40mm，找平后拧紧螺母，用1∶2的水泥砂将水泵底盘下充填捣实凝固后，再进行一次精平，使设备的纵横向水平达到规范和技术文件的要求，并将地脚螺栓最终拧紧。

（6）设备试运转

1）试运转前对下列项目进行检查，合格后才能进行试运转。

① 设备附属装置安装完毕，符合设计及有关技术文件的规定。

② 对润滑系统进行全面检查，符合有关技术文件的规定。

③ 对冷却系统进行全面检查，符合有关技术文件的规定。

④ 电气系统调试完毕，各回路的动作正常可靠，符合规范及有关技术文件的规定，电机的转向与设备一致。

2）试运转前要先手动盘车，检查设备转动部件有无卡住等异常情况，合格后再启动开车。

3）试运转应先进行无负荷试车，合格后，再进行负荷试车。

4）在首次开车前，尽量先采用点动式方式。对设备转动情况进行观察，合格后再正式启动。

5）运转时应检查下列部位，并作好记录

① 润滑系统应畅通，油压、油温应保持在规定范围内。

② 检查轴承温度不易过高。

③ 检查设备各部件运转应平稳，不得有异常振动和噪声。

④ 各操纵联锁、制动、限位及安全装置的作用应灵敏可靠。

⑤ 用钳形电流表测量电机的电流值，应在允许范围内。

⑥ 与设备相连的管路系统不得有泄漏。

6）试运转结束后，做好下列工作

① 断开电源。

② 消除系统压力。

③ 检查设备各部件，要着重检查各运动部件的磨损情况。

④ 整理试验记录。

3. 锅炉房系统工艺管道安装

(1) 管件检查

1) 各类管子在使用前应检查钢号，通径及壁厚是否符合设计规定。

2) 各类管子使用前应做外观检查，有重皮、裂缝的管子不得使用，对管子表面的划痕，凹坑等局部缺陷应做检查鉴定。凡经过处理后的管壁厚度不小于设计计算的壁厚。

3) 各管道附件，使用前一般均应查明规格、钢号（或型号）、公称通径和公称压力是否符合设计规定。

4) 各异形制件及阀门应作外观检查。表面不应有粘砂、裂纹、缩孔、折叠、夹渣、漏焊等降低强度和严密性的缺陷。

5) 阀门均应逐个用清水进行严密性试验，使用前应检查。

① 填料、用料是否符合设计要求，填装方法是否正确。

② 填料密封处的阀杆有无锈蚀。

③ 开闭是否灵活，指示是否正确。

④ 阀门的操作机构和传动装置，应按设计要求进行检查与必要的调整，以便使达到动作灵活，指示正确。

(2) 管道安装

1) 管子组合前或组合件安装前，均应将管道内部清理干净，管内不得遗留任何杂物。

2) 管子接口位置应符合下列要求：

① 管子接口，距离弯管起点不得小于管子的外径，且不少于100mm。

② 管子两个接口间的距离不得小于管子外径，且不少于150mm。

6.3 智能系统施工技术

6.3.1 机房系统概述

医院项目一般有信息中心机房和备用机房两个机房。信息中心机房作为整个医院机房的信息数据中心。

6.3.2 机房需求分析

医院类项目机房在新的办公楼内需设立新的信息中心用以对办公楼信息系统和网络系统进行管理，机房周边将同时设立一个信息中心办公室用以对机房环境和网络进行日常维护，机房为医院日常办公及业务处理核心部门，需参照国家对机房要求的标准和规范进行设计，按照国家对电子信息机房的标准进行划分，特将机房按照国家B类标准机房进行设计。

通过对医院类项目机房需求的理解，现将此次机房建设的目标分项如下：

机房建设将以国家B类标准进行建设。

机房装修设计（将满足机房防尘、防潮、防鼠、抗静电等机房环境需求）。

机房供配电系统设计（将满足机房高质量、持续、稳定供电需求）。

机房精密空调系统设计（将满足机房温湿度调节、风量调节等需求）。

机房安全系统（将满足机房防盗、环境监控、消防灭火等物理安全需求）。

机房 KVM 管理（将满足机房内服务器、网络设备管理需求）。

根据项目的概况，我们把医院中心机房分为机房环境装修、机房配电及 UPS 系统、机房专用精密空调系统、机房新风系统、机房场地集中监控系统、机房门禁及电视监控系统、机房 KVM 控制系统等八个子系统，按照 B 类机房标准，结合需求，对各个系统进行设计。

见图 6.3-1。

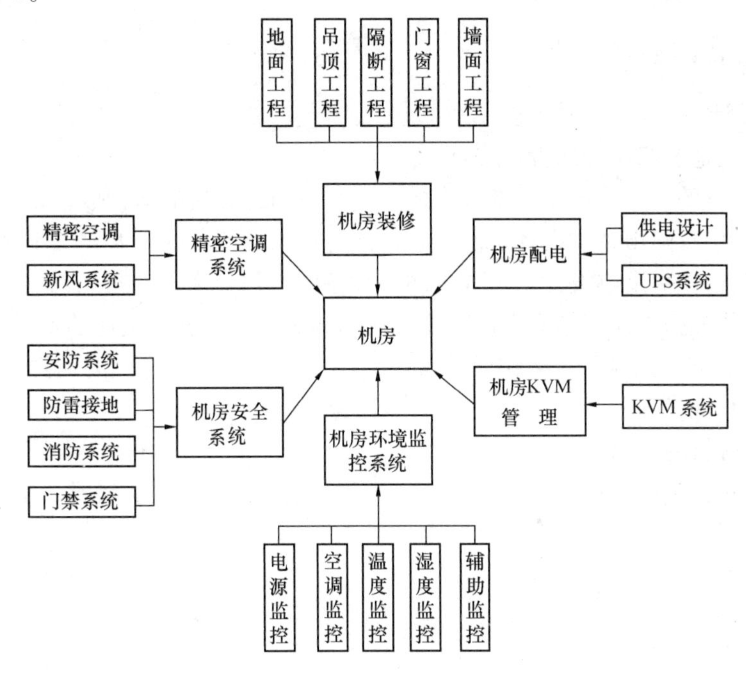

图 6.3-1　机房需求分析

（1）机房装修部分

机房顶面、墙面、地面防尘、防潮处理；机房顶面安装吊顶板；机房地面铺设抗静电地板；主机房和办公区之间设置防火玻璃隔断，对机房墙面进行装饰改造、门窗工程等。

（2）机房配电及 UPS 电源系统

根据国家有关标准，考虑到本机房安装的计算机系统的工作性质和任务，机房供电按计算机及辅助设备，机房环境设备（空调系统设备）及照明灯具，生活日常用电分别采用三级供电模式。机房设置 UPS 系统并对整个机房用电结构进行设计，机房备用电源后备时间考虑单机 4h、并机 8h。

（3）机房专用精密空调系统、机房新风系统

机房新设一套机房专用精密空调来完善机房内部温湿度状况，并新设一套新风系统对机房提供新鲜空气并维持机房内部正压。

（4）机房场地集中监控系统

依据建设房机房的现状和需求，配备一套机房场地监控系统对配电柜、UPS 运行状态、精密列头柜运行状态、精密空调运行状态、温度、湿度、消防、漏水检测、视屏、入

侵等进行状态检测和智能报警。

机房设置门禁系统，对机房人员进出进行严格管理，保证机房内部数据安全。机房采用视频监控系统，入口处设置摄像接头对进出人员实时监控，并设置数字高清录像机，对录像数据进行备份。对整个机房实行即时监控，并实现动态录像，确保人员闯入时及时发现并制止，并有利于事故调查。可集中在中央管理平台进行统一管理。

（5）机房 KVM 控制系统

机房设置 KVM 系统实现服务器集中管理，不但方便机房管理人员集中操作，也可以节省显示器，节约资源以及用电。

6.3.3 机房装饰装修设计

1. 系统设计

（1）机房场地装修装饰的设计宗旨

1）集成系统的节能化考虑，新技术的应用，以节约日后的运行成本。

2）合理的信息路由结构设计，以防止可能造成系统互联的阻塞。

3）机构紧密的供配电设计，以减少网络设备的电磁干扰。

室内装修部分的设计遵循原则是：要体现出作为重要信息汇集地的室内空间特点，在充分考虑网络系统、空调系统、UPS 系统等设备的安全性、先进性的前提下，达到美观、大方的风格，有现代感。

（2）装修材料的选用

在选用装修、装饰材料方面，要以自然材质为主，做到简明、淡雅、柔和，并充分考虑环保因素，有利于工作人员的自身健康。

2. 地面工程

活动地板在计算机房中是必不可少的。机房敷设活动地板主要有两个作用：首先，在活动地板下形成隐蔽空间，可以在地板下敷设电源线管、线槽、综合布线、消防管线等以及一些电气设施（插座、插座箱等）；其次，由于敷设了活动地板可以在活动地板下形成空调送风静压箱。此外，活动地板的抗静电功能也为计算机及网络设备的安全运行提供了保证。

活动地板的种类较多。根据板基材、材料不同可分为：铝合金、全钢、复合木质刨花板等。地板表面则粘贴抗静电贴面（有进口和国产的区别）。活动地板的不同选择直接影响机房的档次。不同质量的地板使用后，机房的效果大不一样。根据此次项目机房设备数量选择采用全钢防静电活动地板。规格为 600mm×600mm×35mm 无边地板。

抗静电地板安装时，同时要求安装静电泄漏系统。铺设静电泄漏地网，通过静电泄漏干线和机房安全保护地的接地端子封在一起，将静电泄漏掉。

此中心机房活动地板敷设高度为 0.4m，活动地板安装过程中，地板与墙面交界处，活动地板需精确切割下料。切割边需封胶处理后安装。地板安装后，用不锈钢踢脚板压边装饰。不锈钢踢脚板与不锈钢玻璃隔墙互相衬托，协调一致，效果极佳。同时机房区域的外门处要用防静电地板做踏步台处理，用不锈钢 L 形收边，与机房地面协调一致。

机房设计采用下送风方式。楼地面必须符合土建施工规范要求的平整度，地面最好采用抹平处理。如地面抹灰应达到高级抹灰的水平，而且地面需要进行防尘处理。通常在地板下的墙面、柱面、地面均刷涂防尘漆两遍。全部水泥面均经刷漆处理，达到不起尘的作用，从而保证空调送风系统的空气洁净。

下面再介绍一下抗静电活动地板的性能、特点。

活动地板主要由两部分组成。

1）抗静电活动地板板面。

2）地板支承系统，主要为横梁支角（支角分成上、下托，螺杆可以调节，以调整地板面水平）。

活动地板是易于更换的，用吸板器可以取下任何一块地板。地板下面的管线及设备的维护保养及修理是极其方便的。

活动地板是灵活的，当其中的某一部分需要改变，如增加新的机柜，其扩展极其方便。如需调整地板高度可任意调整。

活动地板是牢固的、稳定的、紧密的。活动地板安装的工艺可以保证地板的严密和稳定。调整好不会有响动和摇摆，也没有噪声。至于防鼠，则应在围护结构上解决，尽量不留孔洞。有孔洞如管、槽，则要做好封堵，要绝对保持围护结构的严密。

活动地板安装需要做到非常严密，表面平整。这取决于两个方面。一是活动地板本身的精度，二是安装工艺和质量。安装的活动地板，给人以高档、豪华的印象（图 6.3-2）。

地板系统的确可以承受较高压力的碾压，在高压力下有较好的持续性。这是因为地板本身承载能力大和板面的硬度高和稳定性好。

活动地板有专用的通风地板，通风地板是单独加工的、钢制。走线地板加工后都相应地套装塑料出线口，在线口内走线。

地板下，我们考虑涂刷防尘漆，并粘贴保温层，以做到保温绝热。

图 6.3-2　活动地板

此外，地板的阻燃性能和系统电阻率均满足国家的有关标准，并通过了权威检测部门的检测，有国家认可的检测报告。

防静电地板设计区域：信息中心机房所有地面，备用机房所有地面。

3. 吊顶

（1）机房区域的吊顶选用铝合金微孔方板，规格：600mm×600mm。

（2）铝合金微孔方板安装高度距原地面的高度为 3100±20mm，吊顶层次线采用白铝角线。

铝合金微孔方板材料特点

1）美观适用

铝合金微孔方板以铝合金板为主要原料，采用先进技术生产，质感良好、线条美观、色彩柔和、连接光滑，具有防火、防潮、吸声、不起尘、不吸尘的效果。可以同其他装饰材料配合使用，如防静电地板、透明玻璃隔墙等，其装饰风格与其他装饰材料协调，艺术情趣盎然。

2）难燃性

由于以金属为原料，不会燃烧，符合现代建筑消防安全的需要。

3）吸声效果

利用网口面板及吸声材料，具有极好的吸声效果。

4）产品寿命长，经济实用。

5）顶板为全微孔吊顶板，可以极大增加机房吊顶上和吊顶下的空气流动。

铝合金微孔方板设计区域：信息中心机房所有天棚区域，备用机房所有天棚区域。

4. 玻璃隔墙

机房的隔墙推荐采用防火玻璃隔墙，它在机房中的重要作用是显而易见的。最初的玻璃隔墙是在木隔墙上安装固定玻璃窗，然后在20世纪80年代初期大量采用铝合金玻璃隔墙。20世纪90年代初期不锈钢饰面大玻璃隔墙在机房中得到了广泛应用。这种隔墙配合以不锈钢无框自由门，采用12mm厚玻璃，安全、牢固、壮观气派，透视效果极好，反映了机房宏观形象。玻璃隔墙的优点确立了它在机房中的地位。在玻璃隔墙实际使用中，最初用做饰面的不锈钢镜面板尽管外形靓丽，但终因易产生眩光而逐步淘汰，代之以发纹不锈钢饰面。

该信息中心机房和备用中大量地采用玻璃隔墙。为安全起见，应该使用防火玻璃（图6.3-3）。

图6.3-3　玻璃隔墙

机房外围界墙及防火隔墙建议在土建施工中采用轻质土建隔墙，并两面用水泥砂浆抹平。如机房不适宜做土建隔墙，可以采用轻钢龙骨苍松板隔墙（内镶岩棉）。其强度、表面硬度和防火性能指标均能满足要求，且保温、隔热、隔声，是轻质隔墙中的理想材料，墙厚度约为100mm。

5. 墙柱面工程

机房中吊顶、地板、玻璃隔墙材质都比较好，价格也高。墙面不管是采用壁纸还是高档乳胶漆，价格虽很低廉，但外观无法与吊顶和活动地板相互衬托。近年来，在高档、先进的机房中主要采用了以下几种材料做墙面：金属复合壁板、铝塑板等。

上述两种材料施工后，所见到的墙体表面相似，均为金属漆面。只是基层结构不同而已。下面分别叙述两种墙面的优缺点。

金属复合壁板是由彩色钢板（0.6mm）做好50mm厚的箱型凹凸板材。其内部垂直粘贴50mm的优质岩棉。板材在生产线上加工，工艺先进，尺寸精确。安装时，在顶上和地面先安装马槽，然后依次把壁板推入马槽后固定。其表面为钢板漆面，安装后接口缝隙小于1mm，美观、整齐，缝隙均匀。该壁板又常常用在洁净室，隔声、保温、密封效果好。该墙体有配套的金属壁板门，精致、美观。

铝塑板墙面也是由骨架和面层组成。骨架有两种：一种采用轻钢龙骨石膏板；另一种采用15mm中密度板，宽150mm、间距150mm。中密度板调平后粘贴三层板。在刷涂防火涂料后，作为骨架基层。基层形成后，两面刷胶，晾干后将铝塑板粘贴牢。铝塑板粘贴时留缝隙 3mm，并打注玻璃胶。铝塑板墙面表面为铝板漆面。该种隔墙优点是价格适中、安装方便，表面给人清爽的感觉。缺点是缝隙注胶时难度较大。

在此次机房项目中，我们考虑主机房内所有墙、柱面均采用轻钢龙骨基层，彩钢板饰面。(图 6.3-4) 办公室墙柱面采用腻子粉打底后涂刷乳胶漆。

彩钢板特点：增加建筑使用面积，墙体厚薄可自由选择。

空间划分灵活、可重复使用便于用户维修、改建，节约成本。

美观、清洁、舒适，现场完工即可迁入办公，不污染环境、不产生大量废料，具有环保和节约资源的效果。

断热、隔声、吸声及抗震具有国际先进水平的建筑内装修，内隔断装饰材料要求。

静电防护涂装处理特殊工程要求。

图 6.3-4　彩钢板饰面

6. 门窗工程

机房的门一般要求与墙协调。在玻璃隔墙上的门采用不锈钢无框玻璃地弹门，加装不锈钢拉手。机房设备进出口采用双扇钢质防火门，办公区采用定制防火木门。详情见设计图纸。

备用机房的有玻璃幕墙，早上日照时会使得机房内部温度升高，因此机房内部的窗户通常都会进行密封处理。此方案中我们考虑采用轻质隔断内填防火岩棉并采用钢质彩钢板对机房玻璃幕墙整个墙面进行封堵。办公区的窗户则保留原有窗户，我们在吊顶与窗户结合处制作窗帘盒并加挂遮阳窗帘。

7. 隔墙工程

信息中心机房要隔出办公用房，设计采用轻钢龙骨内填隔声材料，石膏板面固定在轻钢龙骨上，贴底板、刷乳胶漆。

轻钢龙骨隔墙具有重量轻、强度较高、耐火性好、通用性强且安装简易的特性，有适应防震、防尘、隔声、吸声、恒温等功效，同时还具有工期短、施工简便、不易变形等优点。

备用机房是以前做餐厅改为机房，向走廊一面没有墙，设计机房时有墙。本墙用砖墙，砖墙向走廊一面按原医院墙要求进行装饰，刷乳胶漆。

8. 机房配电及 UPS 电源

城市电网中经常发生并且对计算机和精密仪器产生干扰或破坏的问题除了城市电中断，尚有电压突降、脉冲电压、暂态过电压、电压浪涌、杂讯干扰、频率变化、电压起伏及闪烁等问题存在，这些就造成了计算机设备或精密仪器关机、内部组件损坏、缩短使用寿命以及资料流失等软硬件之损失。为此我们为机房设备系统采用 UPS 不间断电源系统(UPS)。

配电系统内容

1）机房进线电源采用三相五线制。

2）机房内用电设备供电电源均为三相五线制及单相三线制。

3）机房用电设备、配电线路装设过流过载两段保护，同时配电系统各级之间有选择性地配合，配电以放射式向用电设备供电。

4）机房配电系统所用线缆均为阻燃聚氯乙烯绝缘导线及阻燃交联电力电缆，敷设开放式网格桥架及 SR 及镀锌钢管 SC 及金属软管 CP。

9. 机房动力配电系统

（1）机房辅助设备动力配电系统

机房辅助动力设备包括机房专用精密空调系统，机房新风系统及排风系统等。由于机房辅助动力设备直接关系到计算机设备、网络设备、通信设备以及机房其他用电设备和工作人员正常工作和人身安全，所以要求配电系统安全可靠，因此该配电系统按照二级负荷考虑进行设计。

电源进线采用电缆或封闭母线（电源取自大楼总配电室），采取集中控制，便于管理机房空调设备。

（2）机房计算机设备动力配电系统

机房计算机设备包括计算机主机、服务器、网络设备、通信设备等，由于这些设备进行数据的实时处理与实时传递，关系重大，所以对电源的质量与可靠性的要求最高。设计中采用电源由城市电供电加备用供电这种运行方式，以保障电源可靠性的要求；系统中同时考虑采用 UPS 不间断电源，最大限度满足机房计算机设备对供电电源质量的要求。城市电供电与备用供电电源引自两个不同的电源点，在机房配电室进行切换，再经过 UPS 不间断电源对计算机设备供电。

电源进线采用电缆或封闭母线，设置专用动力配电柜对配电系统采用集中控制，以便于管理设备计算机用电。

通过对机房内设备的重要性进行比对，我们考虑对机房辅助设备采用大楼市电进行供电，对机房计算机网络设备采用 UPS 系统进行供电。

（3）信息中心机房配电柜

一台 ATS 配电柜，由大数引进两路不同市电为机房供电。同时为城市电配电柜供电。

一台城市电配电柜，为两台 120kVA UPS、四台精密空调、两台新风机、一个机房照明插座配电箱和一个办公照明插座配电箱供电。

一台 UPS 输出柜，由两台 120kVA UPS 并机供电，为两台精密列头柜，动力环境监控系统等供电。

两台精密列头柜，为网络机柜供电。

一个机房照明插座配电箱，为数据中心的格栅灯和城市电插座供电。有 ATS 空开，由城市电和 UPS 电供电。为应急格栅灯和应急照明灯供电。一路 UPS 供电为 UPS 电插座供电。

一个办公照明插座配电箱供电，为信息中心机房的办公区域照明和插座供电。有 ATS 空开，由城市电和 UPS 电供电。为应急格栅灯和监控室地插座供电。

10. 机房配电电缆系统

机房内每个服务器机柜采用一路供电方式，一路为 UPS 供电，每个回路采用工业连接器配电。单相供电机柜配线采用 ZR-VVR3×6mm^2 线缆，提高机柜供电的安全性及稳定性。

每个服务器机柜配置一个 16 口 PDU 电源给机柜内的设备提供电源接口，电源连接到机柜上的专用工业连接器上。

机房区域墙壁安装适当数量的二、三孔维修测试插座，试电插座，UPS 供电插座有单三孔维修插座。插座有明显标识以区分试电插座和 UPS 供电插座，安装高度离静电地板表面 300mm。

监控中心地插座由 UPS 输出配电柜供电，采用 ZR-BV3×4mm^{2}线缆，只限计算机用电。

机房区域应急照明采用 NH-BV3×4 塑铜线供电，电源引致市电输出配电柜。

机房内照明电源 ZR-BV3×2.5 塑铜线供电、插座电源采用 ZR-BV3×4 塑铜线供电。

所有强电线路均采用铜芯阻燃交联电缆，并在开方放式网络桥架、线槽或金属管内敷设。

动力配电系统专用空调、新风机等设备采用放射式配电方式供电，电源电缆选用型号满足设备用电，采用 ZR-YJV 型电缆供电。

机房电缆桥架采用开方式网格桥架，网格桥架外形美观，不阻碍通风。

11. 机房照明配电系统

（1）照度选择

主机房按《电子信息系统机房设计规范》GB 50174—2008 要求，照度为 400lx。

电源室及其他辅助功能间照度不小于 300lx。

机房疏散指示灯、安全出口标志灯照度大于 1lx。

应急备用照明照度不小于 30lx。

（2）灯具选择

灯具选用三管格珊灯组并带电子启动：灯具正常照明电源由市电供给，由信息中心机房的插座照明配电箱中的 ATS，平时用城市电为应急格栅灯供电和应急照明灯；当城市电停电时，由 ATS 转向 UPS 系统为应急格栅灯供电和应急照明灯；UPS 没电时，由应急格栅灯里的蓄电池供电。房间照明由安装于墙面上的跷板开关控制，应急备用照明灯具为适当位置的荧光灯灯带中间一管，应急照明电源由双路电源供给。正常情况下荧光灯由城市电供电，城市电停电时，城市电电源切换到备用电源，由备用电源供电，点亮灯具。备用机房应急照明系统不采用 ATS 供电形式。

12. 防雷接地系统

机房设有四种接地形式，即：计算机专用直流逻辑接地、配电系统交流工作接地、安全保护接地、防雷保护接地。本次设计考虑为直流逻辑接地设一组新的接地极，接地电阻小于 1Ω；机房配电系统的交流工作接地、安全保护接地采用建筑物本体综合接地（其电阻小于 4Ω），防雷接地由建筑物本体防雷设计考虑，机房区不再单独设计防雷接地。直流逻辑接地极与建筑物接地极的距离应大于 20m。

直流工作地网在机房内的布局是：用 3×40mm^{2}的截面铜排敷设在活动地板下，依据计算机设备布局，数据中心和数据机房纵横组成网格状，其他用房铜排敷设一圈，配有专用接地端子，用编织软铜线以最短的长度与计算机设备相连。计算机直流接地需用接地干线引下至接地端子箱。

容易产生静电的活动地板、饰面金属塑板墙、不锈钢玻璃隔墙均采用导线布成泄漏网，并用干线引至动力配电柜中交流接地端子。活动地板静电泄漏干线采用 ZRBV-

$16mm^2$导线，静电泄漏支线采用 ZRBV-$4mm^2$导线，支线导体与地板支腿螺栓紧密连接，支线做成网格状，间隔 1.8m×1.8m；不锈钢玻璃隔墙的金属框架同样用静电泄漏支线连接，并且每一连续金属框架的静电泄漏支线连接点不少于两处。

为防止感应雷、侧击雷沿电源线进入机房损坏机房内的重要设备，在电源配电柜电源进线处安装浪涌防雷器，或者在计算机设备电源处使用带有防雷功能的专用 PDU 插座。

防雷接地系统见图 6.3-5。

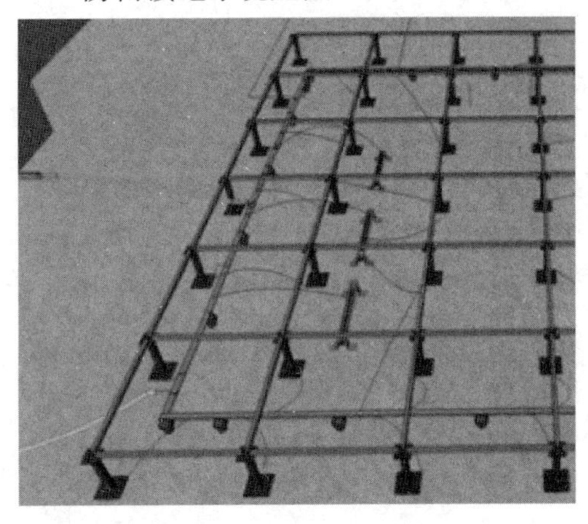

图 6.3-5　防雷接地系统

13. UPS 电源系统

模块化 UPS 电源是业界领先的全数字化电源产品，集中了当今电力、电子与自动控制领域最先进的技术成果，使得关键设备的供电可靠性、可用性、可维护性得到了突破性的提高。

模块化 UPS 电源结合了传统塔式机型的技术特点与现代机房模块化的需求，在实现模块化设计的同时，保证了系统的高可靠性。此系列产品各项性能指标均达到国际领先水平，拥有极高的性价比，是各行业高可靠供电需求的最佳选择。

产品提供各种规格功率模块以及机柜系统，用户可根据负载需求进行灵活配置。单个机柜可以实现 250kVA 的容量，机柜并联后可以实现 500kVA 的容量配置。

模块化 UPS 电源的功率模块以及系统均采用硬件与软件双重保护的设计方案。对于功率模块以及系统所可能出现的任何电压、电流、热性能、短路等异常，均能进行快速有效的保护，从而保证系统的安全性与可靠性。

系统特点：UPS 系统模块化设计，N+X 冗余，在线热插拔升级扩容。

超强的负载适应性以及带载能力，超强的电网适应性。

绿色节能电源：整机效率大于 95%，输入功率因数大于 0.99，输入电流谐波小于 3%。

功率模块配置双 DSP 控制器，模块独立自主控制，无单点故障风险。

整流、逆变、充电、放电全部实现 DSP 数字化控制。

采用 IGBT 模块而非分立器件，极大地提高了功率模块与系统的可靠性。

全正面维护，提供上下进线方式，方便用户接线。

超大屏幕触摸屏人机界面，信息量丰富。

独立充电系统，强大的充电能力，完善的电池管理方案。

全数字化模块并联技术，极佳的环流指标。

可紧靠其他设备安装，节省机房空间。

冗余智能调速风扇，低噪声并节能。

系统机柜内部集成配电系统，安装极其方便并且节省用户投资。卓越的发电机匹配性能。

6.3.4 机房专用精密空调系统

1. 机房环境标准

为使机房内主要设备和管理操作人员有一个良好的工作环境，并为其具备能够安全、可靠地运行，发挥其最大的工作效率，就要提供一个符合其运行标准要求的机房环境。这包含对制冷、制热、加湿、去湿、滤尘有严格的标准要求，设备运行情况、使用寿命与工作环境有密切关系，温度、湿度、洁净度就是工作环境的关键因素。根据中华人民共和国《电子信息系统机房设计规范》GB 50174—2008 标准规定如下：

（1）开机时电子计算机机房内的温、湿度，应符合表 6.3-1 的规定。

开机时电子计算机机房内的温度、湿度　　表 6.3-1

级别 / 项目	A级		B级
	夏季	冬季	
温度	22℃+/−2℃	20℃+/−2℃	18～28℃
相对湿度	45%～65%		40%～70%
温度变化率	<5℃/h并不得结露		<10℃/h并不得结露
适用房间	主机房		
	基本工作间（根据设备要求采用A级或B级）		
备注	辅助房间按工艺要求确定		

（2）停机时电子计算机机房内的温、湿度，应符合表 6.3-2 规定。

停机时电子计算机机房内的温度、湿度　　表 6.3-2

级别 / 项目	A级	B级
温度	5～35℃	5～35℃
相对湿度	40%～70%	20%～80%
温度变化率	<5℃/h并不得结露	<10℃/h并不得结露

（3）主机房内的空气含尘浓度，在静态条件下测试，每升空气中大于或等于 0.5μm 的尘粒数，应少于 18000 粒。

（4）主机房必须维持一定的正压。主机房与其他房间、走廊间的压差不应小于 4.9Pa，与室外静压差不应小于 9.8Pa。

（5）空调系统的新风量应取下列两项中的最大值：按工作人员每人 $40m^3/h$；维持室内正压所需风量。

2. 系统主要设备介绍

本设计中主机房内主机数量多，发热设备种类繁杂，由于无法得知机房内各设备的发热数据，我们在计算中心机房内设备所需制冷量时常采用经验值算法计算。信息中心机房目前有 40 台网络机柜，每个机柜 3kW，共 120kW；精密空调制冷功率为 120kW。未来可以扩展到 80 个网络机柜，每个机柜 3kW，共 240kW；精密空调制冷功率为 240kW。信息中心机房配置 60kW 精密空调 4 台，目前实行三主一备，轮流开机。未来 4 台精密空调同时开机。

能够充分满足机房环境条件要求的机房专用精密空调机（也称恒温、恒湿空调）是在近 30 年中逐渐发展起来的一个新机种。早期的机房使用舒适性空调机时，常常出现由于环境温度、湿度参数控制不当而造成机房设备运行不稳定，数据传输受干扰，出现静电等问题。精密空调能解决些问题，而且它的风量大、热负荷变化小、送风方式多样、过滤性好，全时运行和使用寿命长。

3. 机房新风系统

在为信息中心机房设计和施工时，必须考虑机房的新风。因为机房的空气洁净度的要求，必须避免外界的空气进入机房。机房一般都设计为全封闭的，在机房使用中，机房设备和工作人员产生的各种气体很难及时与外界进行空气交换，导致机房空气的质量下降，在机房内长时间工作的人员会感到不适，因此必须考虑机房新风的供给问题。

由于机房内的空气为正压，所以进入机房的新风必须经过加压后进入机房，同时为了避免室外的热空气和不干净的空气进入机房，要求新风机具有比较强的空气处理能力（制冷和滤尘）和比较大的风量（新风量），这样才不会对机房内的恒温、恒湿环境造成影响。

新风管道设有防火阀与止回阀等，如遇火情时自动关闭，防止火灾扩大。

新风需求量估算：为保证房间空气新鲜，房间中应含有 15%～20%的新鲜空气，工作人员才不会感到胸闷、头晕。

新风需求量：精密空调风量 5%。

按工作人员计算，每人 $40m^3/h$（暂定为 2 人）。

信息中心机房新风量：精密空调风量 $5\%=71680\times5\%=3580m^3/h$

按工作人员计算，两人 $40m^3/h=40\times2=80m^3/h$

合计为 $3580+80=3664m^3/h$

因此，本项目信息中心机房选用两台风量为 $2000m^3/h$ 新风机。

新风机是一种有效的空气净化设备，能够使室内空气产生循环。一方面它把室内污浊的空气排出室外，另一方面它把室外新鲜的空气经过杀菌、消毒、过滤等措施后再输入到室内，让房间里每时每刻都是新鲜干净的空气，新风机运用新风对流专利技术，通过自主送风和引风，使室内空气实现对流，从而最大程度的进行室内空气置换，新风机内置多功能净化系统保证进入室内的空气洁净健康。新风机主要分为排风式新风机和送风式新风机两种类型，可以在绝大部分室内环境下安装，安装方便、使用舒适。

4. 机房动力环境监控系统

（1）系统设计

依据建设房机房的现状和需求，对 UPS 运行状态、精密空调运行状态、城市电参数、开关状态、温度、湿度、消防、漏水检测等进行状态检测和智能报警。为了解决上述问题和实现上述功能，决定选用专业机房监控系统，机房集中监控系统采用方便的组态界面，用户通过一、二天的培训，就可以自行运用组态系统，确保了系统可靠性，稳定性及易维护性。

系统由远程用户计算机、监控主机、计算机网络、智能模块、远程模块、门禁系统、消防监控系统、闭路电视监控系统、协议转换模块、信号处理模块、设备监控传感器、适配器及智能设备等组成（图 6.3-6）。

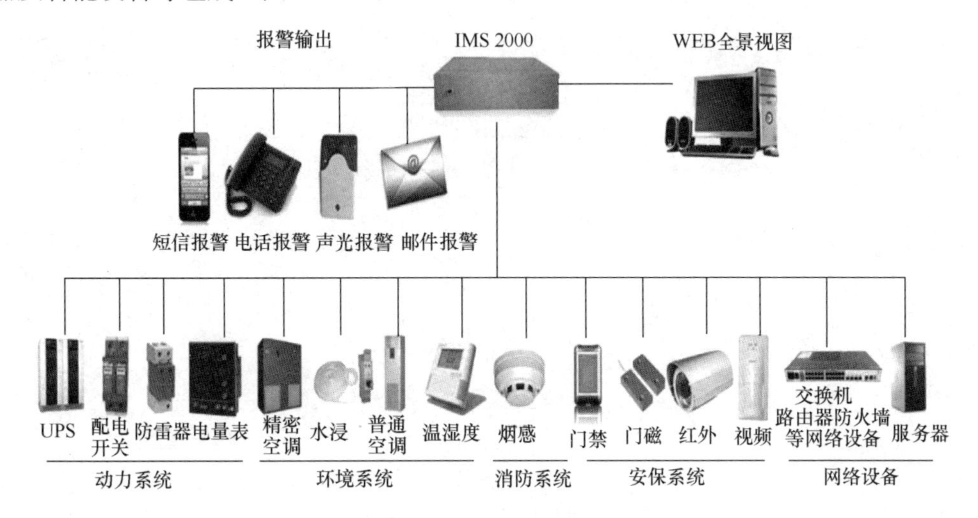

图 6.3-6 机房动力环境监控系统

建设机房监控系统的目的是要监测机房内部主要设备的运行情况以及机房的内部工作环境，提高管理人员的事故处理能力和应变速度，使设备工作在安全的环境之下，并且可以通过各种报警手段把事故隐患消灭于萌芽之中，实现机房维护和管理的少人值守甚至无人值守。

（2）UPS 监测

1）监控内容

设计对机房内 UPS 电源的各部件工作状态、运行参数等进行实时监测，一旦发生故障及报警通过监控平台发出对外报警。

2）实现方式

通过 UPS 设备提供的 RS232 智能接口及通信协议，采用总线的方式将 UPS 的监控信号经通信转换模块将 RS232 转换成 RS485 信号后接入监控服务器的串口，由监控平台软件进行 UPS 的实时监测。

3）实现功能（只监不控）

实时监视 UPS 整流器、逆变器、电池（电池健康检测，含电压电流等数值）、旁路、负载等各部分的运行状态与参数（能监测到的具体内容由厂家的协议决定，不同品牌、型号的 UPS 所监控到的内容不同）（图 6.3-7）。

系统可对监测到的各项参数设定越限阀值（包括上下限、恢复上下限），一旦 UPS 发生越限报警或故障，系统将自动切换到相应的监控界面，且发生报警的该项状态或参数会变红色并闪烁显示，同时产生报警事件进行记录存储并有相应的处理提示，并第一时间发出电话语音拨号、手机短信、声光等对外报警。

提供曲线记录，直观显示实时及历史曲线，可查询一年内相应参数的历史曲线及具体时间的参数值（包括最大值、最小值），并可将历史曲线导出为 EXCEL 格式，方便管理员全面了解 UPS 的运行状况（图 6.3-8）。

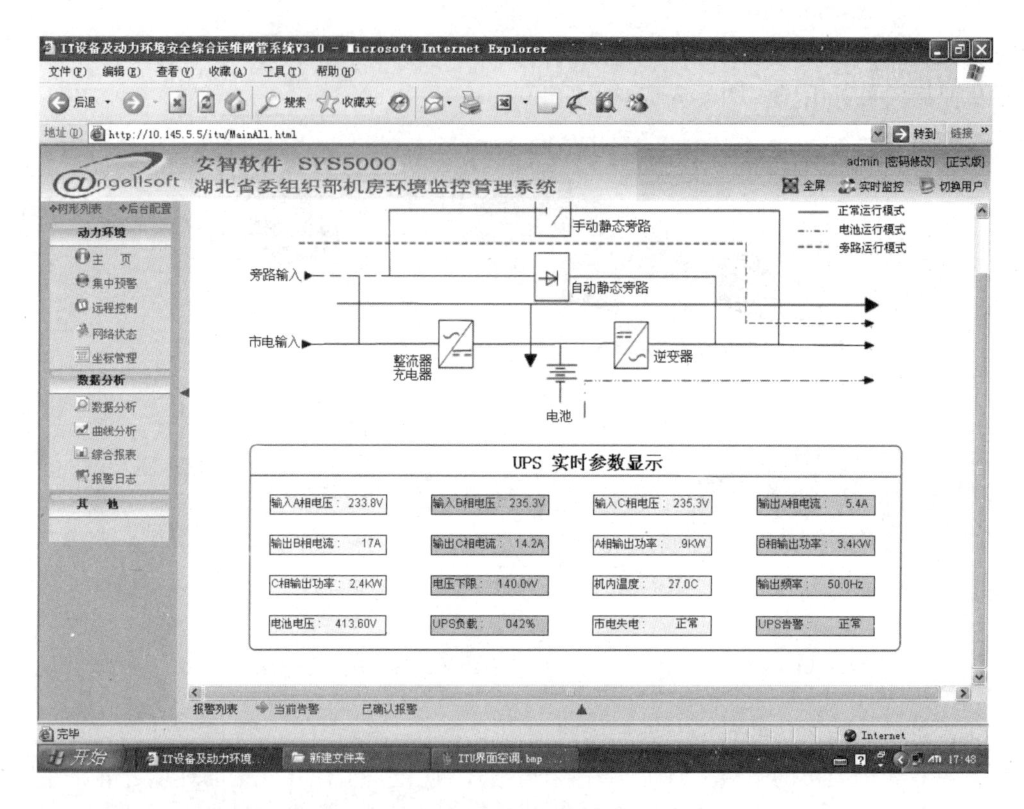

图 6.3-7　实时监视软件

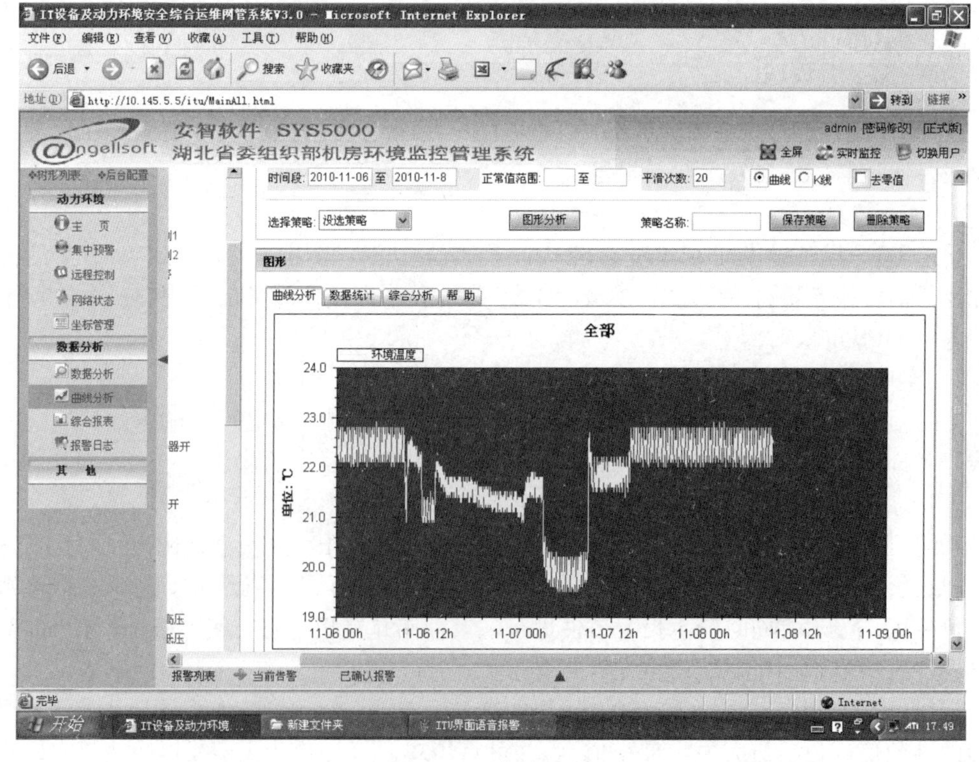

图 6.3-8　曲线记录

（3）蓄电池监测

1）监控内容

设计对机房内 DC 12V 蓄电池的参数进行实时监测，一旦发生故障通过监控平台发出对外报警。

2）实现方式

通过加装蓄电池检测仪与每节电池进行连线监测，多台蓄电池检测仪通过 RS485 智能接口及通信协议采用总线方式将信号接入监控服务器的串口，由监控平台软件进行蓄电池的实时监测。

3）实现功能

实时监测蓄电池组的总电压、充放电电流、电池表面温度、电池内阻、单体蓄电池的电压参数。

系统可对监测到的各项参数设定越限阀值（包括上下限、恢复上下限），一旦蓄电池发生故障，系统将自动切换到相应的监控界面，且发生报警的该项状态或参数会变红色并闪烁显示，同时产生报警事件进行记录存储并有相应的处理提示，并第一时间发出电话语音拨号、手机短信、声光等对外报警。

（4）市电监测

1）监控内容

机房城市电的供电质量好坏将直接影响机房内用电设备的安全，设计在配电柜上安装电量仪对市电进线进行各项供电参数监测。

2）实现方式

通过在配电柜中安装带液晶显示的电量仪对进线实现监测，既可在配电柜表面实时看到电量仪采集到的参数，亦可通过电量仪的 RS485 智能接口和通信协议采用总线的方式将信号接入监控服务器的串口，由监控平台软件进行城市电的实时监测。

3）实现功能

实时监测市电进线三相电的相电压、线电压、相电流、频率、功率因数、有功功率、无功功率等参数。

系统可对监测到的各项参数设定越限阀值（包括上下限、恢复上下限），一旦市电发生越限报警，系统将自动切换到相应的监控界面，且发生报警的该项状态或参数会变红色并闪烁显示，同时产生报警事件进行记录存储并有相应的处理提示，并第一时间发出电话语音拨号、手机短信、声光等对外报警。

提供曲线记录，直观显示实时及历史曲线，可查询一年内相应参数的历史曲线及具体时间的参数值（包括最大值、最小值），并可将历史曲线导出为 EXCEL 格式，方便管理员全面了解城市电的供电状况。

（5）精密空调监控

1）监控内容

机房温度出现异常时，将导致机房其他设备运行所需的环境失去保障，因此设计对机房内精密空调的运行状态和参数进行实时监测。

2）实现方式

通过精密空调设备提供的 RS232 智能接口及通信协议，采用总线的方式将精密空调的监控信号经通信转换模块将 RS232 转换成 RS485 信号后接入监控服务器的串口，由监控平台软件进行精密空调的实时监测。

3）实现功能

实时监视精密空调压缩机、风机、水泵、加热器、加湿器、去湿器、滤网、回风温度和湿度等的运行状态与参数（图 6.3-9），并可对精密空调实现远程开关机的控制（能监测到的具体内容由厂家的协议决定，不同品牌、型号的精密空调所监控到的内容不同）。同时支持与其他子系统的联动控制，如当温度过高时自动联动启动空调进行制冷。

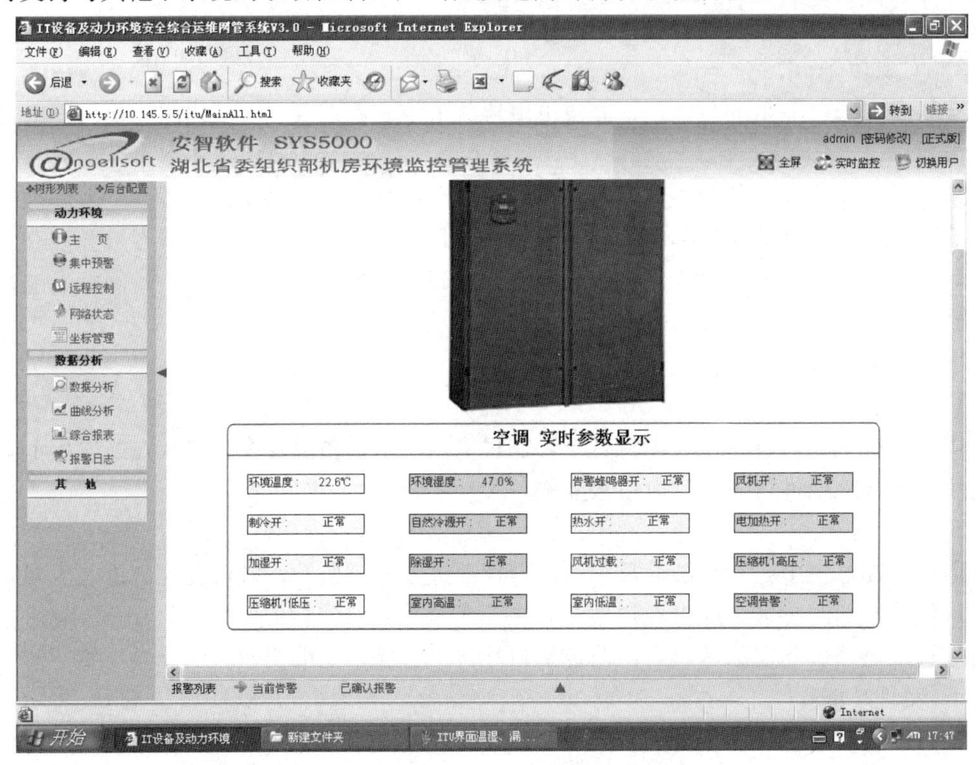

图 6.3-9 实时监控

系统可对监测到的各项参数设定越限阀值（包括上下限、恢复上下限），一旦精密空调发生故障，系统将自动切换到相应的监控界面，且发生报警的该项状态或参数会变红色并闪烁显示，同时产生报警事件进行记录存储并有相应的处理提示，并第一时间发出电话语音拨号、手机短信、声光等对外报警。

提供曲线记录，直观显示实时及历史曲线，可查询一年内相应参数的历史曲线及具体时间的参数值（包括最大值、最小值），并可将历史曲线导出为 EXCEL 格式，方便管理员全面了解精密空调的运行状况。

（6）新风机监控

1）监控内容

设计对机房内新风机的运行状态进行实时监测，同时可对新风机实现远程的开关机控制。

2）实现方式

由于新风机不具有智能接口，通过数字量输入输出模块控制继电器装置来实现新风机的开关机电源控制；通过空调状态开关量变送器检测新风机电源线的电流信号，转换成开关量信号后接入 8 路隔离数字量输入模块中实时采集新风机运行状态；另外通过微压差开关检测过滤网两侧的压差信号后再接入 8 路隔离数字量输入模块进行采集，所有的模块通过 RS485 智能接口及通信协议采用总线的方式将信号接入监控服务器的串口，由监控平台软件进行新风机开关机控制和运行状态的实时监测。

3）实现功能

实时监测新风机的开关机运行状态、过滤网堵塞状态，并可通过监控平台软件实现远程的开关机控制，同时可对新风机进行定时开关机设置，使新风机自动工作不需人为干预，极大延长了设备使用寿命，达到节能降耗、无人值守的目标。

（7）温湿度监测

1）监控内容

对于机房内的电子设备，其正常运行对环境温湿度有较高的要求。因此设计在机房的各个重要部位，安装温湿度传感器，一旦发现异常立即启动报警。

2）实现方式

通过在机房重要部位安装带液晶显示的温湿度传感器对环境温湿度实现监测，既可在温湿度传感器表面实时看到当前的温度和湿度数值，亦可通过温湿度传感器的 RS485 智能接口和通信协议采用总线的方式将信号接入监控服务器的串口，由监控平台软件进行温湿度的实时监测。

3）实现功能

实时监测机房区域内的温度和湿度值，同时支持与其他子系统的联动控制，如当温度过高时自动联动启动空调进行制冷（图 6.3-10）。

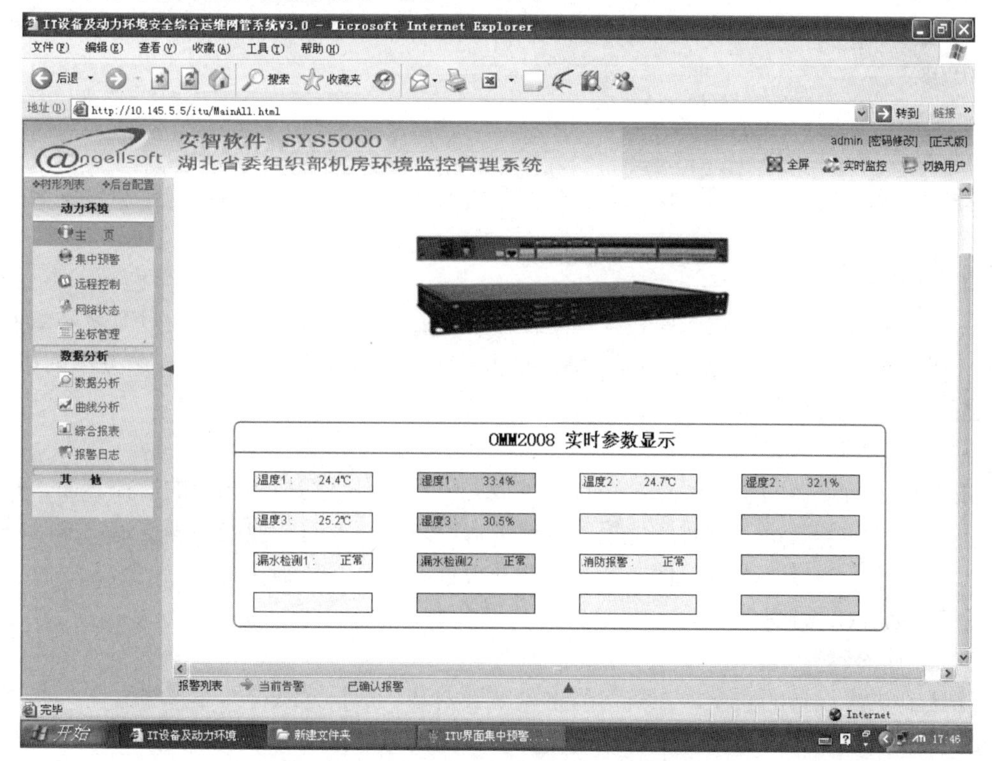

图 6.3-10　实时监测机房区域内的温度和湿度

系统可对温度和湿度参数设定越限阀值（包括上下限、恢复上下限），一旦温湿度发生越限报警，系统将自动切换到相应的监控界面，且发生报警的参数会变红色并闪烁显示，同时产生报警事件进行记录存储并有相应的处理提示，并第一时间发出电话语音拨号、手机短信、声光等对外报警。

提供曲线记录，直观显示实时及历史曲线，可查询一年内相应参数的历史曲线及具体时间的参数值（包括最大值、最小值），方便管理员全面了解机房内的温湿度状况。

（8）漏水监测

1）监控内容

由于机房内有空调及进出水管等设备，液体泄漏的情况时有发生，这就要求及早发现及时处理，因此设计在机房有空调的地方安装 4 套 10m 漏水感应绳的国产区域式漏水检测设备，地下室蓄电池周围安装 1 套 10m 漏水感应绳的国产区域式漏水检测设备，保证机房设备的稳定运行。

2）实现方式

通过在有水泄漏地方的四周敷设漏水感应绳，当发生漏水时感应绳将报警信号传给区域式漏水控制模块，通过 8 路隔离数字量输入模块实时采集区域式漏水控制模块的干接点报警信号后，再经 8 路隔离数字量输入模块提供的 RS485 接口及通信协议，采用总线的方式将漏水报警信号直接接入监控服务器的串口，由监控平台软件进行漏水的实时监测。

3）实现功能

实时监测机房的漏水情况，发生漏水时系统自动切换到漏水监控界面，同时产生报警事件进行记录存储及有相应的处理提示，并第一时间发出电话语音拨号、手机短信、声光等对外报警。

（9）防雷监测

1）监控内容

设计对机房内防雷器的工作状态进行实时监测，一旦发生故障通过监控平台发出对外报警。

2）实现方式

采用 8 路隔离数字量输入模块采集防雷器提供的干接点信号后，再通过 8 路隔离数字量输入模块的 RS485 智能接口及通信协议采用总线的方式将信号接入监控服务器的串口，由监控平台软件进行防雷器状态的实时监测。

3）实现功能

实时监测防雷器的工作状态，一旦发生报警，系统自动切换到相应的监控界面，且防雷器状态变红闪烁显示，同时产生报警事件进行记录存储及有相应的处理提示，并第一时间发出电话语音拨号、手机短信、声光等对外报警。

（10）防盗报警监控

1）监控内容

考虑到机房设备的安全，在机房的重要区域安装 X7 个吸顶式红外探测器实时监测机房的人体入侵情况，一旦发生报警通过监控平台发出对外报警。

2）实现方式

吸顶式红外探测器的信号直接接入 8 路隔离数字量输入模块，8 路隔离数字量输入模块的 RS485 智能接口及通信协议采用总线的方式将信号接入监控服务器的串口，由监控平台软件进行防盗报警的实时监测。

3）实现功能

实时监测各防区的报警情况，并可通过监控平台软件实现远程布防。一旦发生报警，系统将自动切换到相应的监控界面，且发生报警的探测器会变红色并闪烁显示。同时，产生的报警事件被记录存储及有相应的处理提示，并在第一时间发出电话语音拨号、手机短信、声光等对外报警。

系统支持与其他子系统的联动功能，当吸顶式红外探测器有人触发时自动联动打开照明灯光、自动联动相应位置的摄像机进行录像等。

（11）视频监控

1）监控内容

设计在机房出入口、机柜间的通道、走廊等重要区域安装彩色半球摄像机、高清录像机，进行全天候的视频图像监视。

2）实现方式

彩色半球摄像机通过视频线直接接入到高清录像机，同时将高清录像机接入与监控服务器相同的内部网络中，通过监控平台软件进行图像监控。

3）实现功能

实时监视各路视频图像，通过在电子地图上点击相应的图标即可查看该摄像机的当前画面。

灵活设置录像方式，包括 24h 录像、预设时间段录像、报警预录像、移动侦测录像以及联动触发录像等多种方式。

可设置录像分辨率（CIF、2CIF、D1），每路视频图像按 CIF 分辨率录像时存储空间约为 3G/天，系统配置了 2 块 1T 容量的硬盘，可录像 30 天。系统支持硬盘存满时自动从头覆盖，循环录像。

支持历史视频检索回放功能，可根据录像的类型、通道、时间等条件进行检索，回放速度可调。

支持与其他子系统的联动功能，如：门打开或发生防盗报警时联动摄像机进行录像，同时弹出相应的视频画面窗口等。

（12）门禁监控

1）监控内容

出于对机房安全的考虑，设计对机房各道门进行门禁管理，采用进门刷卡＋指纹＋密码、出门按按钮的进出验证方式，由监控平台软件进行机房出入的门禁管理。

2）实现方式

使用网络型门禁控制器，通过网络型门禁控制器设备提供的 TCP/IP 智能接口及通信协议，采用 TCP/IP 的方式将门禁信号接入监控服务器，由监控平台软件进行门禁的实时监测。

3）实现功能

实时监控各道门人员进出的情况，并进行记录（图 6.3-11）。

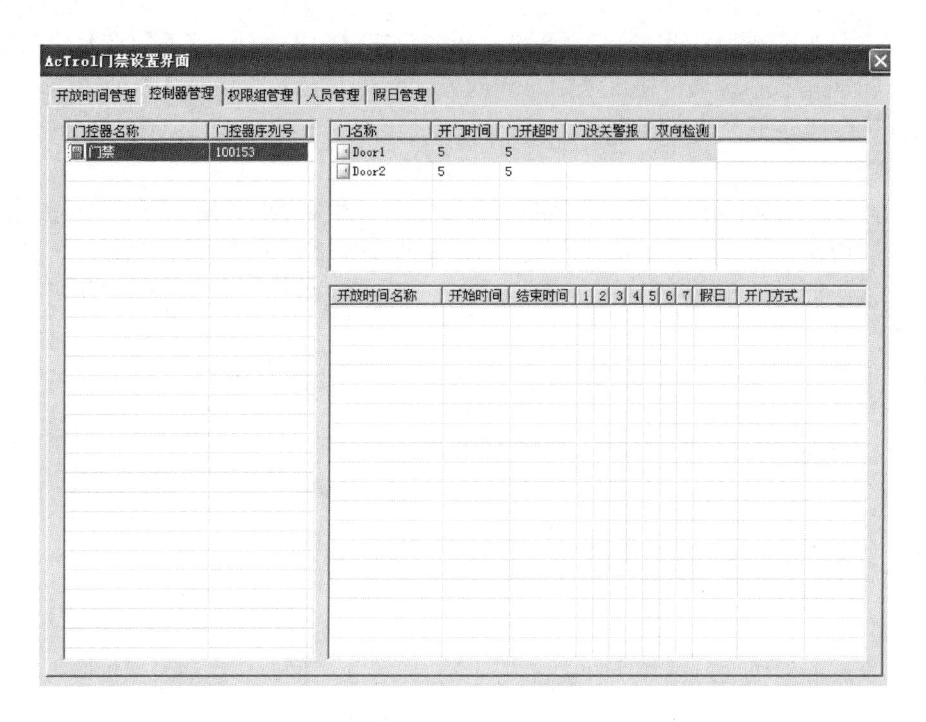

图 6.3-11　人员进出监控

（13）消防监测

1）监控内容

设计对机房内消防控制箱提供的干接点信号进行实时火警监测，一旦发生报警通过监控平台发出对外报警。

2）实现方式

采用隔离数字量输入模块采集消防控制箱提供的干接点信号后，再通过隔离数字量输入模块的 RS485 智能接口及通信协议采用总线的方式将信号接入监控服务器的串口，由监控平台软件进行消防的实时监测。

3）实现功能

实时监测机房内的消防火警信号，一旦发生报警，系统自动切换到相应的监控界面，且火警状态图标变红闪烁显示，同时产生报警事件进行记录存储及有相应的处理提示，并第一时间发出电话语音拨号、手机短信、声光等对外报警。

5. 机柜系统

选用采用承载能力强、耐腐蚀、易导电的优质材料优质冷轧钢板为主体结构的服务器机柜，设计采用嵌入式结构固定，更具有防震的功能。四周门组采用外挂式设计，可减少空间；一体化设计，拼装式结构。要求可静态承载重量达 800kg 以上，结构不变形；使用多台机柜整体并联，适合于数据中心机房的使用要求。

技术特点要求

1）机柜的制造须满足国家行业标准及规范要求，统一颜色，设备机柜外形尺寸(宽×深×高)：600mm×800mm×42mm。

2）机柜前后面须采用具有良好透风性能网状结构，且前、后门和左、右侧板可拆卸。

3）机柜应为框架结构，优质冷轧钢板，厚度≥1.5mm。

4）设备安装时，应能够根据设备不同的深度对机柜的杆位进行调整。

5）外线可由机柜顶部引入，并能按电源线和信号线分别从机柜两侧隔 300mm 设有线卡以固定电缆。

6）机柜应预留上进线孔洞，当上进线洞不用时，应有盖板将其孔洞封闭，以防异物落入机柜。

7）机柜应采取加固措施，保证放置设备重量在 800kg 以内时不变形。机柜内的放置设备的托板应能满足 150kg 以内不变形。

8）电气性能符合低压配电系统要求。

9）提供生产厂商的质量保证书及售后服务承诺书。

6. 桥架系统

医院类项目机房电缆桥架和网络桥架用开方式网格桥架，网格桥架是现在大型机房流行的网络桥架，它安装方便、大方美观，不影响和不阻碍精密空调送回风的畅通。

开放的网格式镂空结构，符合国际标准；且钢制桥架需满足以下要求：

1）电缆桥架原材料为高强度的低碳钢丝，经焊接后成型，最后进行表面处理。

2）表面处理：电镀锌锌层厚度在 12～18μm 之间，适用于室内安装。

3）金属网格式电缆桥架由纵横两向钢丝组成，钢丝直径为

① 150mm 的桥架不小于 4mm。

② 200mm 的桥架不小于 4.5mm。

③ 300mm 的桥架不小于 5.5mm。

④ 400mm，450mm，500mm，600mm 的桥架不小于 6mm。

4）桥架的每个网格尺寸不大于 50mm×100mm。

5）桥架两侧的顶部钢丝采用“T 形焊接”形成安全边缘。

6）电缆桥架的所有焊接处的平均最小抗拉强度为 500kg，并经过了严格的电缆桥架短路测试。

7）符合 IEC 61537 的相关标准和规范，桥架的承载和变形特性经过测试，并有权威第三方机构的认证。

8）桥架以及配件产品均需通过相关认证。

9）桥架的连接用 EDRN 快速连接件。

6.3.5 综合安保系统

1. 系统概述

综合安保系统包括：视频安防监控、门禁、入侵报警、无线电子巡更等四个子系统。

（1）视频安防监控子系统

社会安全防范工作，一个重要的步骤就是要充分掌握信息。信息组成很多，它包括各种各样文字量、报警量、各种各样语言、图像等，而其中最直观、最有效的信息就是图像，它能给决策人最直接的感觉。因此，在一系列安全技术防范手段中，视频安防监控系统（CCTV）应用尤为广泛。

它是应用光纤、同轴电缆、微波在其闭合的环路内传输电视信号，并从摄像到图像显

示构成独立完整的电视系统。它能实时、形象、真实地反映被监控对象，不但极大地延长了人眼的观察距离，而且扩大了人眼的机能，它可以在恶劣的环境下代替人工进行长时间监视，让人能够看到被监控现场实际发生的一切情况，并通过设备记录下来。

视频安防监控系统能实时、形象、真实地反映被监视控制对象的画面，成为现代化管理中的一种极为有效的观察工具和安全防范系统中一种有效的复核手段，又因为它具有只需一人在控制中心操作就可观察许多区域甚至远距离区域的独特功能。

视频安防监控系统（CCTV）作为安全防范系统的一大重要组成部分，主要通过对视频的控制和管理实现对建筑的安全管理措施达到安全防范的目的，所以视频安防监控系统的核心功能划分为：

视频图像的采集和形成；

视频信号和控制信号的传输；

对前端设备的控制；

对视频图像的数字化处理；

图像的记录、储存、管理；

系统的控制方式；

视频图像的输出调配和管理；

处理各种报警信号对应视频图像的关系；

各级系统的接口和连接。

(2) 门禁子系统

门禁系统，是对建筑物内外正常的出入通道应用感应卡识别技术或者生物识别技术进行的智能化管理。系统运用计算机网络技术、通信技术、测控技术、高智能微电子技术和机电一体化技术为建筑物出入通道提供了全新高效的管理体系，最大的发挥了人力、物力、资源、空间的效能。

非接触式智能卡门禁管理系统是新型现代化安全管理系统，它结合计算机技术、网络通信技术、自动控制技术和智能卡技术于一体，是实现安全防范管理的有效措施。该系统在使用时，卡片不与设备直接接触，只需在设备前晃动，系统即可采集到所需信息。实现门禁、考勤、电梯管理等诸多功能。因其高度安全、适用面广、极为方便的使用和管理方式，被广泛应用于银行、公寓住宅、宾馆、机房、军械库、机要室、高档写字楼、智能化小区、工厂等重要场所。

门禁系统主要负责对管理区域内人员的出入控制管理，是用来解决什么人在什么时间内能进入什么地方的问题，用于加强办公楼内部安全管理和重点区域的安全防范。实际使用时，办公人员只需将智能卡在门口的读卡器前晃一下，即可根据权限进入办公楼电梯厅或者乘坐电梯进入相应楼层等防范区域，无卡或无效卡持卡人不能进入防范区域。

对于中心机房、重要房间、通道出入口等管理用房区域，主要在该区域的通道入口门处设置门禁管理系统，授予工作人员的正常出入管理，同时按照授权的权限来判断合理的出入区域，避免机密区域受到不正常的出入侵犯。

作为办公及管理中心，需要完整的考勤系统来管理人员的工作时间记录，利用在主要出入口的门禁读卡器作为设置考勤机，便于实现对工作人员的考勤记录。

（3）入侵报警子系统

入侵报警系统系统是一种先进的、防范能力极强的防入侵系统。入侵报警系统依报警方式不同分为自动报警和人工报警两种。所谓自动报警是指在建筑物内外的重要地点和区域布设探测装置，一旦非法入侵发生，则系统会自动检测到入侵事件并及时向有关人员报警；而人工报警是指电梯、楼道、现金柜台等处安装报警按钮，当人们发现非法入侵或受到威胁时可手动报警。探测器是入侵报警系统的重要组成部分，安装在墙上、门窗上的振动探测器、玻璃破碎报警器和门磁开关等可有效探测罪犯的入侵，安装在楼内的运动探测器和红外探测器可感知人员在建筑物内的活动，用来保护财物、文物等珍贵物品。入侵报警的另一任务就是一旦有入侵报警发生，系统则会自动记录入侵的时间、地点，并启动电视监视系统对入侵现场进行录像。

配备一套合理、先进、经济的安保系统是对医院安全的保障，同时可以提高工作效率，减少开支，降低意外事故造成的损失。入侵报警系统正是安全防范中不可缺少的重要环节。

（4）无线电子巡更子系统

无线电子巡更就是规定相关工作人员对他所管辖的区域或区域的设备设施、生产流程等工作进行定期的、定点的、及时的监测、检查、维护；或安保人员在物业管理范围内的场所进行定期的安全巡逻、检查。

本系统主要是针对物业管理安全工作中容易出现的漏洞和弊端，采用具有国际先进无源技术，提高巡逻巡检工作的质量和安全管理水平，避免因管理漏洞而造成的经济损失和责任不清。

同时，也将安全保卫人员及巡检人员的繁重工作以量化的形式体现在大家面前，便于使巡检工作公开公正的进行，使各部门工作便于协调，从而使管理者认识到巡检工作的重要性和繁重。

2. 需求分析

随着科技的日新月异，视频监控市场得到了飞速发展。视频监控以其直观、方便、信息内容丰富而广泛应用于许多场合。近年来，随着互联网的大范围普及，以及计算机、网络、图像处理、传输技术的飞速发展，视频监控技术也有长足的发展。视频监控已经渗透到教育、政府、娱乐场所、医院、酒店、运动场馆、城市治安等多个领域。

医院项目一般由多栋建筑物组成，面积大、科室多、人员流动大、闲杂人员多。为了确保医护人员、办公人员、病人及其家属的生命财产安全，如何预防犯罪、保证稳定安全的工作就医秩序，为来院人员创造一个舒适安全的就医、治疗、办公环境是非常必要的。视频监控系统作为安全防范系统的一个重要组成部分，主要通过对视频的控制和管理实现对建筑的安全管理措施达到安全防范的目的。它可以在恶劣的环境下代替人工进行长时间监视，让人能够看到被监控现场实际发生的一切情况，并通过设备记录下来，它已成为现代化管理中的一种极为有效的观察工具。

3. 系统方案

（1）系统设计

1）视频监控子系统设计

医院建筑面积大，结构复杂，人员流动大，对安全管理带来了极大的困难，在本建筑物中实现100％的无死角监控是不可能的也是没必要的，所以我们根据本工程建筑功能分类，在人员密集，有财务交割，有贵重药品存放、特殊科室（如传染病科）、抢救室、大厅、电梯前厅等重要场所设置摄像机，充分通过防盗报警，门禁管理，监控系统的联动功能将整个建筑物的主要区域包围在控制范围内，根据本工程平面面积大，设备分散的特点，建议门禁管理系统通过网络接口进行联网通信，这样节省了大量线材，降低了施工难度，避免了因为线路过长而引起的线路干扰和易受损的问题。同时也提升了系统的品质。

重点监控区域为：

主要通道；

等候区；

电梯轿厢；

电梯厅；

主要出入口；

候诊室；

休息区；

收费及挂号处；

划价收费处；

药房；

贵重药品库；

地下设备区；

特殊病房（如抢救室、传染病房等）；

停车场。

针对以上这些主要区域，我们按照其相应的特点设置了相应的摄像机，以保证对于整个医院，无论是病房部分还是门诊部分都有监视的电子眼睛，使犯罪分子无藏身之处，最大限度地保护医院与其中的人身和设备的安全。

本系统包括：前端摄像机设备；

视频信号与控制信号传输；

视频显示；

视频存储；

与其他安防子系统联动。

2）门禁子系统设计

在日常应用当中，使用者通常在入口读卡器上进行刷卡，控制设备在接收到读卡器的读卡信息，通过控制设备识别其为有效卡后，触发控制电锁的继电器，打开相应的出入口，让持卡人通过。双向门的控制方式称为“防反传”，强制所有进出必须刷卡，而不能跟着别人后面随意进出。

控制器将这些刷卡进出事件存贮起来，与管理主机连接后，将事件记录传送给上位管理主机，做长期保存、查询、统计。控制设备在设置完成后，可脱机独立运行，对各种前端设备进行控制，管理主机或通信故障都不会影响它的运行。

管理人员在监控中心的电脑上，可实时查看各通道口的通行情况，前端设备的运行情况，并可以控制本管制区域通道口的开关及改变通行方式。所有数据可形成报表。

门禁系统支持报警设备接入，并通过电脑串口提供视频监控系统的控制输出，在软件中加以设置，以充分整合相关的安全系统与设备，以达到安防系统集中管理、分散监控的目的。

3）入侵报警子系统设计（图 6.3-12）

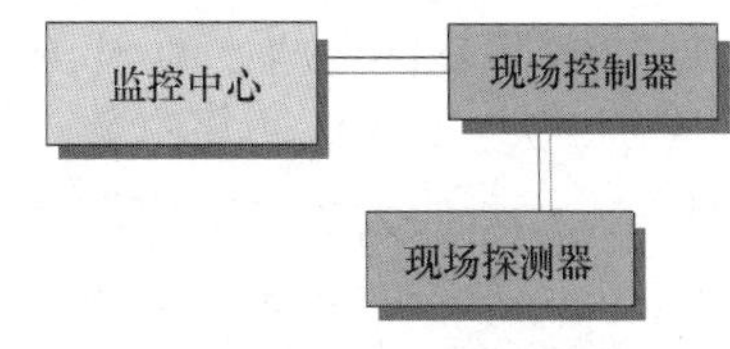

图 6.3-12　入侵报警子系统

本系统主要针对医院内重点区域进行防范，由现场探测器、现场控制器及监控中心三个部分组成。

监控中心设置在一楼机房，用于接受、处理、控制相关的报警信息，并联动视频监控系统。

在医院所有财务室、库房、手术室安装红外/微波双鉴探测器和报警器；在导医台、医疗纠纷办公室、所有收费处安装手动报警器；根据江夏医院大楼的建筑特点和设计图纸的内容，探测器分布表见门禁和入侵报警子系统点位表。

4）无线电子巡更子系统设计

无线巡更系统采用数码技术、自动控制技术及计算机通信等技术，并结合国内巡查工作的实际经验为设计依据的最新型的电子巡更系统。巡逻时，巡检员只需将无线巡更采集棒在安装于各个地址巡检器上轻轻一碰，即可将巡检员的姓名及何时在何处巡逻等信息储存在巡更采集棒中，并自动算出单位安排寻更的时间与实际寻更的时间间隔对照。巡更采集棒中储存的数据可通过二种方式输出：通过二合一传输器传输到打印机，直接打印出巡检报告；通过二合一传输器传输到计算机，然后打印出巡检报告或形成计算机文档保存巡检数据，留作下次再用。

5）视频监控子系统结构（图 6.3-13）

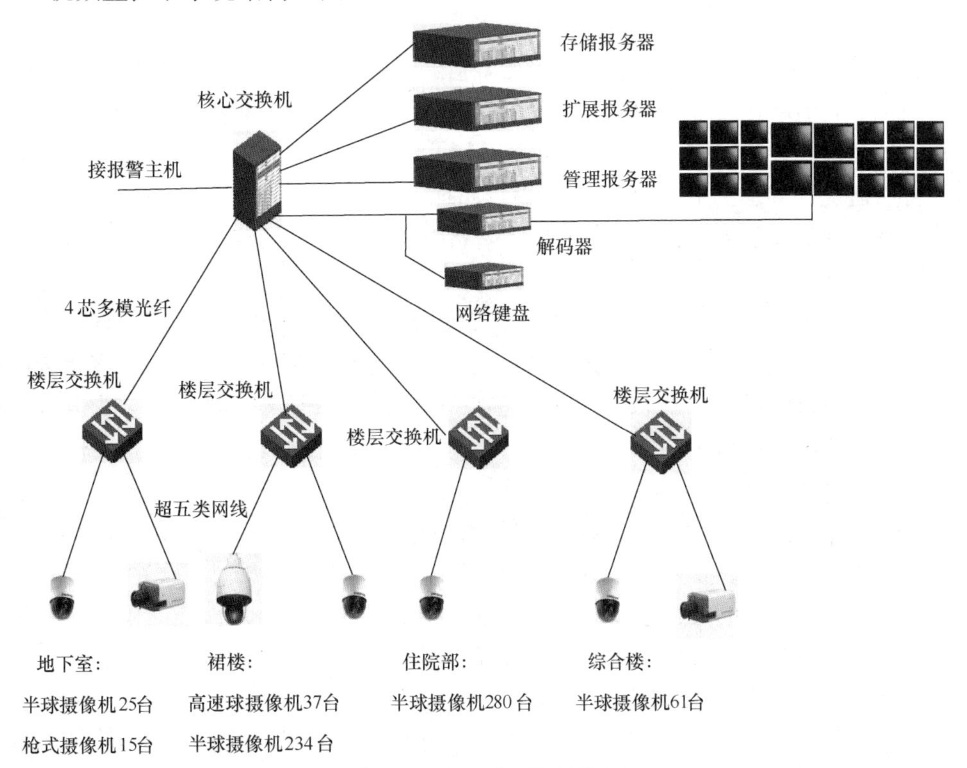

图 6.3-13　监控系统结构图

① 前端摄像机设备

医院项目作为集科研、医疗、制药为一体的医院类建筑物，其视频监控系统设备的选用不仅要考虑系统的先进性、可靠性，还要考虑器材的外形美观与环境档次的协调。为此，在面积较大的场所使用全方位摄像机，其监视能力相当于多台固定摄像机的监视能力，目标捕获时间短、完全变焦、聚焦、图像最清晰，无论目标处于运动或弱光状态，都能得到清晰的图像，并且速度可调；外观豪华美观，而且操作方便、简单，针对以上情况进行前端设备选型：一楼大厅设置高速快球摄像机。它外形美观，档次高，而且具有高清晰度，高灵敏度，可进行远程设置。

每层电梯厅和通道设置彩色半球型固定摄像机。

每层电梯轿厢我们选用电梯专用摄像机，隐蔽性好。美观的特制电梯专业摄像机，对出入电梯的人员进行监控。

收费处和药房等重要和安全性要求高的场所，我们设置了固定摄像机进行定点监视。

地下停车场等场所，我们设置彩色枪式摄像机，主要楼梯间都保证有摄像机进行适当的监视，以获取更多的图像信息。

② 视频信号与控制信号传输

视频传输部分是将视频信号由前端摄像设备传送至监控中心机房设备的信息传输通道，控制信号传输是指一体化快球摄像机的控制信号传输，通过六类双绞线、光缆和RVVP2×1.5接入医院首层监控中心，能将前端摄像机摄录的图像进行实时传输，同时传输具有损耗小、可靠的传输质量、图像在录像控制中心能够清晰还原显示，有效屏蔽干扰。为保证信号传输质量，同轴电缆中间不能有接头。

③ 视频显示

本方案在一楼监控中心设置电视墙（其中42吋液晶监视器2块、22吋液晶监视器30块），所有22吋液晶监视器通过视频管理服务器固定显示多个通道画面。42吋液晶监视器可根据实际情况，将重点监控画面单独或集中显示。所有监视器全部为高分辨率彩色监视器。可以通过管理主机上的视频管理软件将任意图像显示在任意一个监视器上，另外系统支持PC终端显示方式，能够在任意接入闭路电视监控系统网络的PC内浏览监控画面。

④ 视频存储

视频监控系统中所有监控图像通过网络存储服务器存储画面，支持录像控制、管理，支持录像下载、检索和回放控制，支持转发与分发等功能。操作人员可根据需要全部记录或重点记录某一路图像。如果现场发生报警情况，可联动录下现场的图像，为分析事故现场留下最重要的信息资料。

6）门禁子系统结构

门禁控制系统由软硬件两部分组成，包括识别卡、前端设备（读卡器、电动门锁、门磁开关、各种报警探头、控制设备等）、传输设备、通信服务器及相关软件。

硬件部分中最主要的是控制设备，所有的读卡器、门磁、开门按钮、报警探头等其他前端设备均接入相应的控制设备中，以完成各种系统功能（门禁控制、电子巡更、闭路监控和防盗报警等）的目的。

软件安装在管理中心中专门用于监控管理的电脑上，管理人员借助门禁软件，对系统进行设置及发卡授权管理，查看各通道口通行对象及通行时间；巡更计划完成情况；防区报警情况等，并进行相关的实时控制或设定程序控制目标。

系统最终由系统计算机来完成所有的管理工作，由计算机内的管理软件来决定。在本次系统设计中，采用了美国 HID 公司的门禁控制系统 VERTX 系统。该软件已经集成了巡更管理功能、闭路监控和防盗报警功能和考勤统计功能，可以对系统所有设备的资料进行管理。包括实现以下主要的系统功能要求：

设备注册：在增加前端设备或卡时，需要重新注册，以使其有效；在减少前端设备或卡损坏或丢失、人员变动时进行删除使其失效。

级别设定：在已注册的卡中，哪些人可以执行指定操作（包括出入指定出入口，执行指定巡更计划等），哪些人不可以执行；那些控制设备可以允许执行指定动作，或不允许执行指定动作。都可以通过设置计算机的操作权限来进行定义。

时间管理：可以设定某些控制设备在什么时间，允许或不允许持卡人通过；哪些卡在什么时间可以或不可以通过哪些门等。

数据库的管理：对系统所记录的资料进行转存、备份、存盘和读取等处理。

事件记录：系统正常运行时，对各种出入事件、异常事件及其处理方式进行记录，保存在数据库中，以备日后查询。

报表生成：能够根据要求定时或随时地生成各种报表。

系统互联：门禁系统不是作为一个单一系统存在，它可与其他系统互通信息。可与监控、报警、消防等安防系统实现联动，在软件功能中支持图形接口，具有开放性。可实现与安防、楼宇自控、消防报警联动控制功能。

7）入侵报警子系统结构（图 6.3-14）

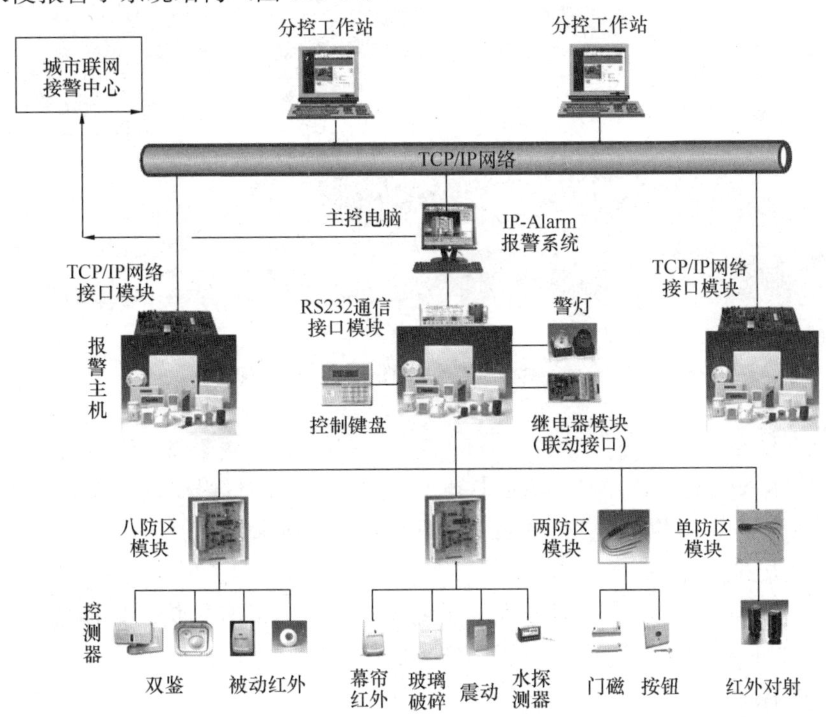

图 6.3-14　入侵报警子系统结构

对于建筑内部或一定范围内的建筑群，可以采用总线制报警方式，实现建筑内部的集中报警管理需要，支持向当地 110 报警联网功能。

入侵报警系统建立一套以有线报警为主，并结合 TCP/IP 网络传输协议、多媒体控制技术、远程控制等多种技术，多层次全方位的安全入侵报警系统。

同时，为了更加完善入侵报警系统的功能及防范的多层面，系统设计还可以与安防系统其他子系统（视频监控系统、门禁控制系统等）进行集成，使得系统更加完善。

入侵报警系统主要由前端探测器/继电器、报警控制中心系统以及系统通信路由 3 个部分组成。负责内外各个点、线、面和区域的侦测任务。

底层是各种探测器及输出继电器组成，它们一方面负责探测人员的非法入侵，同时向报警控制主机发出报警信号；另一方面，还可以通过报警主机的继电器联动功能，控制灯光的开关和其他各种设备等。

报警控制中心由报警控制主机及报警管理软件组成。发生异常情况时发出声光报警，同时联动视频监控系统、楼宇自动化系统及门禁系统，以实现现场的灯光控制及视频保存记录。

报警控制主机与报警管理软件之间主要是通过 TCP/IP 的通信方式进行控制指令的下行与报警状态信息的上传。

8）无线电子巡更子系统结构（图 6.3-15）

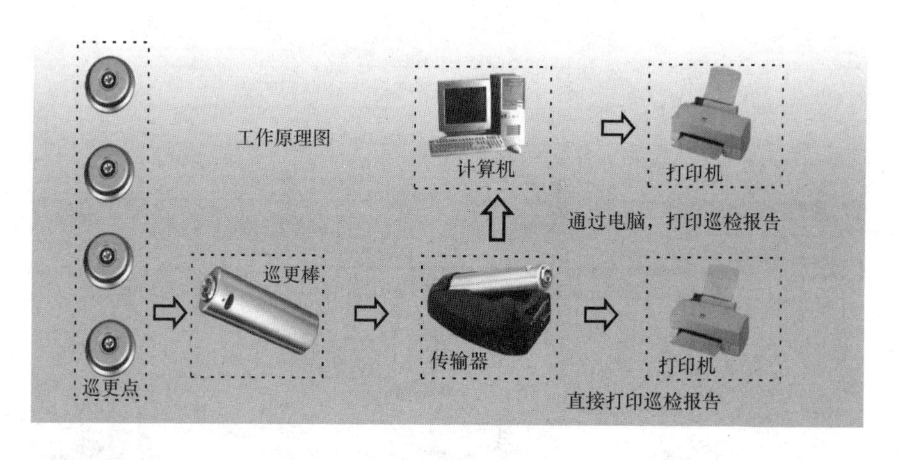

图 6.3-15　无线电子巡更子系统结构

① 地址巡检器

不锈钢防水外壳的信息存储集成芯片，具有全球唯一的代码序列，没有电池，无须连线，用于存储巡更点描述、巡更员姓名、事件描述、系统命令等。

② 数码巡更采集棒

外壳为全金属铸钢一体化，表面为不锈钢保护层，尾部有采集、传输数据信息输出，用于读取信息地址钮内容，完成信息的处理、储存和传递等功能。

③ 二合一控制器

用于控制由巡更采集棒下载的数据，可直接连接打印机或电脑；控制器内置打印机驱动程序，只要将巡更棒插上，打印机可自动打印出巡更报表。

④ 管理务器电脑

⑤ 管理软件

巡查人员巡视的详细情况，生成报表格式，可通过多种方法查询，并自动计算显示出安排的巡更时间与实际去巡更的时间间隔。

⑥ 打印机

用于打印由控制台或电脑输出的巡更数据信息。

7 电梯工程施工技术

医院建筑四层及四层以上的门诊楼或病房楼应设电梯，且不得少于二台；当病房楼高度超过 24m 时，应设污物梯。供病人使用的电梯和污物梯，应采用“病床梯”。电梯井道不得与主要用房贴邻。

乘坐电梯人员的主通道应与候梯厅分开设置，以免产生主通道内的拥挤。高层医院建筑的垂直电梯配置数量、选型及群控方式应在设计阶段充分预计未来人流发展需求。并严格做到客梯、医用电梯、杂货电梯、污物电梯、消防电梯分开使用，发挥各自的性能特点，楼层较多时可以考虑对客梯停靠站进行合理分区，客流量大可以设置客梯专职司机。运送病人应采用医用电梯，宜至少一部作为工作人员和病人专用。它以宽敞、平稳、舒适、低速为主要特点。但不能替代客梯、消防梯起到的在大楼内起到分散客流作用。

医用电梯中至少一台医用电梯应满足以下要求：

（1）无障碍（方便残疾人用）；

（2）语音提示（盲人用）；

（3）触摸按键（盲人用）。

电梯工程采用专业分包形式，由有资质的单位施工。

7.1 电梯工程施工流程

见图 7.1-1。

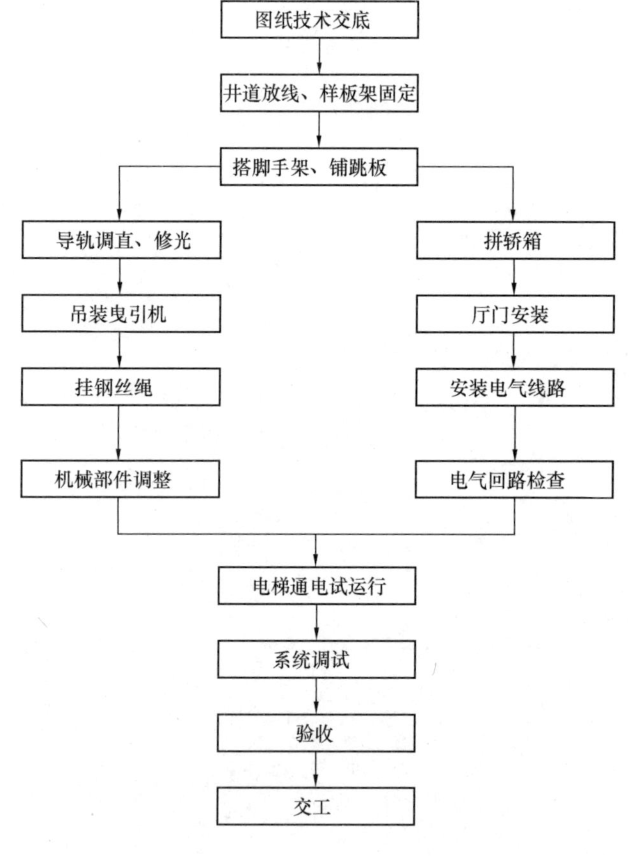

图 7.1-1 电梯工程施工流程

7.2 电梯工程的施工配合

（1）结构施工期间预留预埋配合

1）电梯井道施工应满足用铅垂线测定的最小净空尺寸，允许偏差值为：高度不大于 30m 的井道：0～+25mm；高度不大于 60m 的井道：0～+35mm；高度不大于 90m 的井道：0～＋50mm。

2）机房预留孔洞及外呼洞、厅门洞、安全门洞应严格按照土建布置图预留。若相邻地坎之间间距大于11m，电梯井道应设置安全门。

3）机房顶吊钩应按土建图预埋在相应位置。

4）若需土建搭设井道脚手架，土建方应按照电梯公司提供的图纸施工，并通过双方的验收。

5）应在各电梯厅厅门口处标明50线，作为安装厅门地坎的基准。若电梯厅内有多台电梯，还应在顶层和底层电梯厅地面上画出装饰找方线，以使各电梯的厅门和门套在同一平面上。

6）各层厅门门洞应设置安全护栏。

7）各机房门、窗应封闭，机房、底坑及厅门口无杂物。

8）提供电梯施工电源。

9）提供库房和施工用地。

（2）电梯施工过程中的配合

1）机房中的主机安装完后，土建应制作混凝土墩，将承重梁两端封闭。

2）各层厅门安装完毕后，土建应将电梯地坎、门套、门梁与结构之间的缝隙封堵。

3）在井道脚手架拆除后，应对底坑做防水处理。

4）我方会对完工的电梯部位做防护，如厅门、门套、轿厢、外呼等，做好成品保护。

7.3 为电梯验收提供的服务

1）机房照明符合要求，通风设备齐全。

2）机房主电源箱符合要求。

3）机房门向外开，应当是防火门。

7.4 电梯预投入使用的保护措施

后期装修阶段，为确保工程能及时完成进度计划，根据编制的装修阶段进度计划及施工部位，提前安排一部分电梯投入使用并进行成品保护。

（1）电梯的安装验收及投入使用应根据装修部位使用及不同使用时间要求，对相关房间部位、楼层附近的电梯首先安装并确定验收、投入使用的顺序，编制电梯使用计划，并按计划进行电梯的安装及验收并投入使用。

（2）对于提供给装修施工用电梯，根据部位的不同进行布置，并安排专人进行值守及进行成品保护，确保电梯使用安全。

（3）电梯使用前利用木板对电梯轿厢进行保护，避免使用中对轿厢破坏。电梯值守人员为专业持证人员，并组成电梯服务小组，项目设专职管理员进行协调管理。电梯安装施工单位同时设专人于服务小组内，24h服务并及时解决可能出现的问题。

8 医院特殊系统施工技术

8.1 医用气体施工技术

医用气体系统施工包含工作压力一般不高于1MPa洁净医用气体、惰性气体输送管道以及真空吸引管道等。

常见医用气体管线包括：氧气管道、真空吸引管道、压缩空气管道、笑气管道、氮气管道、二氧化碳、氩气、混合气体管道管道。氧气管道为例：一般由液氧站引出二条氧气管道，其中一条专门供手术室，另一条管线供病房、抢救室、ICU、治疗室的病人吸氧用，同时供手术室，氧气管道在适当的楼层设二级稳压箱，用管道送至综合医疗槽、手术室内的吊塔，手术室内设双路氧气接口。

管道安装总体遵循："先主管、后立管；先干管、后支管"的施工顺序，由下至上、由里及外分系统进行；管道交叉原则遵循：支管让干管、管径小者让管径大者。

施工流程：

预留预埋→管道脱脂及安装→设备及部件安装→管道防腐保温→管道试验→设备电源及控制线路接送单机运行→系统吹扫→系统调整及调试。

（1）医用气体系统管材及附件

气体系统管道材质及附件，应按设计要求选配，如设计未作明确要求，选用时应与洁净室洁净度级别和输送气体性质相适应，并应符合下列规定：

1）应使用无缝管材。

2）管材内表面吸附、解吸气体的作用小。

3）管材内表面应光滑、耐磨损。

4）应具有良好的抗腐蚀性能。

5）管材金属组织在焊接处理时不应发生变化。

6）负压管道不宜采用普通碳钢管。

所用管材应放在室内保管，不得重叠码放。管道应无裂纹、缩孔、夹渣、起瘤、折叠、重皮、锈斑、表面损伤等缺陷。管道应平直、圆滑。成品管外包装和相应管端头的管帽、堵头等密封措施应有效、无破损。

氧气阀门必须采用专用产品，其密封圈应采用有色金属、聚四氟乙烯等材质。填料用经脱脂处理的聚四氟乙烯。

高纯气体管路，可用不锈钢材质的附件，但在不锈钢材质的管路中，不应采用铜质的附件。

（2）医用气体系统管道安装

管道安装前应进行以下准备工作：

1）配管下料时应采用“等离子切割”或专用切割锯、割管刀等工具，不应采用氧乙炔焰切割，不得涂抹油脂或润滑剂。

2）管道切口应与管轴线垂直，切口表面应平整、无裂纹，应去除毛刺。

3）在主管道上连接支管或部件时，宜用成品连接件。

4）普通不锈钢管应在工厂的清洗槽中用酸洗液清洗后再用清水冲洗干净。

5）氧气管道及附件，安装前应按相关规定方法进行脱脂，脱脂应在远离洁净室的地点进行，并做好操作人员的安全与环境保护工作。

管道敷设应符合设计要求，设计无要求时，应敷设在人员不易碰撞的高度上，否则应有防护设施。输送干燥气体的管道宜无坡度敷设；真空吸引管道和含湿气体管道的坡度宜大于或等于 0.3%，坡向真空泵站或冷凝水收集器。

不锈钢管道应采用氩弧焊焊接连接，焊接时管内应充氩气保护，直至焊接、吹扫、冷却完毕后停止充气。

有接地要求的管道，法兰间必须接有多芯导电跨线。

穿过围护结构进入洁净室的气体管道，应设套管，套管内管材不应有焊缝与接头，管材与套管间应用不燃材料填充并密封，套管两端应有不锈钢盘型封盖。

高纯气体管道的安装，除应符合以上有关条款规定外，还应符合下列规定：

1）经脱脂或抛光处理的不锈钢管，安装前应采取保护措施，严防二次污染。

2）管道预制、分段组装作业，不得在露天环境中进行。

3）分段预制或组装的管段完成后两端应用膜、板等封闭。

4）高纯气体管道为无缝铜管时，应采用承插式硬钎焊焊接。焊接紫铜管时应按国家现行标准《磷铜钎料》GB/T 6418—2008 要求选用磷铜钎料；焊接紫铜与黄铜管时宜按国家现行标准《银基钎料》GB/T 10046—2008 要求，选用 HL304 含银量为 50%的银基钎料。管内应通入与工艺气体同等纯度的氮气作为保护气体并吹除，不宜用沾水纺织材料擦拭。

5）高纯气体管道如无法避免用螺纹连接时，宜在铜与铜、铜与铜合金附件外螺纹上均匀挂锡，非氧气管道宜采用聚四氟乙烯带缠绕管口螺纹。

6）不锈钢管、铜管应冷弯，弯管半径宜大于等于 5 倍管材外径；管壁不得起皱。

7）高纯气体管道为聚偏二氟乙烯（PVDF）管时，应采用自动或半自动热焊机焊接连接。两管对接面错边不应大于 1mm。不同壁厚的管子不得对焊，热焊接连接时应采取保护环境和人员安全的措施。

8）管道系统支架间距应小于普通气体管道的支架间距，并应采用吊架、弹簧支架、柔性支撑等固定方式。不锈钢管与炭钢支架之间应垫入不锈钢或氯离子含量不超过 25×10^{-6}（25ppm）的非金属垫层。

9）洁净室内高纯气体与高干燥度气体管道应为无坡度敷设，不考虑排水功能，终端应设放气管。

10）医用气体管道安装后应加色标。不同气体管道上的接口应专用，不得通用。

（3）医用气体系统的强度试验

可燃气体和高纯气体等特殊气体阀门安装前应逐个进行强度和严密性试验。管路系统安装完毕后应对系统进行强度试验。强度试验应采用气压试验，并应采取严格的安全措施，不得采用水压试验。当管道的设计压力大于 0.6MPa 时，应按设计文件规定进行气压试验。

气压试验应采用洁净度与洁净室等级匹配的惰性气体或压缩空气进行，试验压力为设计压力的 1.15 倍。

试验时应逐步缓慢增加压力，当压力升至试验压力 50%时，如未发现异常与泄漏，继续按试验压力的 10%逐级升压，每级稳压 3min，直至试验压力。稳压 10min 后，再将压力降至设计压力，停压时间以查漏工作的需要而定，以发泡剂检验无泄漏为合格。

真空管道的气压试验压力应为 0.2MPa。

当管道输送的介质为“有毒气体”、“腐蚀性气体”、“可燃气体”时，应进行最高工作压力下的泄漏试验。对管段之间焊接接头、管路的分支接头、阀门的填料、法兰或螺纹的连接处，包括全部金属隔膜阀、波纹管阀、调节阀、放空阀、排气阀等，应以发泡剂检验不泄漏为合格。

经过气压试验合格的系统，试验后未经拆卸，该管路系统可不再进行泄漏试验。

真空管道在强度试验与泄漏试验合格后，应在系统联动运转前，以设计压力进行真空度试验。试验宜在气温变化较小的环境中进行，试验时间应为 24h，增压率不应大于 3%。

（4）医用气体管道系统的吹除

气体管道各项试验合格后，应使用与洁净室洁净度级别匹配的洁净无油压缩空气或高纯氮气吹除管内污物，吹除气流流速应大于 20m/s，直至末端排出气体在白纸上无污痕为合格。

管道吹除合格后，应再以实际输送的气体，在工作压力下，对管道系统进行吹除，应无异常声音和振动为合格。输送可燃气体的管道在启用之前，应用惰性气体将管内原有气体置换。

（5）气体供给装置

瓶装气体供给装置应安装在使用洁净室之外的房间，两室之间穿墙的管道应加套管，并应在管道与套管间隙填满不燃材料并加密封。

装置出口管道上的安全阀在安装前应进行阀门开启检查。开启压力、密封压力和回座压力应符合安全阀性能要求。

集中式真空吸引装置应安装在远离洁净室的建筑物外，安装时应采取有效隔声防振措施，与其连接的弯管半径不应小于 5 倍管外径，过滤清除设施应安在排气口。

8.2 医院物流传输系统施工技术

8.2.1 医院物流的传统模式

医院的综合实力不仅体现在医疗技术水平高超的医生、护士等软实力方面，医疗器械的先进性及相关配套设备的自动化、信息化水平也是医院实力的一个重要表现。其中，如何使大量的医疗用品有效地流转，是现代医院服务效率和管理水平的新要素，也是医疗体系对现代物流的新认识。

医院的传统物流方式是“手推车＋电梯”，使得人流与物流交织在一起，走道、电梯拥挤，容易出现错送、碰撞损坏、交叉感染等问题，很难做到及时高效的物品传输。

8.2.2 先进的医院物流技术

医院物流泛指医院物品的存储、拣选、传输、回收等物料流程，目前各个物流环节均可实现不同程度和模式的自动化或智能化。其中，盒装药品可根据电子处方系统采用能水平走行、垂直升降的取货小车实现自动拣选，各种医疗用品可通过气动管道、轨道小车实现自动传输，大件笨重医疗物品及衣物被服可通过自动导引车（AGv）实现自动搬运。

气动管道输送是以压缩空气为动力，使装载物品的传输瓶在密封管道中传送，控制系统根据站点指令信息自动调节换向器路径方向，将传输瓶送入预定管道内和目的站点。轨道传输系统是将医院各个科室通过运输轨道和收发工作站连接起来，通过受电脑控制的智能小车在各科室间进行物品的传递。自动导引车是一种用途非常广泛的智能搬运工具，常用的导航方式有电磁、磁带、陀螺、激光等，在设定的路径上自动行驶，将所运载的货物送达目的地。

8.2.3 轨道传输系统的基本构成

医院物流轨道传输系统的基本定义及原理为：智能轨道小车在计算机控制下，利用电力驱动在专用轨道上自动传输物品。系统由智能小车、轨道、转轨器、工作站、存储站、防火窗、防风门、电控系统、计算机调度管理系统组成，可将医院各个部门科室联接成物流网络。

（1）智能小车

医院轨道智能小车是传输物料的载体，根据呼叫任务及送达指令沿着轨道穿梭于楼宇之中，实现医院各科室物品的自动转移，其主要参数如下：

速度：24～60m/min

容积：30～40L

载重：10～20kg

（注：小车走行速度会根据直行、转弯、爬坡、转轨、进站等状态自动调速。）

小车内置平衡仪，可使物料在爬坡、转弯状态始终保持水平，便于运输不易倒置或侧置的血、尿标本。箱盖打开或未关闭到位，小车均不能行驶，以保证操作安全。

（2）轨道

轨道是智能小车的行走路径，是传输系统的“血管”，直轨、曲轨、弯轨及轨道附件组成，一般采用铝合金材料悬空挂置。其中，在爬坡及垂直升降段配置齿条，水平段无需配置，均采用24V安全直流分段供电。供电可采用无接触能量传输技术，以提供更大动力和安全性，但成本会上升。

（3）换轨器

换轨器类似于铁道搬道岔，用于将轨道小车由一条轨道变换到另一条轨道，转运过程通过转轨托架的平行移动来完成。换轨器是轨道小车智能作业的关键机构，其设置位置及数量要根据系统能力、功能等诸要素设计，可配置为1×2至4×4交叉转轨模式。

（4）工作站

工作站为物流传输系统的终端，用于轨道智能小车的发送和接收。工作站设在各个临床科室和病区的接收和发送物品的物流站点，物品的传输就是站与站之间的传输。发送和接收时，只需在操作面板上键入相应的数字编码（如目标站点、小车编号等）即可。每个工作站相当于一个小车停靠的作业区，便于工作人员取送物品，常见类型有直通式、带返回转轨器的直通式和往返式，类型和缓存工位数量的设置要依据功能区的作业频度。

（5）存储站

存储站主要用于集中存放当前在系统中暂时没有传输任务的空车，实际上就是一段轨道，轨道的长度决定于系统给空置小车预留的数量。各工作站在完成收发作业后应及时释放小车，以便不占用系统资源。如果系统较为庞大，也可设置多个用于缓存的存储站，以进一步提高空车调度效率。

（6）防火窗

防火窗是指消防空间的隔断，主要用于隔离轨道井与进入房间轨道的安全防火。防火窗一般由驱动机构和钢板构成，与轨道传输系统实现自动连锁，当小车接近防火窗时，隔离门自动打开，当小车驶离时，隔离门自动关闭。防火窗的电源一般由不间断电源独立供给，以免有火情时可以确保支撑隔离门的电磁铁不会释放而打开。

（7）防风门

防风门的工作原理同防火窗，区别是功能不同，防风门主要用于隔风、隔声。轨道小车驶离道口后，隔离门就及时关闭，避免因空气对流造成的尘埃、细菌、噪声等影响。

（8）电控系统

控制系统主要包括控制器、通信网络、终端控制站等，采用分散控制模式，每一台换轨器为一个控制单元，作为独立控制系统，向下通过总线方式与车载控制器相联，向上通过串口与上位机相联。通过目的编码识别，上位调度系统与本地控制器通信，实现小车启停、变速、变轨等控制。

（9）计算机调度管理系统

计算机调度管理系统位于中控室，通过以太网与各分散控制单元通信，根据收发任务进行优化分析，确定轨道小车最短行驶路径，实时调度换轨器、隔离门，有序变位作业，避免交通堵塞，并具有权限登陆、历史数据、统计报表、系统事件、故障诊断、自动报警、状态报告及图像实时监控等功能。计算机系统与医院局域网连接，可进行远程在线故障诊断，可与医院消防系统、安保系统等连锁控制。

8.2.4 轨道传输系统设计要素

医院物流轨道传输系统的设备类型及作业模式较为简单，但呈现立体交叉岔道及回路的路径系统较为复杂，系统设计过程中要充分考虑以下几点：

1）规划设计的先导性。在医院建设的规划设计及方案论证阶段，要充分了解医院智能物流的建设需求，将物流配套系统与传统病理配置有效结合，不能出现相关工程干涉、冲突等问题，要预留出物流路径及空间。如果轨道小车垂直输送的通道缺乏预留，只能取消某部电梯改用其井道。

2）医疗物品品规的有效调配。据统计，轨道小车可传输医院内各个部门之间80%以上的流动物品，车载物品的合理配置模式及数量对系统能力有较大影响，应根据紧急需求程度有效装车，实现多点配送。同时，系统应具备紧急输送功能，对急诊、手术环节的医疗用品可选急送快送功能，则输送路径处于优先级，其他在途小车适时避让，犹如“120”救护车的通行优先权。

3）高峰及富余流量的调度优化。集中时段批量输送量很大，比如每天清晨时间，住院部病人的检验标本、输液、单剂量药物等物品的需求量处于高峰，物料的及时输送要能有效保证。同时，低谷需求时间要考虑空车站的缓存位数。

4）可扩展性和冗余性。系统具备可扩展性，满足医院未来增加车站数量的要求，系统易管理、易维护、易升级。系统具有故障自动诊断、自动排除功能和故障恢复能力，当小车传输中如发生断电，数据不会丢失，来电后能自动恢复，继续完成原定操作指令。

8.3 医用污水处理系统施工技术

8.3.1 医院污水水质特点

医院排放污水的主要部门和设施有：诊疗室、化验室、病房、洗衣房、X光照相洗印、动物房、同位素治疗诊断、手术室等；另外，还有食堂、家属宿舍等排放的生活污水。医院污水的主要污染物其一是病原性微生物；其二是有毒、有害的物理化学污染物，包括常规的用COD、BOD5表示的有机污染物；其三是放射性污染物。

8.3.2 医院污水处理工艺流程

各病房及门诊等的排水由排水管网汇入化粪池，经过化粪池处理再进入后续水处理构筑物。放射科室排放水中有微量放射性物质，需要先流入衰变池将放射物质衰变后排入格栅井。化粪池出水首先经格栅去除较大的悬浮物和漂浮物后自流进入调节池，调节池底部设有布气管，用于搅拌和预曝气。经调节池均化水质、调节水量后，污水由提升泵提升进入酸化水解池，在酸化水解内，可使污水均质及与沉淀池的回流污泥充分混合，回流活性污泥吸附污水中的有机物，具有将高分子有机物分解成小分子易生化有机物，能更有效地去除污染物；同时在调节池内设置消化区，在消化区内执行NH3-N的硝化和反硝化，可以有效降低水中的NH3-N。污水自流入生物接触氧化池，进行COD、BOD5的降解。生物接触氧化池出水中含有一定量老化脱落的生物膜，这些含有生物膜的污水流入沉淀池，经沉淀后清水流入消毒池，消毒脱氯后达标排放。沉淀池污泥部分回流到酸化水解调节池，多余污泥排到污泥池浓缩，采用板框压滤机脱水后，定期清理打包外运。污泥中脱出的污水回流至调节池重新处理。

工艺流程框图见图8.3-1。

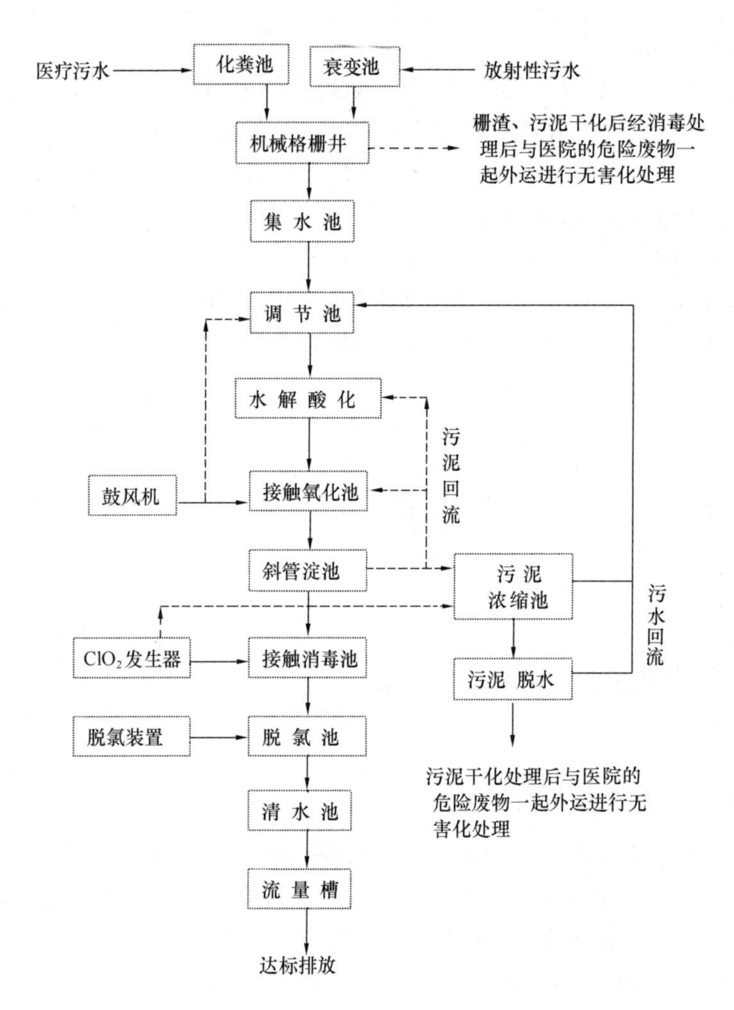

图 8.3-1 医院污水处理工艺流程图

8.3.3 工作原理与工艺特点

（1）格栅

回转式格栅除污机是一种可以连续自动拦截并清除流体中各种形状杂物的水处理专用设备，是由一种独特的耙齿装配成一组回转格栅链。在电机减速器的驱动下，耙齿链进行逆水流方向回转运动，将漂浮在水面上的浮渣打捞，耙齿链运转到设备的上部时，由于槽轮和弯轨的导向，使每组耙齿之间产生相对自清运动，绝大部分固体物质靠重力落下。另一部分则依靠清扫器的反向运动把粘在耙齿上的杂物清扫干净。

（2）调节池

大多数排放污水的水质与水量是不均匀的，调节池就是为了调节均和污水的水质和水量，削减高峰负荷。调节池底设有少量曝气管，防止污泥沉淀，并为后道工序提供有利条件。

（3）酸化水解池

在酸化水解调节池内，可使污水均质及与沉淀池的回流污泥充分混合，回流活性污泥

吸附污水中的有机物，具有将高分子有机物分解成小分子易生化有机物，能更有效地去除污染物

（4）接触氧化池

好氧生化反应是依靠好氧微生物分解有机污染物，使水质得到净化。本工程采用生物接触氧化法，在反应器内设置填料，微生物附着在填料表面，形成生物膜，经过充氧的污水与长满生物膜的填料相接触，有机污染物作为养料被微生物吸收分解，使水质得到净化。

在填料上微生物不断繁殖，生物膜逐渐增厚，当到达一定厚度时，氧已难以向生物膜内部扩散，深层好氧菌被抑制，形成厌氧层，生物膜开始脱落，老化的生物膜作为剩余污泥排出，填料上又生长出新的生物膜，使水质不断得到净化。

生物接触氧化池内生物固着量多，水流属于完全混合型，对水质水量的变化有较强的适应能力，不会产生污泥膨胀，运行管理方便，并且单位容积的生物量多，容积负荷较高。

（5）沉淀池

沉淀池是分离悬浮物的一种常用构筑物。污水经生物接触氧化池后，悬浮物主要是脱落的生物膜及菌团，经沉淀分离后，上清液流入消毒池。污泥排到调节池和酸化水解池，剩余排入污泥浓缩池。

斜管沉淀池是分离悬浮物（污泥）的一种常用构筑物。在平流式或竖流式沉淀池的沉淀区内利用倾斜的平行蜂窝填料分割成一系列浅层沉淀层，被处理的和沉降的沉泥在各沉淀浅层中相互运动并分离。每两块平行斜管内相当于一个很浅的沉淀池。这种类型沉淀池的过流率可达 $36m^3/(m^2 \cdot h)$，比一般沉淀池的处理能力高出 7～10 倍，是一种新型高效沉淀设备。并已定型用于生产实践。就有去除率高，停留时间短，占地面积小的优点。

（6）接触消毒池

污水中存在大量细菌、病毒、寄生虫卵和一些有毒有害物质，它们经一般的生化或物化处理都不能被彻底消除，为防止病菌的扩散，需进行消毒处理，以杀灭所有的病原微生物，确保达到国家规定的排放标准。一般采用二氧化氯（ClO_2）全自动消毒装置，根据水质水量可以自动调整 ClO_2 的投加量。采用 ClO_2 消毒，只起氧化杀菌作用，不起氯化作用，不会生成有机氯化物，较液氯的消毒效果更好。

二氧化氯是一种广谱、高效的氧化杀菌剂。它的杀菌效果明显优于液氯，而与液氯相比投加量少，杀灭速度快。其杀菌能力与臭氧相当，其氧化能力是液氯的 2.5 倍。对于各种细菌、病毒都具有极佳的杀灭能力，是细菌、病毒的克星。二氧化氯在很宽的 pH 值范围内都有很强的杀菌能力，较其他消毒剂相比有更宽的适用范围。二氧化氯在水中很稳定，滞留时间长，具有持久杀菌能力，不污染环境，不会与水中腐殖物反应生成三氯甲烷、氯仿等致癌物质，对人体无害，属于绿色产品，被世界卫生组织确认为 A 级高效安全消毒杀菌剂。

（7）脱氯池

在投加二氧化氯（ClO_2）杀菌消毒后的水体中，残留一定量的余氯，此部分余氯不加以去除，如果直接排放，会造成二次污染。因此需要在脱氯池中投加脱氯剂，将水体中的余氯反应去除后达标排放。

9 工程案例

9.1 工程简介

9.1.1 工程概况

江夏区第一人民医院整体搬迁工程总建筑面积为162600m^2，占地面积为110887m^2，净用地面积53798m^2。由住院部（A区）、综合楼（B区）两栋塔楼及门诊医技部（C区）裙楼组成，其中住院部三十一层、综合楼十九层、门诊医技部五层，整体地下室一层、局部两层。

建成后将成为日门诊量6000人次，病床数量为1500床的医疗综合体，其中有层流手术室：百级3间、万级18间、数字一体化手术室1间。

9.1.2 工程效果图

见图9.1-1。

图9.1-1　工程效果图

9.2 施工部署

9.2.1 项目组织机构图

见图 9.2-1。

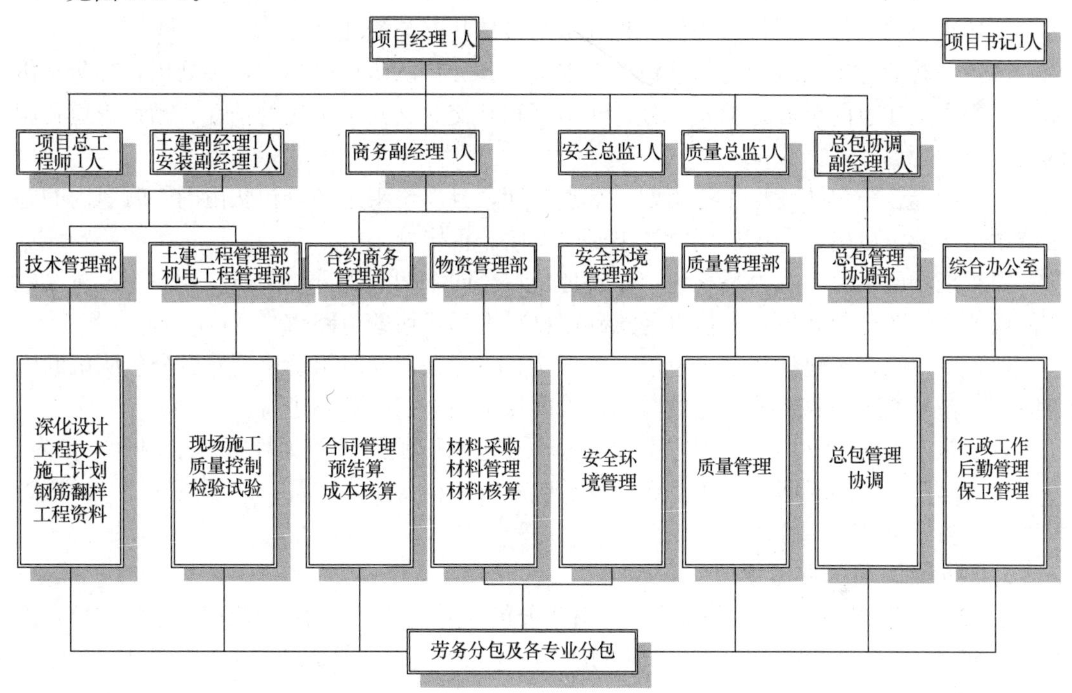

图 9.2-1 项目组织机构图

9.2.2 总、分包管理

一流的工程出于一流的管理，科学管理是工程成败的关键。我们将通过制定一套行之有效的管理制度来加强工地专业分包的管理，建立标准化的管理考核机制，做到管理方法科学、管理目标明确、管理到位、讲究实效，奖罚分明、保证工程顺利完成。

1. 对专业分包单位的管理总设想

（1）由于发包人及相关部门限定的部分分项工程（如电梯安装、设备安装、消防灭火系统工程等）和部分专业工程（如石材幕墙、二次装修等）必须筛选有良好资质等级及信誉的专业施工单位分包施工，施工实施当中，实行各分包单位按专业工程系统统一分包，最终形成功能交付的总分包格局。

（2）在发包人统一领导、本公司总管理的基础上，要求各分包队伍统一联合作战，做好相互配合，明确工程的质量目标、工期目标、安全目标、成本目标，明确各分包队伍的责任、义务和权利。

（3）实现一切管理从合同出发的管理基本原则，避免扯皮现象。在工程实施当中，合同是至高和最终的，各分包队伍碰到矛盾应无条件服从合同条款，以确保本公司总承包管理的有据有效执行。

（4）各分包工程全面展开后，事先做好对分包工程施工方案的审核与优化，明确各分包工程的节点工期，事中加强对各分包工程的技术综合管理、安全与质量控制与进度控制。事后做好对各分包工程的质量验收，场地清理、扫尾和成品保护等工作。

2. 对分包单位的技术管理

（1）项目实施前，对各专业分包的方案、工艺、程序进行技术综合，优化出各分包工程的最佳组合与最佳方案，以确保工程施工的最佳状态与最佳秩序。

（2）所有的施工图纸均由总承包统一审核，各分包队伍积极参加，并列出各分包队伍施工过程中应注意的重点，编制各分包队伍既相互交叉又互不干扰的预埋、预留管道孔洞的管线走向规划。

（3）明确各分包队伍施工总工期、节点工期，且严格限定各分包队伍同一时间内的施工节拍与区域，以确保各单位同时施工时的有序、稳步施工。

（4）现场施工总布置由总承包统一管理，在合同中明确各分包队伍在不同施工阶段中的使用场地，各分包队伍不得擅自随意乱用材料堆场或堵塞道路。

（5）所有垂直运输机械均由总承包单位布置与管理，同时组织协调好各分包队伍的施工时间；错开使用垂直运输设施的时间，以确保工程施工的顺利进行。

（6）施工现场建立用水、用电审批制度，分包队伍须提前两天填报用水用电审批表，列明使用部位、使用时间及使用量送交总承包商生产科（组）审批，以便做好统一协调管理，避免磕碰事件。

3. 对分包单位的质量管理

本工程承包质量管理任务将主要是针对各分包队伍分别负责的系统功能质量的监控，以及由此而形成的最终产品质量跟踪而展开的。在施工中，重点围绕以下几个方面进行管理。

（1）对分包队伍的所有施工图均统一审核，对发现的设计缺陷、质量问题及矛盾部位应由设计单位重新修改，避免因设计引起的质量问题。

（2）对分包队伍采购的材料、设备等进行全面验证，包括对其品牌、技术参数的全面对照，拒收与设计或合同中规定要求不符的材料、物资。

（3）配备足够的质量管理人员，对各分包队伍施工过程的质量进行控制，各分包队伍均有总承包派的专业质量员，对分包队伍的过程质量开展面对面的监督与认可，凡达不到质量标准的不予以签证并促其整改，对一些成品与半成品的加工制作，总承包亦将抽派人员赶赴加工现场进行检查验证。

（4）分包队伍完工后，对产品的保护进行系统管理，对分包队伍已完成并形成系统功能的产品，经验收后，即组织人力、物力和相应的技术手段进行产品保护，直至形成最终产品，并指派专人看护直至交付发包人使用为止。

4. 对分包单位的工期管理

总承包对该承包工程工期目标的最终依据是合同工期，即在约定的时间内必须向发包人交付最终产品，为此总承包将对总进度计划进行周密策划和严格管理，务使各分包队伍的工期满足总进度计划要求。为此，在工程实施当中，本公司总承包管理将特别注意以下几点：

（1）在排总进度计划时，各分包队伍的主要负责人员均共同参与，对总承包所排的计划进行论证、提出意见。同时充分预计为实现预定计划可能产生的技术、质量，安全问题，事先制定方案，确保总进度计划的顺利实施。

（2）在总进度计划中标明各分包队伍最迟应开始的时间及最迟应完成的时间，同时注明关键工序的节点工期。

（3）总进度计划一旦确定，所有分包工程的工期及节点时间均列入分包合同，产生法律效力。

（4）当情况有变化，需要调整进度计划时，必须经过双方协调，并得到总承包的同意。

5. 对分包单位的安全保卫管理

由于本工程专业分包单位较多，为确保施工正常有序的进行，总承包将重点做好以下几方面工作：

（1）从思想上和组织上把分包队伍的安全生产管理纳入我公司统一的安全管理体系之中，进场的管理人员与员工都要接受安全教育，及时制定统一完整的安全、保卫管理制度，保证施工现场安全、文明、有序程序的管理制度。

（2）配备足够数量的安全、保卫人员，同时在各分包队伍内选定兼职安全保卫人员，以便随时核查施工人员的现场出入证，避免无关人员进入施工现场。

（3）所有的分包队伍必须按制度要求及时向总承包提交管理人员、操作人员名单及其上岗资格证书，以便监控检查，防止各类事故发生。

（4）随时进行安全检查，一旦发现有违背项目部安全生产管理制度的立即令其整改，严重的严惩不贷。

6. 施工总承包管理对深化设计的管理（表 9.2-1）。

管理重点 **表 9.2-1**

序号	专业	管理重点
1	幕墙工程	对接幕墙分包商及业主、监理、设计院等，协调设计及施工过程中的相关事宜，确保幕墙工程顺利实施
2	机电工程	在进行机电工程各专业施工之前，我们将责成各专业分包按照图纸深化设计及送审计划中的时间安排，将其所属专业的图纸及施工详图报送总承包，总承包选派具有丰富现场施工经验的专业技术人员，根据各专业设计规范及施工验收规范对图纸进行审核，及时发现设计中的不足，把意见反馈给相关专业分包，责令其再次调整修改图纸，直到符合国家标准规范的相关要求再把经审核后的图纸报送给业主方审核。 深化图纸得到批复后，机电工程深化设计组着手绘制综合机电协调图、综合机电土建配合图及大样图，经项目总工程师审核后，加盖审核章，提交业主、设计单位、监理审批，若未得到业主方批准，机电工程深化设计组将根据批复意见，再次修改，直至业主方审批通过。 总承包将通过审核的有效图纸（综合机电协调图、综合机电土建配合图、大样图）发送各相关分包商，由各分包商进行机电工程深化设计图的最终绘制
3	精装修工程	在进行精装修施工前，进行图纸深化设计，重点在与机电安装工程、预埋预留工程等各方面进行设计，及时发现工程中矛盾或不足之处

续表

序号	专业	管理重点
4	钢骨柱	钢骨柱施工之前进行深化设计，重点和土建技术员协商开孔部位，确保满足节点要求。深化设计图纸须报设计院认可
5	指定分包工程	负责各专业深化设计的总体协调，协调各指定专业分包的深化设计工作（包括指定分包的土建配套设施、大市政工程的对接和配套设施），确保各指定专业分包的深化设计互不冲突

9.2.3 施工流水段的划分

主体（住院楼、综合楼及门诊医技部）及地下室结构施工区段结合了住院楼（A区）、综合楼（B区）及门诊医技部（C区）的后浇带的位置进行划分，每个区组织流水施工，具体如图9.2-2所示

图9.2-2施工区段的划分。

工程外墙及外装饰从上往下组织分段流水施工，分段同外悬挑架搭设区段。施工期间外架的安全防护措施必须满足要求。

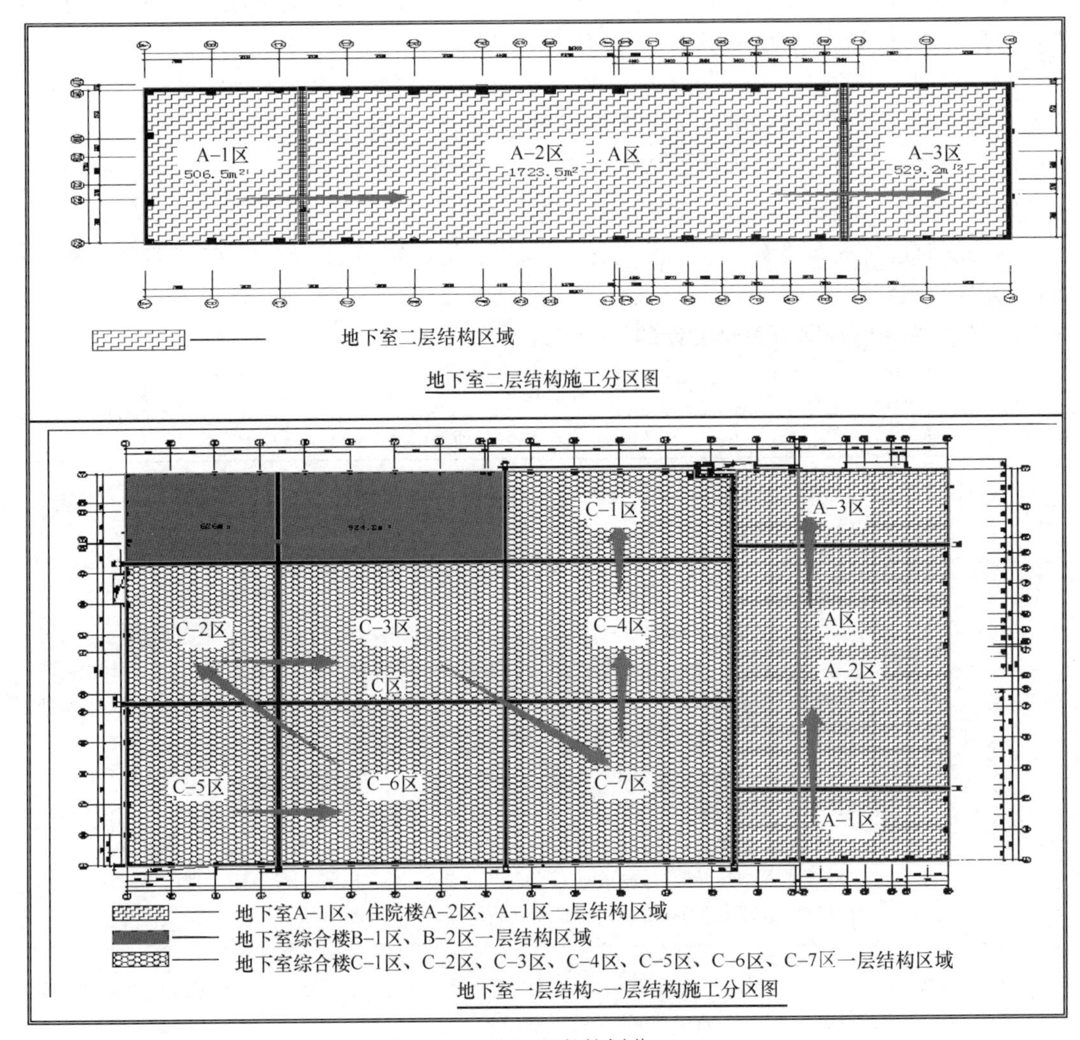

图9.2-2　施工区段的划分（一）

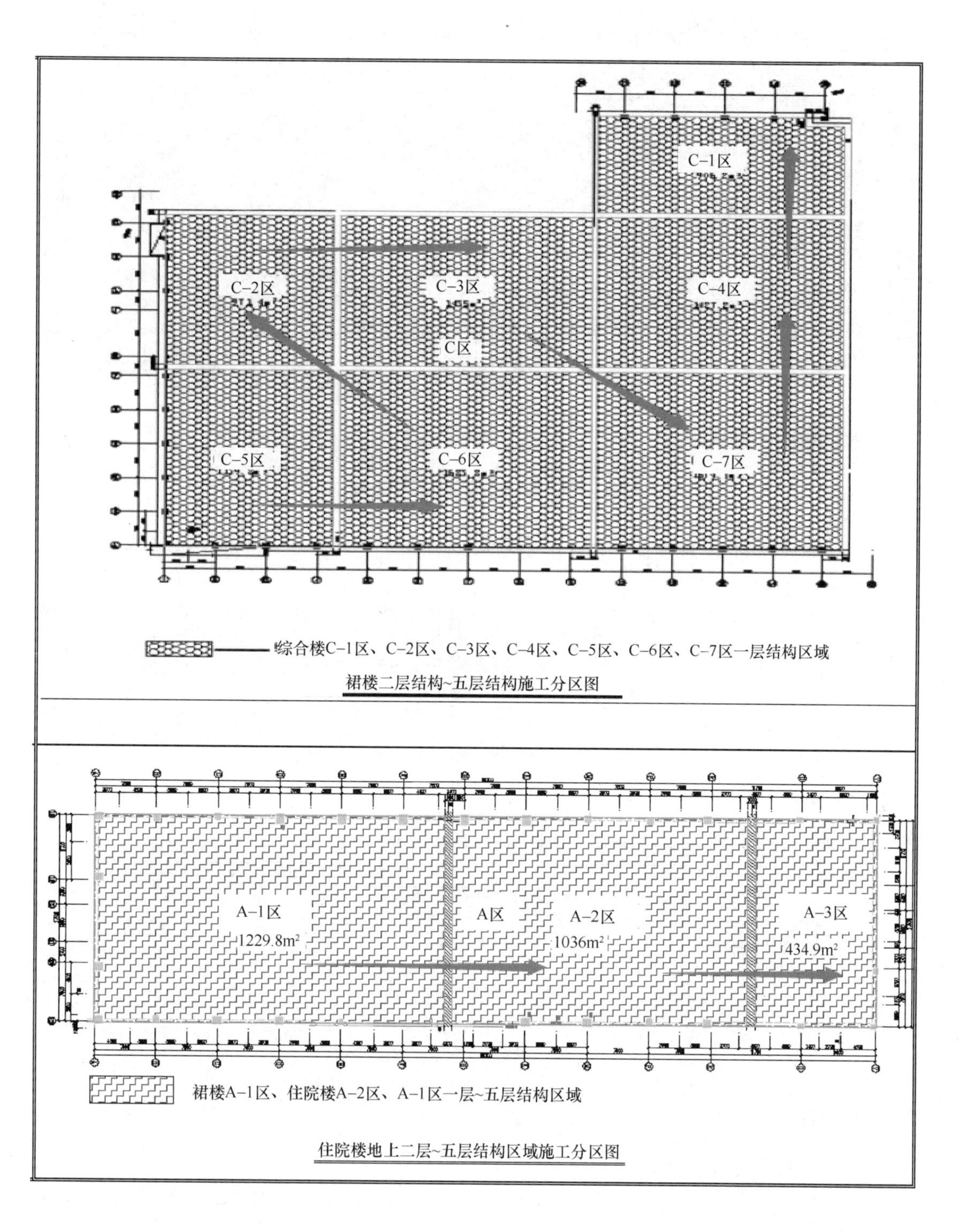

图 9.2-2 施工区段的划分（二）

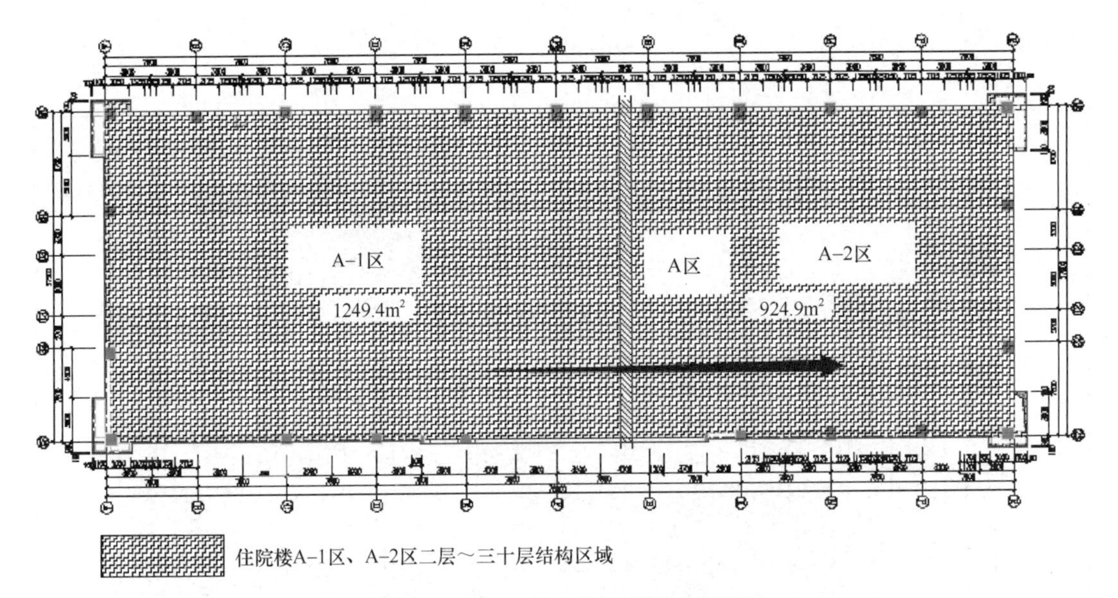

住院楼地上六层～三十层结构区域施工分区图

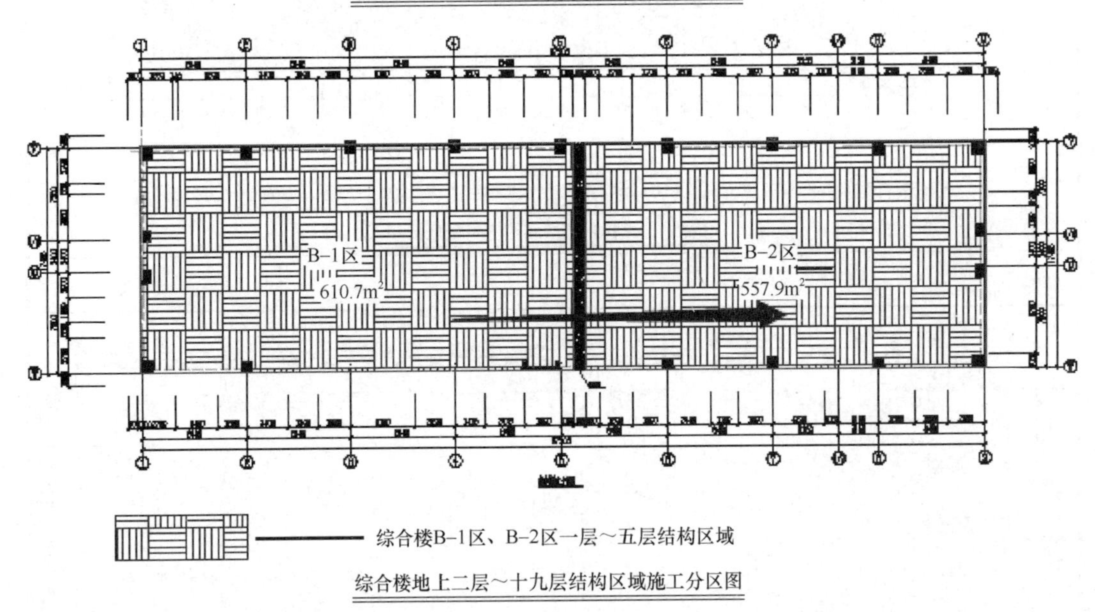

综合楼地上二层～十九层结构区域施工分区图

图 9.2-2　施工区段的划分（三）

9.2.4　施工流程

1. 施工总体流程部署

根据“先地下后地上、先主体后围护、先结构后装修”的原则，本工程各单体总施工顺序：基础⟶地下室⟶主体与围护（水电安装）⟶屋面⟶装修。

2. 施工工艺流程

（1）基础工程

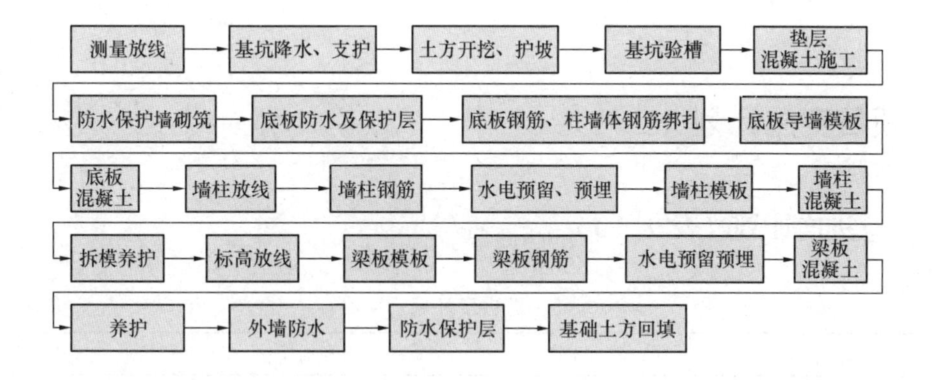

（2）主体工程

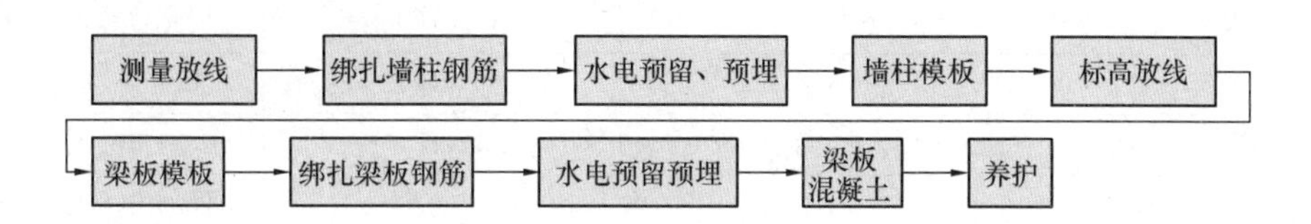

（3）屋面工程（以上人屋面为例）

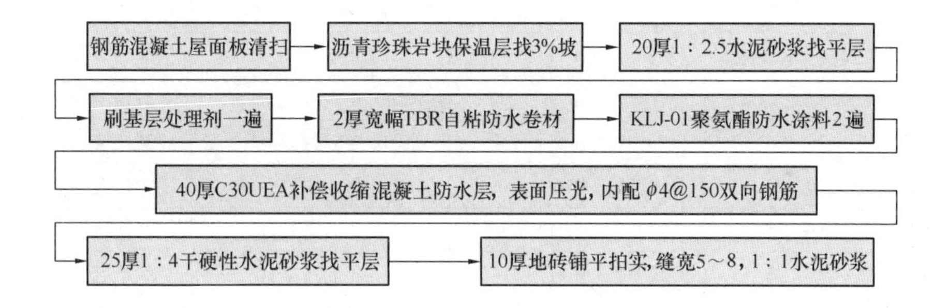

（4）装修工程

本工程为框剪结构，主体结构施工到一定程度后，插入装修，装修程序为先室内后室外。

室内装修

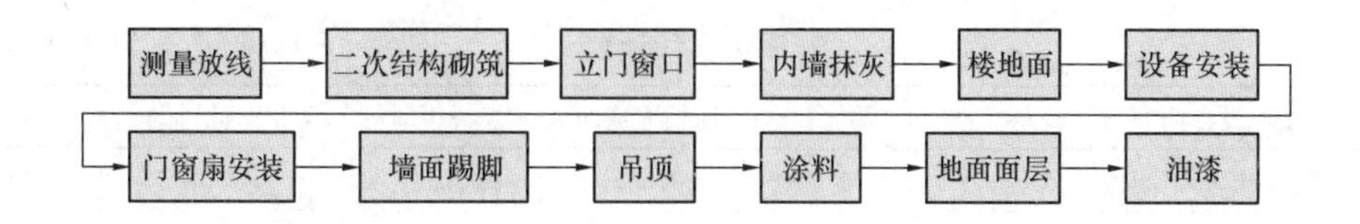

室外装修

9.3 项目实施计划

9.3.1 总进度计划（表9.3-1）

总进度计划 表9.3-1

任务名称	工期	开始时间	完成时间
总工期	906个工作日	2013年6月1日	2015年12月30日
基坑工程	60个工作日	2013年6月1日	2013年7月30日
桩基工程	40个工作日	2013年6月1日	2013年7月10日
地下室工程	133个工作日	2013年7月11日	2013年11月20日
裙楼结构（1～5层）	126个工作日	2013年9月6日	2014年1月9日
塔楼结构（6层及以上）	223个工作日	2013年10月11日	2014年6月14日
结构加固	81个工作日	2014年4月21日	2014年7月10日
砌体工程	189个工作日	2014年3月10日	2014年9月14日
粗装修	283个工作日	2014年7月14日	2015年5月5日
装饰装修工程	866个工作日	2013年6月11日	2015年11月30日
机电安装	770个工作日	2013年8月16日	2015年10月31日
弱电安装	537个工作日	2014年5月30日	2015年11月30日
消防工程	602个工作日	2013年10月15日	2015年7月15日
洁净手术室和净化工程	213个工作日	2015年3月8日	2015年10月6日
电梯安装	150个工作日	2015年3月3日	2015年7月30日
室外总平面施工	120个工作日	2015年6月1日	2015年11月30日
污水处理	120个工作日	2015年6月30日	2015年10月27日
单项验收及检测	827个工作日	2013年8月19日	2015年12月30日

9.3.2 深化设计计划（表9.3-2）

深化设计计划 表9.3-2

序号	深化设计内容	责任单位	计划完成时间	报审时间	审批时间	审批单位
1	钢骨柱深化设计	工业公司	2013.7.30	2013.8.10	2013.8.15	设计院
2	室内精装深化设计	湖北羿天建筑装饰设计有限公司	2014.3.15	2014.3.15	2014.3.25	设计院
3	轻钢屋面深化设计	工业公司、中铁十一局	2014.4.30	2014.5.10	2014.5.20	设计院
4	幕墙深化设计	中建幕墙、湖北羿天建筑装饰有限公司	2014.7.30	2014.8.1	2014.8.10	设计院

续表

序号	深化设计内容	责任单位	计划完成时间	报审时间	审批时间	审批单位
5	总平面深化设计	湖北六桥市政工程有限公司	2015.3.10	2015.3.20	—	设计院
6	智能化系统深化设计	中建三局智能技术有限公司	2015.3.10	2015.3.20	—	智能技术公司
7	专业科室深化设计	上海德明医用设备工程有限公司	2015.2.10	2015.2.30	—	设计院

10　代表工程

武汉协和医院

武汉协和医院位于武汉市汉口区，总占地面积约 33.4 万 m^2，床位 4800 张，年门诊量超过 400 万人次，年住院患者约为 11 万人次，年手术量约 7 万台次，医院的医疗服务范围遍布全国。建设单位为华中科技大学同济医学院附属协和医院，工程地下 2 层、地上 34 层，建筑总高度 144.7m。是一家集医疗、教学、科研于一体的综合医疗机构，是华中科技大学同济医学院的附属医院之一，湖北省首批三级甲等医院之一。工程当时建成时规模为亚洲第一的外科病房大楼工程，该工程被评为 2007 年度鲁班奖工程。

北京朝阳医院

北京朝阳医院位于北京市朝阳区，总占地面积约 10.3 万 m^2，建筑面积 21.0 万 m^2，床位 1900 张，年门急诊量约 386 万人次，年收治住院病人 7 万余人次，手术约 2.8 万余例次。建设单位为首都医科大学附属北京朝阳医院，设计单位为中元国际工程设计研究院。工程地下 3 层，地上 13 层，是一家集医疗、教学、科研、预防为一体的三级甲等医院，是首都医科大学第三临床医学院，也是北京市医疗保险 A 类定点医疗机构，建成后为奥运医疗配套项目。

武汉大学中南医院

武汉大学中南医院位于武汉市武昌区，建筑面积 27.9 万 m^2，床位 3300 张，为一所集医疗、教学、科研、预防保健和社区医疗服务为一体的大型现代化综合医院，其急救中心是与法国合作项目，建成后是中南地区最大的急救中心，是国家卫生部授予的首批三级甲等医院。医院与美国、英国、法国、德国、加拿大、澳大利亚、荷兰等国及港澳台地区医学院或医院建立了广泛的学术交流。特别是与法国南锡大学、里尔大学、里昂大学、图卢兹第三大学等学术间交流合作日趋频繁。2006 年，来华访问的法国前总统希拉克专程来武汉为“武汉大学中法肝胆疾病研究院”奠基和“武汉大学中南医院急救中心”竣工剪彩。

首都医科大学附属北京天坛医院

首都医科大学附属北京天坛医院迁建工程位于北京市丰台区，总建设面积为35.2万m^2，规划用地面积为28.2万m^2，一期总床位1650张。建设单位为首都医科大学附属北京天坛医院，设计单位为北京市建筑设计研究院有限公司，包括专科门诊楼、病房楼、医技楼、医院入口大厅、综合门诊楼、急救急诊楼、康复医学楼等。

安徽心脑血管医院（安徽省立医院南区）

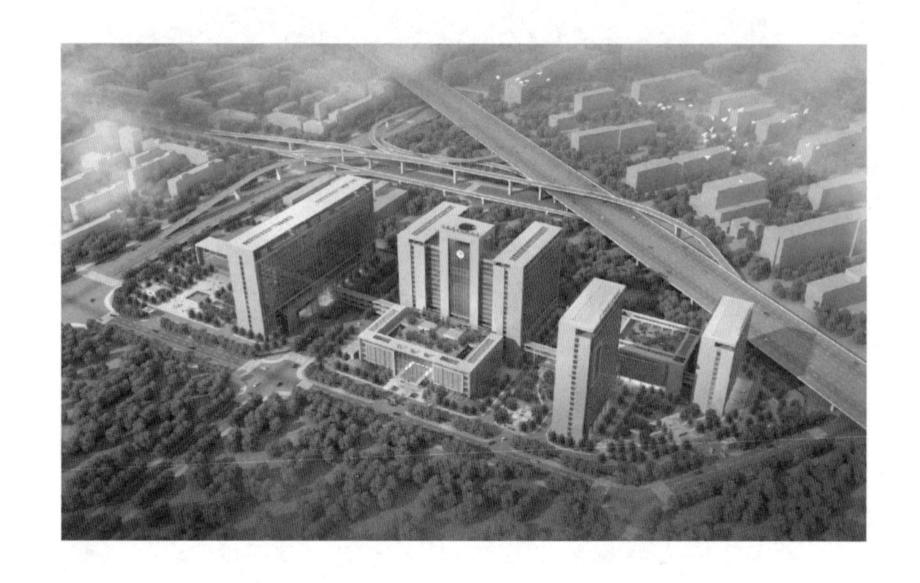

安徽心脑血管医院（安徽省立医院南区）位于合肥市政务文化新区，总建筑面积20.6万m^2。该工程地下2层，地上共七栋，分别为20层临床学院A、12层临床学院B、4层会议中心、4层门诊楼、5层医技楼、17层南住院楼以及17层北住院楼。建筑单位为安徽省立医院，设计单位为安徽省建筑设计研究院有限责任公司。安徽省立医院南区（安徽心脑血管医院）隶属于安徽省立医院，是一所以国家临床重点专科神经外科为龙头，省重点专科心血管内科、心脏外科和省发展学科神经内科为主，集医疗、教学、科研、康复和急救为一体的三级甲等医院。

江夏区第一人民医院

该工程位于武汉市江夏区，建筑面积约8.6万m^2，地下1层，地上31层，框架剪力墙结构。建设单位为武汉市江夏区人民医院，设计单位为武汉天汇诚信工程项目管理有限公司。该工程是集住院部、门急诊部、医技部、行政办公及后勤科研为一体的综合大型医院，建成后病床数量将800床以上。

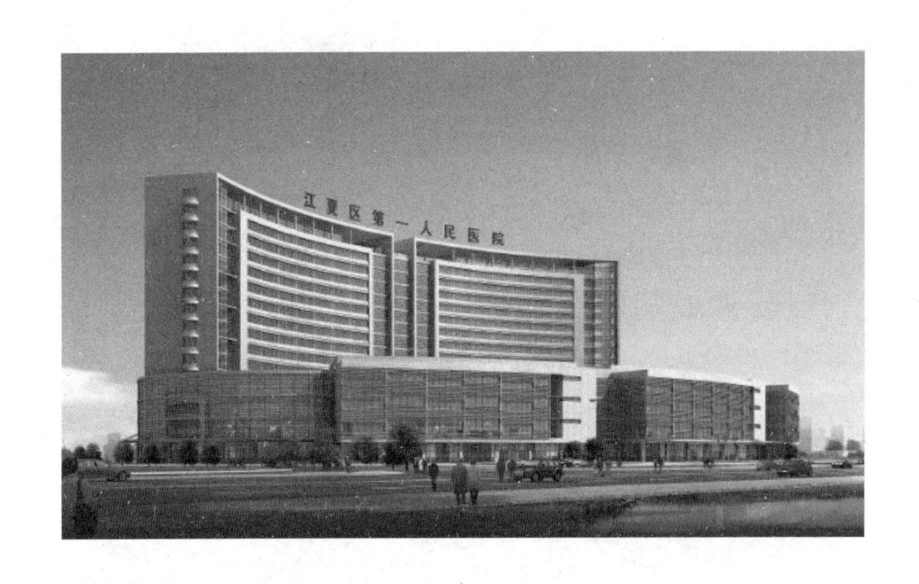

武汉市三医院光谷关山院区

武汉市第三医院光谷关山院区位于武汉市武昌区。建设单位为武汉市第三医院，该工程总建筑面积 57502m^2，其中主楼一栋地下 2 层，地上 20 层，框架剪力墙结构；裙楼地下 2 层，地上 5 层，框架结构；辅助用房二栋，地上 1 层，框架结构，总床位数为 500 张。开工时间为 2011 年 5 月，合同竣工日期为 2013 年 4 月。该工程为武汉市重大项目，重点民生工程，工程建成后为现代化一流的三级甲等综合医院。

襄阳市中心医院

襄阳市中心医院位于湖北省襄阳市东津新区，总建筑面积 35 万 m^2，占地面积 41.5 万 m^2，地下 1 层，地上 4 层。建设单位襄阳市中心医院，设计单位香港华艺设计顾问（深圳）有限公司。该工程为襄阳市、医疗配套项目，建成后可满足日均门诊量 8000 人次和日均住院患者 3000 人次的需求，除拥有大型综合性医院的功能外，还将建设科研中心、教学中心、康复中心和高端医疗中心，成为国家级全科医师培训基地，可满足医学高等院校 1500 名大学生教学实习需求。

襄州区人民医院

襄州区人民医院位于湖北省襄阳市襄州区。一期工程建筑面积为 13.6 万 m^2，门急诊 4 层、医技楼 5 层、综合病房 20 层，为公益医疗为一体的综合性医院，设计床位 910 张，为襄阳市 2014 年十大民生工程之一，由上海市卫生建筑设计研究院有限公司设计。

北 京 医 院

北京医院位于北京市中心，占地面积 5.6 万 m^2，建筑面积 22.8 万 m^2，现有床位 1247 张，北京医院是一所以干部医疗保健为中心、老年医学研究为重点，向社会全面开

放的医、教、研、防全面发展的现代化综合性医院，是直属于国家卫生和计划生育委员会的三级甲等医院，是中央重要的干部保健基地。北京医院在老年病的医疗、护理、康复、保健方面成绩显著并已形成了自己的特色。

长辛店医院

长辛店医院位于北京市丰台区。医院占地面积 3.7 万 m^2，建筑面积 2.3 万 m^2，是一所集医疗、预防、康复、科研、教学为一体的综合性二级医院。长辛店医院现开放床位 300 张，2009 年门诊量 22 万人次，设有 7 个临床病区，拥有 28 个临床及医技科室，于 2010 年成立体检中心。长辛店医院为丰台区老年病院、丰台区老年骨科中心、丰台区突发公共卫生事件战备医院、丰台区医保定点医院、丰台区农村合作医疗定点医院，是河北北方学院教学医院及北京卫校等 5 所卫生学校教学实习基地。

武汉市中医院汉阳院区

武汉市中医医院汉阳院区位于湖北省武汉市汉阳区，总建筑面积 5.6 万 m^2，该工程地下 1 层，地上共三栋，分别为 17 层住院楼、5 层门诊楼及 7 层后勤楼。建设单位为武汉市中医医院，设计单位为武汉市建筑设计院。武汉市中医院是一所集医疗、教学、科研、预防、保健于一体的三级甲等中医医院，该院区病床总数达 1000 张，门诊量及住院人次预计分别为年 140 万人次和 2.1 万人次。